高等职业教育专科、本科计算机类专业新型一体化教材

MySQL数据库技术基础与项目应用实践

李 圆 林世鑫 主 编

電子工業出版社
Publishing House of Electronics Industry
北京 • BEIJING

内容简介

本书共12章，前面11章详细介绍了数据库基础概念，MySQL的安装与配置，数据库的基本操作，数据表的基础操作，数据的插入、更新与删除，数据的查询，MySQL索引与视图，存储过程与存储函数，触发器，数据库的备份与恢复等知识模块。为了加深初学者对MySQL数据库技术的理解和应用，本书第12章以一个网上商城购物系统的数据库设计、管理为例，示范了全书相关章节知识在实际项目中的综合应用。

本书讲练结合，强调在实践中学习、理解理论知识。本书的每个知识点均有通俗易懂的应用范例，所有的范例均来自读者（尤其是在校大学生）所熟悉的日常生产、生活场景，内容翔实，并配以详细的微课视频，便于读者结合本书自学。

为了方便教师的教学备课，本书还配备了精心制作的PPT、示例程序的源代码、源数据素材及每章的应用实践、思考与练习的参考答案，请有需要的读者登录华信教育资源网自行下载。

本书既可作为高职院校数据库技术课程的教材，也可作为计算机技术培训机构的教材，还可作为广大软件开发学习者、MySQL技术爱好者的参考书。

图书在版编目（CIP）数据

MySQL数据库技术基础与项目应用实践 / 李圆，林世鑫主编. —北京：电子工业出版社，2022.7
ISBN 978-7-121-43745-8

Ⅰ. ①M… Ⅱ. ①李… ②林… Ⅲ. ①SQL语言—数据库管理系统 Ⅳ. ①TP311.132.3

中国版本图书馆CIP数据核字（2022）第102171号

责任编辑：李　静　　　　文字编辑：张　慧
印　　刷：涿州市般润文化传播有限公司
装　　订：涿州市般润文化传播有限公司
出版发行：电子工业出版社
　　　　　北京市海淀区万寿路173信箱　邮编　100036
开　　本：787×1092　1/16　印张：14.25　字数：365千字
版　　次：2022年7月第1版
印　　次：2024年7月第4次印刷
定　　价：46.80元

凡所购买电子工业出版社图书有缺损问题，请向购买书店调换。若书店售缺，请与本社发行部联系，联系及邮购电话：（010）88254888，88258888。

质量投诉请发邮件至zlts@phei.com.cn，盗版侵权举报请发邮件至dbqq@phei.com.cn。

本书咨询联系方式：（010）88254604，lijing@phei.com.cn（QQ：1096074593）。

前　言

本书是校企合作的成果。本书编者是多年在高职院校任教的一线教师，长期担任计算机软件技术类专业课程（包括数据库技术）的教学任务，同时在软件类企业兼职从事技术工作，且是省、校级高职院校产教融合系列课题的主持人。

在当前流行的关系型数据库管理系统中，MySQL 无疑是个中翘楚。在各类权威的数据库排行榜中，MySQL 几乎长年位列第二，仅次于 Oracle，颇受中小型企业的青睐。这与 MySQL 数据库容量小、速度快、成本低、开放源代码、跨平台等优点是密不可分的。

数据库技术是计算机技术的重要内容，也是高校计算机专业的必修课之一。国内很多高校，在数据库技术类课程中均选择 MySQL 作为学习内容。编者在广泛征求众多软件技术人员意见的基础上，结合近几年的工作经验，根据高职院校的学情与教学条件，将近年的 MySQL 教学讲义进行了全面的整理修订，并以此为基础编写了本书。

全书主要面向 0 基础的高职学生，共 12 章，大体可划分为四大部分。

第一部分：第 1 章、第 2 章。此部分属于学习准备内容，主要讲解数据库技术相关的基本概念、理论，以及 MySQL 的安装与配置，为后续的学习做准备。

第二部分：第 3 章至第 7 章。此部分为数据库技术的基础部分，主要讲解数据库与数据表的创建、修改及删除，以及对数据的增加、删除、更新及查询等操作。

第三部分：第 8 章至第 11 章。此部分为数据库技术学习的进阶阶段，主要讲解数据库的索引、视图、存储过程、存储函数、触发器、数据库的备份与恢复等内容。

第四部分：第 12 章。此部分主要以“网上商城购物系统”的数据库设计与实施为例，整合全书绝大部分的知识点，使学生能够借此对 MySQL 技术点有更全面的理解。

为了让初学者能更好地掌握 SQL 语句与 MySQL 技术，本书大部分知识点的示例均采用 SQL 指令与图形化工具两种方式进行讲解。全书以多个系统的数据管理需求为例，进行知识点分析讲解与应用示范，力求让学生在学习 MySQL 的过程中，更清晰地理顺知识脉络，从而掌握操作步骤。

此外，编者坚信“实践出真知”。因此，不仅全书所有的理论知识点均以现实生产、生活中的应用场景为例进行分析讲解，还在每章中设置了一节“应用实践”，该节内容同样以现实生产、生活中学生熟悉的场景、需求为背景，以该章的知识点为技术工具，要求学生动手完成相关的实践任务。广大师生可通过该节的完成情况，检验实际的教学效果。

为了方便广大教师的教学实施及学生的日常学习，本书为第 1～11 章配备了精心制作的教学 PPT、详细的微课视频及相关的数据素材。本书还为第 12 章提供了从需求分析、数据库设计、数据库实施到数据库测试的完整源代码。

在本书的编写过程中，承蒙电子工业出版社李静编辑的鼎力支持，在此致以诚恳的谢意。

尽管编者经过多年的讲义沉淀，并在本书集中撰稿期间又反复进行了多次的审校，进行了大量的修改工作，但当其即将成书，呈现到广大师生面前时，疏漏依然在所难免。在此，恳请广大读者大力勘误，不吝赐正。（交流反馈：150481886@qq.com）

编　者

2022 年 4 月于惠州西子湖畔

目　录

第 1 章　数据库基础概念

知识目标

1. 初步了解与数据库有关的基本概念；
2. 理解不同数据模型的作用与异同；
3. 结合现实生产、生活中的事物，理解关系模式；
4. 理解关系模型相关概念的含义及其实际作用；
5. 理解数据库不同关系范式的区别与影响。

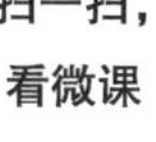

1-1　数据库基本概念（1）

扫一扫，
看微课

1-2　数据库基本概念（2）

能力目标

1. 掌握阅读、理解需求文档的能力；
2. 能够根据需求文档，设计、绘制 E-R 图；
3. 能够根据关系范式对关系模式进行规范化。

素质目标

1. 培养思考、分析、解决问题的意识与毅力；
2. 掌握对数据库技术岗位的基本职业认知；
3. 培养交流、协作的团队精神；
4. 培养遵守工作规范的意识，养成良好的工作习惯。

知识导图

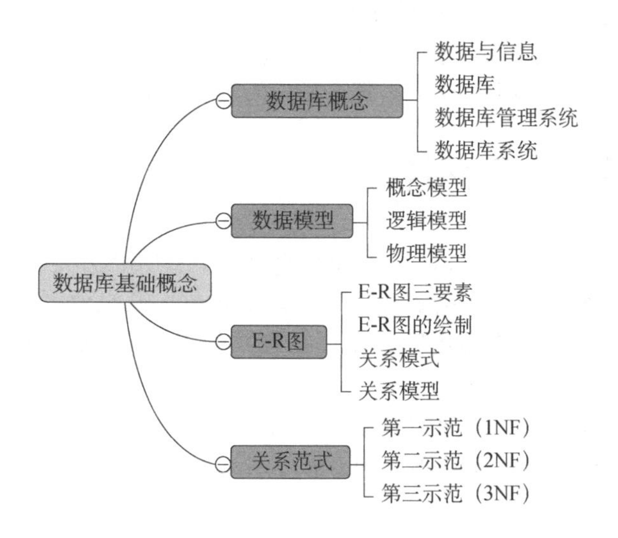

1.1 数据库概念

1.1.1 数据与信息

自然界中各种事物都具有不同的属性。例如，人有姓名、性别、身高、体重、年龄等属性；完成一项工程涉及的属性有工程名称、负责人、工期、造价、施工地点……这些属性的具体数值不同，使每种事物与其同类事物都有所区别。

因此，数据是各类事物相关属性的客观反映。

信息则不同，信息是人们根据生产、生活的需要，对数据在应用价值上的理解。

例如，有两位女同学，李花与张娜，身高都是 157cm，体重都是 50kg。

从数据的角度来看，除姓名不同外，两组数据是完全一样的。但面对这些数据，李花同学可能会觉得自己太瘦了，要展开增重行动，张娜同学则可能认为自己需要减肥。

可见，数据只是信息的载体，但具体承载了什么样的信息，是不确定的，完全由数据的使用者来决定。因此，数据是绝对的，信息是相对的。

可以这样简单地概括：数据主要是针对计算机而言的，是能够为计算机所识别、存储与处理的内容，它是客观的；信息则是针对人而言的，是指数据中所蕴含的、与人类的生产劳动与生活有关的内容，它带有一定的主观性。

1.1.2 数据库

数据库（Database，DB）简而言之就是存放数据的仓库，是一个长期存储在计算机内的、有组织的、可共享的、统一管理的大量数据的集合。

数据库不仅保存数据本身，还保存数据与数据之间的联系，且数据库中的数据可以被多个应用程序的用户所使用，以达到数据共享的目的。此外，数据库中的数据结构独立于使用它的应用程序，通过合适的数据结构可以提高数据库的运行效率与存储效率。

数据库通常以现实生产、生活中的业务项目为单位，一个数据库通常是为了满足生产、生活中的某个信息化系统的数据存储而存在的。例如，一家学校的“学籍管理系统”、一家工厂的“ERP 系统”、一个购物小程序……都有相应的数据库分别作为其数据存储仓库。

1.1.3 数据库管理系统

数据库管理系统（Database Management System，DBMS）是负责对数据库资源进行统一管理与控制的系统软件。其主要功能包括定义数据、操纵数据、运行管理数据库、建立和维护数据库等。当前业界常用的数据库管理系统有 Oracle、MySQL、SQL Server、NoSQL 等。

数据库管理系统与数据库之间的关系是：用户必须通过数据库管理系统才能管理计算机中的数据库，或者说数据库不能独立地存在于计算机中，它必须存在于某个数据库管理系统之中。

一个数据库管理系统中，可能存在多个数据库。数据库管理系统与数据库之间是操纵与被操纵关系，或者说是管理与被管理关系。

数据库管理系统与数据库的关系示意图如图 1-1 所示。

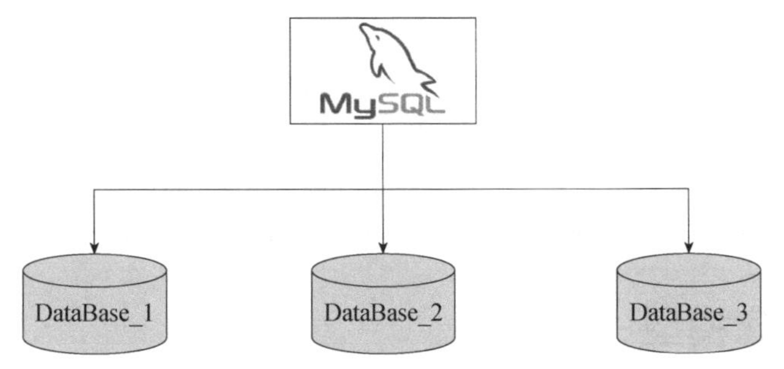

图 1-1　数据库管理系统与数据库的关系示意图

注：

在现实生活中，通常会有类似的对话：问“你使用什么数据库？”，答“我使用 MySQL”。这只是为了交流的便利，采用了一种约定俗成的表达方式，严格来说是不正确的。问者的本意是“你使用什么数据库管理系统？”。

1.1.4　数据库系统

数据库系统（Database System，DBS）是一套实际可运行的系统，是存储介质、处理对象和管理系统的综合体，一般由数据库、硬件、软件（操作系统、数据库管理系统、应用程序、其他相关系统与软件）及人员（系统分析员、数据库设计员、程序员、最终用户、数据库管理员、最终用户）等对象组成。数据库系统组成示意图如图 1-2 所示。

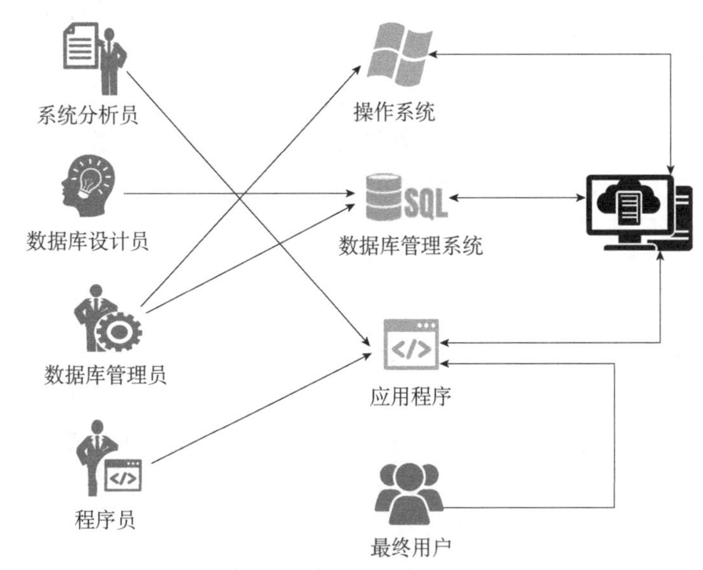

图 1-2　数据库系统组成示意图

1.2 数据模型

数据模型是对现实世界中事物的特征进行抽象，并对相关的数据进行逻辑描述，为数据库系统的信息表示与操作提供的参考图。从应用的角度，可将数据模型分为三种类型，概念模型、逻辑模型、物理模型。这三种模型分别代表了数据库技术在实际应用中的三个阶段。

下面以“高校后勤维修管理系统”的信息化管理为例，介绍这三种模型。

1.2.1 概念模型

概念模型是在了解清楚用户的需求后，通过分析、总结、提炼，最后定义出来的一系列业务需求的概念。

例如“高校后勤维修管理系统”中，有“学生”“宿管员”“维修员”等用户角色，有“楼宇”“单元”“寝室”等事物，有“分配”“调整”“报修”等管理工作行为，有“报修单”“调配单”“分配表”等档案材料。

“宿管员”通过“分配”工作，把“学生”规划到各个“楼宇”的各个“单元”与“寝室”，这项业务产生了“分配表”。

“学生”向“维修员”填写、提交“报修单”进行寝室的“报修”工作。

梳理清楚这些名词概念及其之间的业务关系后，我们就理解了用户的业务流程及业务需求，从而明确了这些名词在具体业务中的作用与影响，也由此可相应地建立起这套工作的业务流程模型，以及数据的概念模型。

概念模型是数据库设计人员进行数据库设计的最重要的凭据，也是数据库设计人员与用户进行交流的重要语言。

概念模型最典型的反映形式是 E-R 图。它简洁而又清晰地反映了业务中的各个概念及概念之间的业务关系，同时，反映了这些业务关系中所涉及的相关数据。

如图 1-3 所示是“高校后勤维修管理系统”的 E-R 图。

注：

概念模型是为了让数据库设计人员准确地理解用户的具体业务流程，以及这个流程中所涉及的名词的作用与影响。因此，从广义上讲，一切能够达到这个目的的表达形式都是“概念模型”——它可以是一份关于用户业务的详细说明文档，也可以是一张业务流程图，或者是一张思维导图，甚至是一份整合了以上类型的文件，E-R 图只不过是其中一种比较典型的表达形式。

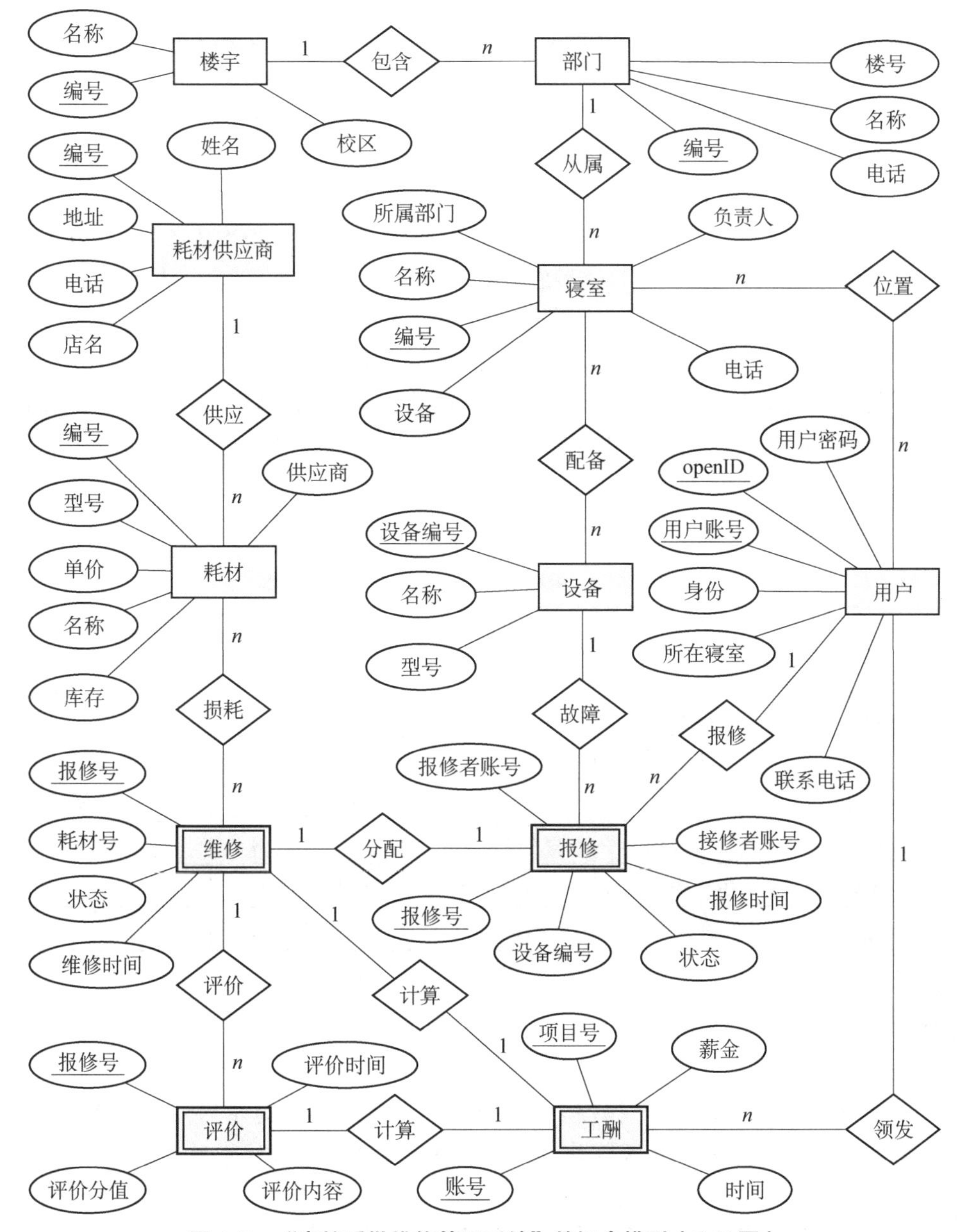

图 1-3 “高校后勤维修管理系统”的概念模型（E-R 图）

1.2.2 逻辑模型

逻辑模型是从数据库管理系统的角度对概念模型进行具体化后的模型。

建立逻辑模型的主要工作是根据概念模型，规划、设计各项数据的组织结构，形成数据库的设计文档，为后续在数据库管理系统中实现物理模型提供文档参考。

由于在数据库管理系统中反映各项数据的组织结构的是数据表，因此建立数据库的逻辑模型实际就是根据概念模型，规划、设计需要建立的数据表。

反映逻辑模型的最典型的形式是“数据库设计文档”。

例如，根据图 1-3 所示的 E-R 图中的“报修”部分的内容，可以分析得出以下结论：

（1）每个用户的信息都需要使用一张数据表存储（用户表）；

（2）每种设备的基本信息都需要使用一张数据表存储（设备表）；

（3）某个用户对某个设备进行报修后，相关的报修数据也需要存储，因此，又需要一张专门的数据表以用于存储（报修表）。

以上三张数据表之间，又并非完全独立，它们是为了共同完成“报修”而设计的，因此，它们之间必然存在互相联系的地方。这种联系其实也是用户业务的需求，体现为以下两点：

（1）通过用户表中的用户账号，必须能够在报修表中找到该用户报修的设备；

（2）通过报修表中的设备编号，必须能够在设备表中找到该设备对应的基本信息。

因此，在用户表与报修表中，都应当存在一项共同的数据内容——用户账号，而在报修表与设备表中，也应当存在另一项相同的数据内容——设备编号。

根据上述分析，再结合各项数据的内容特征，就可以设计出这三张数据表的结构，表 1-1 是“用户表”（user）结构设计方案。

表 1-1 “用户表”（user）结构设计方案

字段名	字段含义	数据类型	长度	主键	说明
userID	用户账号	Varchar	8	Y	
openID	openID	Varchar	30	N	
trueName	真实姓名	Varchar	8	N	
userPassWord	用户密码	Varchar	128	N	默认值为 123456
indentify	身份标识	Int	1	N	1、2、3，默认值为 3
userPicture	用户头像	Varchar	100	N	
tellphone	联系电话	Varchar	11	N	

 注：

逻辑模型的建模工作，既面向用户的业务需求，又面向数据库管理系统。

如表 1-1 中，数据类型就是逻辑模型面向系统的体现，因为不同的数据库管理系统所支持的数据类型不一样。同一数据类型，在不同的数据库管理系统中所支持的长度也不完全一样。

字段名、长度这两项是逻辑模型面向用户需求的体现，它们体现了逻辑模型对用户业务需求的满足。

把整个“高校后勤维修管理系统”中的所有的数据表全部设计出来，形成“数据库设计文档”，便是该管理系统的数据库概念模型，是系统后续工作的资料依据。

1.2.3 物理模型

物理模型是对数据的最底层的抽象，它不但与具体的数据库操作系统有关，而且与操作系统和硬件有关。

从应用实施的角度理解物理模型，就是根据上述的逻辑模型，综合考虑各种现实条件的限制，在实际的计算机环境中，通过合适的数据库管理系统（DBMS）将数据库构建、实现出来。同时，结合具体的业务需求，选择合适的数据库运行环境（包括软件与硬件）配置方案，从而真正实现数据的存放与管理。

继续以上述的“高校后勤维修管理系统”为例，建立物理模型的步骤如下。

（1）能够构建的数据库管理系统有 Oracle、MySQL、SQL Server 等，综合评估该系统可能产生的数据规模（数据量）后可知，选择中小型的数据库管理系统即可满足，如 MySQL 或 SQL Server。

（2）考虑已有的服务器中配置的是 Linux 操作系统，不支持 SQL-Server，因此选择 MySQL。

（3）设计各类数据表的磁盘空间分配方案，以保证磁盘空间能够满足数据恢复与数据读/写性能方面的需求。

（4）设计服务器的内存分配方案。

（5）设计其他相关的数据索引方案、扩展方案、优化方案、安全方案。

如图 1-4 所示是“用户表”（user）在 MySQL 中物理实现后的结构截图。

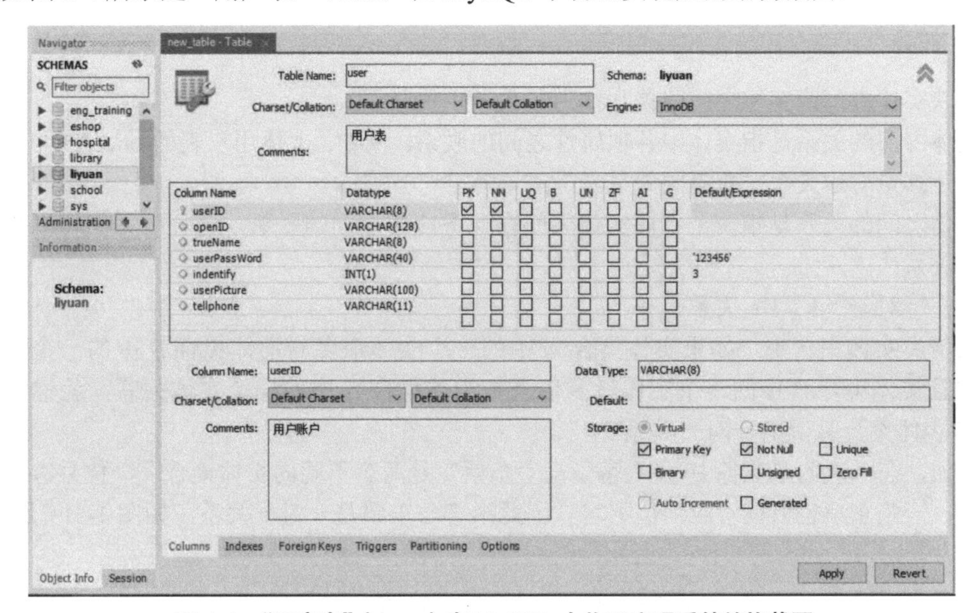

图 1-4　“用户表”（user）在 MySQL 中物理实现后的结构截图

注：

在物理模型中，很多工作的具体实现是由数据库管理系统自动完成的（如磁盘分配、具体的索引排序、内存分配等），用户的主要工作是方案的前期设计。

1.3　E-R 图

1.3.1　E-R 图三要素

E-R 图是描述数据库概念模型的最典型的方法。它采用“实体—联系”（Entity-Relationship，E-R）配对的方式来描述现实世界中的各种概念。

E-R 图有如下三个基本要素。

1. 实体

实体是客观存在并可相互区别的事物。实体可以是具体的人或物，称为“物理实体”，如一名学生、一个寝室；也可以是抽象的一个事件或联系，称为“逻辑实体”，如一次报修过程、一次宿舍分配。

2. 属性

属性是实体所具有的每个特征，如学生实体可以包含学号、姓名、openID、头像等属性。在关系型数据库中，实体的属性通常作为数据表中的一列，称为一个属性或一个字段。

如果一个属性能够决定其所属实体的唯一性，成为该实体的标识，即称为“关键属性”。例如，一名学生只有一个学号，一个学号必然只对应一名学生。由此可知，通过一个学号就可以确定一名学生，因此学号属性就是学生实体的关键属性。

3. 关系

反映实体内部或实体之间的关联称为关系（也称联系）。

实体内部的关系是指实体中各项属性之间的联系。例如，上述用户表的 openID 与用户账号之间是绑定对应关系，即等同关系。

实体之间的关系是指两个不同实体之间在业务应用层面的联系，这种联系又可以分为以下三种关系。

（1）一对一（1∶1）关系。

在两类实体集合中，如果实体集合 A 中的一个实体最多与实体集合 B 中的一个实体关联，并且实体集合 B 中的一个实体最多也只与实体集合 A 中的一个实体关联，就称实体集合 A 和实体集合 B 具有一对一关系。

例如，在一次购票业务中，“乘客”与“车票”是两个不同的实体集合，一位乘客只有一张车票，一张车票也只能对应一位乘客，因此乘客与车票是一对一关系，如图 1-5 所示。

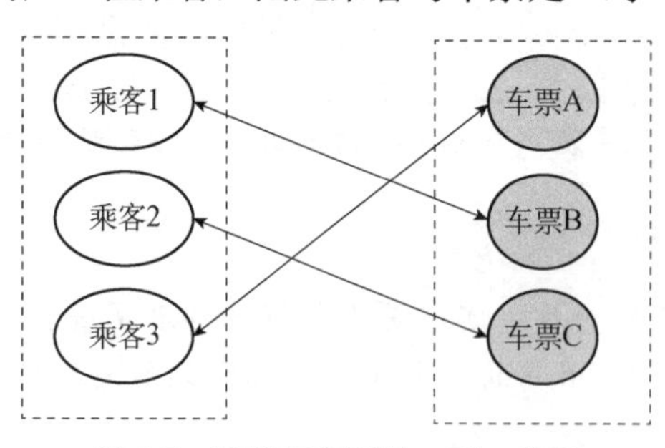

图 1-5　乘客与车票是一对一关系

（2）一对多（1∶*N*）关系。

如果实体集合 A 中的每个实体在实体集合 B 中都可以有多个实体与之对应，而实体集合 B 中的每个实体，在实体集合 A 中只有一个实体与之对应，就称实体集合 A 和实体集合 B 为一对多关系。

例如，一个专业可以有多个班级，但一个班级只能属于一个专业，因此专业与班级是一对多关系，如图 1-6 所示。

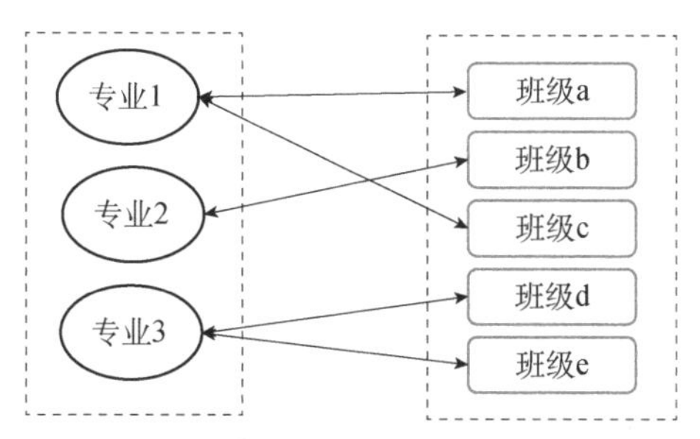

图 1-6 专业与班级是一对多关系

（3）多对多（N∶M）关系。

如果实体集合 A 中的每个实体在实体集合 B 中都可以有多个实体与之对应，反之实体集合 B 中的每个实体在实体集合 A 中也可以有多个实体与之对应，就称实体集合 A 与实体集合 B 具有多对多的关系。

例如，一名学生可以同时选修多门课程，而每门课程也可以同时被多名学生选修，课程与学生之间是多对多关系，如图 1-7 所示。

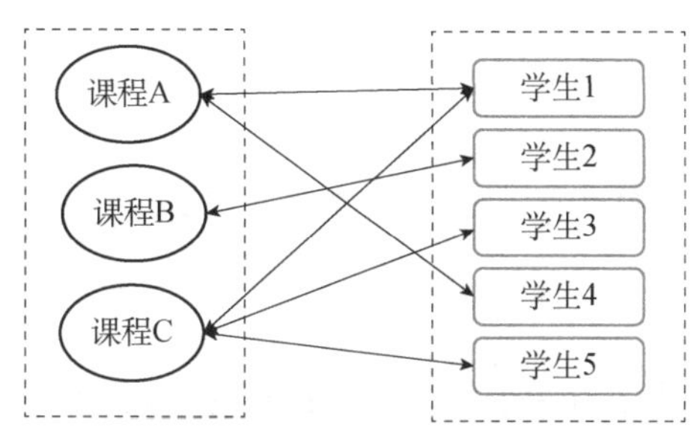

图 1-7 课程与学生是多对多关系

注：

在 1∶N 与 N∶M 关系中，只需一个实体集合 A 就可以对应多个实体集合 B，或者一个实体集合 B 可以对应多个实体集合 A，即符合关系特点，并不要求在事实上的“必须对应”。

例如，图 1-6 中专业 2 只对应一个班级（班级 b），并不违背 1∶N 的关系，因为如有必要，专业 2 依然是可以对应多个班级的。

同理，图 1-7 中课程 B 只被一名学生（学生 2）选修，学生 3 只选修了一门课程（课程 C），这并不意味两者为 1∶1 关系，这仅是在事实业务中恰好出现这种情况而已，并非课程 B 只能被一名学生选修，学生 3 也并非只能选修一门课程。

1.3.2 E-R 图的绘制

在数据库设计过程中的概念模型阶段，绘制 E-R 图是比较常见的工作。绘制 E-R 图的实质就是根据用户需求分析的结果，按照统一的图形标准，将业务系统中的各类实体、实体的属性及实体之间的关系表达出来。

1. E-R 图的图例与含义

E-R 图的图例与含义如下。

（1）用矩形表示实体，并将实体名写在矩形框内。其中，物理实体用单线框矩形表示，逻辑实体用双线框矩形表示。

（2）用椭圆形表示属性，并将属性名写在椭圆形框内。其中，关键属性在属性名下面加下画线。

（3）实体之间的关系用菱形表示，并将关系名写在菱形框内。

（4）实体与其属性之间、实体与实体之间的联系用直线表示。

（5）实体之间的关系类型，分别用数字 1、字母 *N* 或 *M* 标注。

E-R 图的图例如图 1-8 所示。

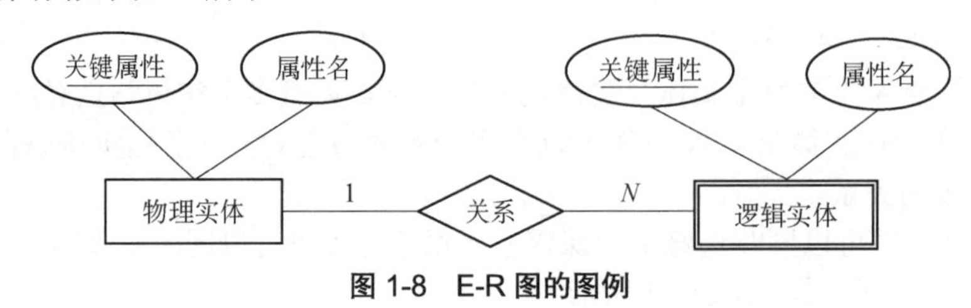

图 1-8　E-R 图的图例

2. E-R 图的绘制方法与步骤

完成用户需求的调查与分析后，可根据分析的结果绘制 E-R 图。

我们以某公司销售管理系统中的一个“产品销售管理”模块为例来介绍绘制 E-R 图的方法和步骤。

（1）确定实体。

在“产品销售管理”模块中有两个物理实体：销售部门和产品，如图 1-9 所示。

图 1-9　“产品销售管理”模块实体图

（2）确定实体属性。

销售部门实体的属性包括部门编号、部门名称、部门电话、部门经理；产品实体的属性包括产品编号、产品名称、产品类型、产品价格、生产日期、生产厂商。

部门编号是可以确定销售部门实体唯一性的属性，可以作为销售部门实体的关键属性。同理，产品编号是产品实体的关键属性。

销售部门实体属性与产品实体属性如图 1-10 所示。

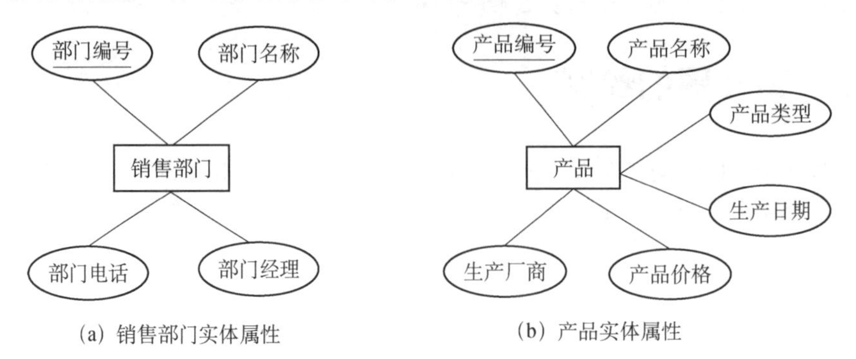

图 1-10　销售部门实体属性与产品实体属性

（3）确定实体间的关系。

两个实体间的关系一般是通过某个动作（行为、业务）体现的，所以一般用动词来命名实体关系。例如，“销售部门”与“产品”两个实体之间的关系是“销售”：一个销售部门可以销售多款产品，而同一款产品也可以在多个销售部门被销售，因此“销售部门”和“产品”之间是多对多（N∶M）关系。

“产品销售管理”模块实体间的关系如图 1-11 所示。

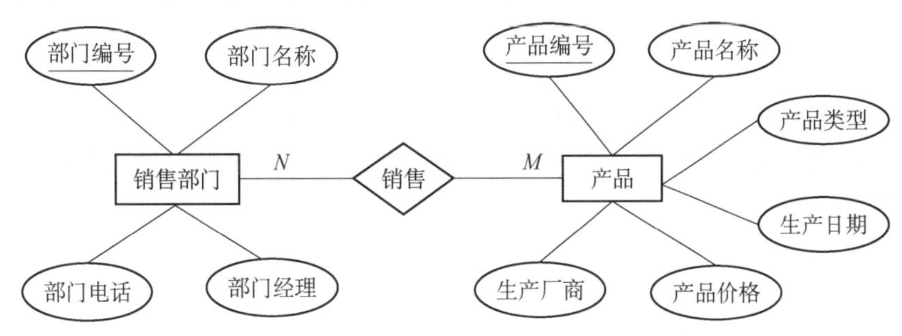

图 1-11 “产品销售管理”模块实体间的关系

（4）确定逻辑实体。

关系可能会产生新的实体，即前面所说的“逻辑实体”。例如，“销售部门”销售“产品”时，就会产生“销售”，“销售”是由“销售部门”与“产品”两个物理实体之间的业务行为产生的，因此它既具有两个物理实体的部分属性，如“部门编号”与“产品编号”，也拥有自己的属性，如“销售日期”与“销售数量”。

“产品销售管理”模块逻辑实体如图 1-12 所示。

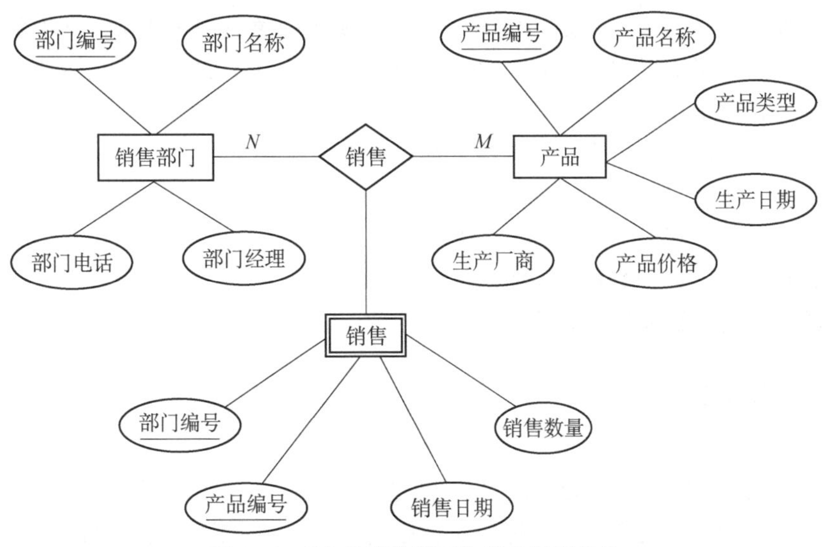

图 1-12 “产品销售管理”模块逻辑实体

 注：

（1）图 1-12 的逻辑实体“销售”有两个关键属性，这是因为只有这两个属性联合在一起才能决定一次销售行为。

（2）在真正的数据库管理或应用开发中，通常会采取给“销售”实体增加一个“销售编号”作为关键属性，以取代原本用两个关键属性组合的做法。

1.3.3 关系模式

关系模式是对关系数据库结构的文字式描述，因为一个关系通常对应一个表，所以关系模式一般表示为“表名（字段名 1，字段名 2，…，字段名 *n*）”。

根据实体间的关系进行关系模式转换，规则如下。

一对一（1∶1）关系的转换：把任意实体的关键属性放到另一个实体的关系表达式中。

一对多（1∶*N*）关系的转换：把关系数量为 1 的实体关键属性放到关系数量为 *N* 的实体关系表达式中。

多对多（*N*∶*M*）关系的转换：把两个实体中的关键属性和关系的属性放到另一个关系表达式中，并且生成一个新的关系表达式。

假设成绩管理系统中涉及的部分实体如下：

学生（学号，姓名，性别，电话）

班级（班级编号，班级名称）

课程（课程编号，课程名称，课时数）

经分析确定，各实体存在以下关系。

（1）一个班级有多名学生，每名学生只能属于一个班级。

（2）一名学生可以选修多门课程，每门课程可以被多名学生选修。

由此可知，班级和学生为一对多关系，学生与课程为多对多关系，根据一对多关系的转换规则，班级实体的关键属性（班级编号）要放到学生的关系表达式中；学生与课程为多对多关系，根据多对多关系的转换规则，该关系在转换时将新生成一个关系表达式，在这里将新关系命名为“选修成绩”。

根据实体间关系的转换规则进行转换，转换后的结果如下：

学生（学号，姓名，性别，电话，班级编号）

班级（班级编号，班级名称）

课程（课程编号，课程名称，课时数）

选修成绩（学号，课程编号，成绩）

1.3.4 关系模型

通过学习 E-R 图可知，实体的属性与属性之间、实体与实体之间都存在关系，一个物理实体就是一组属性的关系集合；一个逻辑实体就是一组实体之间的关系集合。

E-R 图所设计的方案，在通过逻辑模型阶段的转化后，所有的属性、实体与关系都将转换为另一种表示方式——数据库结构设计表，再经过物理模型阶段，在数据库管理系统中真正建设实施后，这些属性、实体与关系又进一步转换为最后一种表示形式——数据表。

不同模型阶段的联系示意图，如图 1-13 所示。

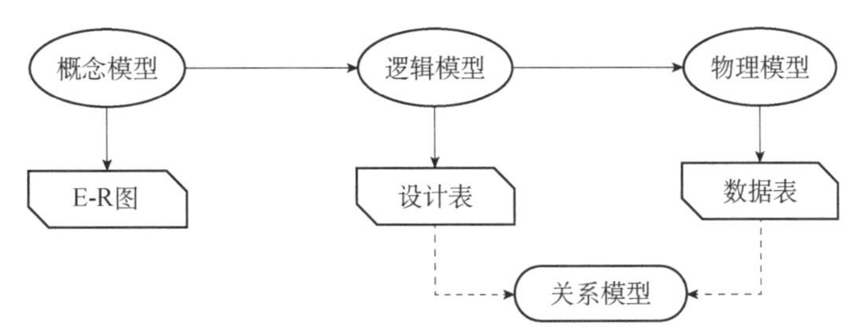

图 1-13　不同模型阶段的联系示意图

无论是数据库结构设计表还是数据库数据表，都是使用关系模型表示现实世界中实体、属性及关系的具体形式。

“关系模型”是使用二维表来表示实体与实体之间、属性与属性之间关系的数据模型。使用关系模型来进行数据管理的数据库称为“关系型数据库”。MySQL、Oracle、SQL Server 都是典型的关系型数据库管理系统。

在关系型数据库中，一个关系对应一张二维表，每张二维表由若干行与列组成，每列称为一个“字段”，对应实体的一个属性。每行称为一条“记录”，对应一个实体的全部属性数据。

下面以“产品信息表”（见表 1-2）为例，介绍关系模型中的主要概念。

表 1-2　“产品信息表”

产品编号	产品名称	产品类型	生产日期	产品价格	生产厂商
A012	德芙巧克力	食品	2021-04-30	18.00	惠州嘉宝来
B245	得力铅笔盒	文具	2021-03-23	12.00	惠州佳品
A023	卡乐比薯条	食品	2021-04-30	12.00	惠州嘉宝来
C432	德芙巧克力	服饰	2021-02-25	280.00	东莞爱家

（1）关系（Relation）：一个关系对应一个二维表，二维表名通常代表“关系名”。例如，表 1-2 的关系名为“产品信息表”，是不同产品各种属性信息之间的关系集合。

（2）记录（Record）：二维表中的每行称为一条“记录”，也称“元组”，其对应现实中的一个实体（一个产品）。例如，表 1-2 中包含了 4 条记录（4 个产品）。

（3）字段（Field）：二维表中的每列称为一个“字段”，每列的第一行内容为“字段名”，对应实体的一个属性。因为同一个实体不会有两个相同的属性，所以二维表里的字段名不能重复。例如，表 1-2 的字段包括“产品编号”“产品名称”“产品类型”“生产日期”“产品价格”“生产厂商”。

二维表中每列第二行及以后的内容称为“字段值”，对应实体的属性值，二维表中每行字段值即为一条记录。例如，表 1-2 中第一条记录的“产品编号”字段值是“A012”。

（4）值域（Domain）：每个属性的取值范围称为该属性的“值域”。值域的类型即该属性的数据类型，如整型、字符型、日期型等。例如，表 1-2 中的“生产日期”的值域为日期型。不同的数据库管理系统对值域类型的支持情况不完全相同，这是逻辑模型阶段必须考虑的问题之一。

（5）主键（key）：又称“关键字”或“主码”，即实体的关键属性名——在关系中能够用来标识该关系记录唯一性的属性。例如，表 1-2 中每个产品除“产品编号”属性外，其他任何属性的值，都有可能与其他产品的相同，因此“产品编号”标识了每个产品的唯一性，是“产品信息表”的主键。

每个关系都必须有且只有一个主键，且主键的属性值不能为空值。主键可以是独立的一个属性，也可以由多个属性组合而成。例如，“产品销售表”（见表 1-3）中，由“部门编号”“产品编号”“销售日期”组合形成主键。

表 1-3 “产品销售表”

部门编号	产品编号	销售日期	销量
XSB01	A012	2021-04-30	200
XSB01	A023	2021-04-30	250
SCB02	A023	2021-04-30	200
SCB02	A012	2021-04-30	230

组合式主键会对数据库的管理与应用带来一定的不便。因此在实际工作实施中，通常采用“增设主键”的方法来替代组合式主键。例如，对表 1-3 增设一个“销售编号”字段，并且确保该字段的值不会出现重复，以此作为该关系的主键，如表 1-4 所示。

表 1-4 增设主键后的“产品销售表”

销售编号	部门编号	产品编号	销售日期	销量
S0001	XSB01	A012	2021-04-30	200
S0002	XSB01	A023	2021-04-30	250
S0003	SCB02	A023	2021-04-30	200
S0004	SCB02	A012	2021-04-30	230

（6）外键（外码）：关系中的某个属性虽然不是该关系的主键，或者只是主键的组成部分，却是另外一个关系的主键时，称为“外键”或“外码”。外键用于建立表与表之间的联系。例如，表 1-4 中“产品编号”虽然不是主键，但它是表 1-2 的主键，表 1-4 中的“产品编号”就是表 1-4 的外键，通过“产品编号”可以使两个表建立联系。

1.4 关系范式

数据库的设计与管理都是为了满足现实生产、生活中的某些需要。字段、实体、关系等内容都源于现实世界。但数据库是信息化的产物，其工作特点有很多异于现实生产、生活的地方，因此，在进行数据库设计阶段，如果仅简单地把现实中的事物、属性、工作、业务转换成相应的数据表，就可能会导致数据库中的数据要么出现大量的冗余（没必要的重复），要么数据不完整（正常合理的业务操作却导致数据丢失），还可能会导致数据库所支持的信息化管理系统无法实现现实生产、生活中的一些工作和业务需求。

若要避免以上情况的出现，则需要在设计数据库时遵循一定的规则。在关系型数据库中这套规则称为范式（Normal Form）。

范式是关系型数据库设计过程中应遵循的基本规则，也是数据库设计的基本指导方法。根据其对数据之间关系分割的严格程度，范式一共有五类，通常我们满足第三范式即可。

1.4.1　第一范式（1NF）

第一范式是指数据表中的每个字段都是不可再分割的，且同一个字段中不能有多个值，即实体中的某个属性既不能包含多个子属性，也不能有重复的属性。在任何一个关系型数据库中，第一范式都是基本要求，不满足第一范式的数据库就不是关系型数据库。

例如，现实的工作生产中，经常可以见到类似表 1-5 的工作表格。

表 1-5 "学生成绩表"

学号	姓名	班级	科目	学期	班主任	成绩	
						平时	期末
D20C5001	张若兰	20 大数据技术	数据库技术	2	李圆	82	85
D20C4903	李少穆	20 移动开发	数据库技术	2	林世鑫	75	78
D20C4903	李少穆	20 移动开发	PHP 程序设计	1	林世鑫	80	82

这样的表格就违背了第一范式，因为"成绩"属性下面又包含了两个子属性，这是无法在关系型数据库中实现的，必须转换成为如表 1-6 所示才符合第一范式，才可以在关系型数据库中实现。

表 1-6 "学生成绩表"

学号	姓名	班级	科目	学期	班主任	平时成绩	期末成绩
D20C5001	张若兰	20 大数据技术	数据库技术	2	李圆	82	80
D20C4903	李少穆	20 移动开发	数据库技术	1	林世鑫	75	78
D20C4903	李少穆	20 移动开发	PHP 程序设计	1	林世鑫	80	82

满足第一范式仅是关系型数据库设计的最基本要求，但仅止于该范式的数据库，在实际应用中，依然存在很多"意外"的隐患。下面以表 1-6 为例进行说明。

（1）数据冗余："姓名""班级"两个字段明显不必要，因为一个学号与一个姓名、班级绑定一次就已经能够决定一名学生的身份，在成绩表中，没有必要让学生的姓名、班级随着学号重复绑定。

（2）添加意外：也称插入意外，是指往数据表中添加一条新记录时，可能出现无法添加或记录不完整的情况。例如，"20 大数据技术"班级在第 3 学期初新转来了一名学生"朱华晶"，由于还没有开始考试，那么这名学生的信息就无法添加在表 1-6 中，因为该学生的很多字段没有数据，添加后就会出现数据不完整的现象。

但如果不添加，在需要查询朱华晶的信息时，又变成该学生不存在，这与事实不符，因此会影响现实中的管理工作。

（3）删除意外：假设要删除学号为"D20C5001"的成绩，就会导致该学生的姓名、班级也一并被删除了。张若兰是否还在校？在哪个班？就无从查找了，甚至连"20 大数据技术"班级也变成不存在的了，这就导致了数据的不完整。

之所以出现这些问题，是因为表 1-6 虽然保证了每个字段都不可再分，但它并未划分好字段之间的关系，导致表 1-6 并不是一个纯粹的“关系”，并不符合前面所讲的“一个二维表对应一个关系”的原则。

例如，“班级”“班主任”与“科目”“学期”“平时成绩”“期末成绩”之间并没有任何关系，不应该统一在一张“学生成绩表”中。“姓名”与“学期”“平时成绩”“期末成绩”之间虽然存在关系，但“姓名”在关系中的作用，完全可以由“学号”来代替，因此出现了冗余。

要解决这些问题，就必须对数据表的字段之间的关系进一步进行细化。

1.4.2 第二范式（2NF）

第二范式是在第一范式的基础上建立起来的，第二范式要求数据表中必须存在一个主键，用以标识每条记录的唯一性，并且其他非主键字段必须都依赖于主键（都与主键字段存在关系），不依赖于主键的字段需要从该表中抽离。

下面以表 1-6 为例进行说明。

（1）“学号”“科目”“学期”“平时成绩”“期末成绩”之间都是多对多关系，如图 1-14 所示。在这种情况下，就必须把“学号”“科目”“学期”组合作为主键，才能确定一条成绩记录的唯一性。从现实业务角度理解就是：每名学生每个学期每门课只可能有一条成绩记录。

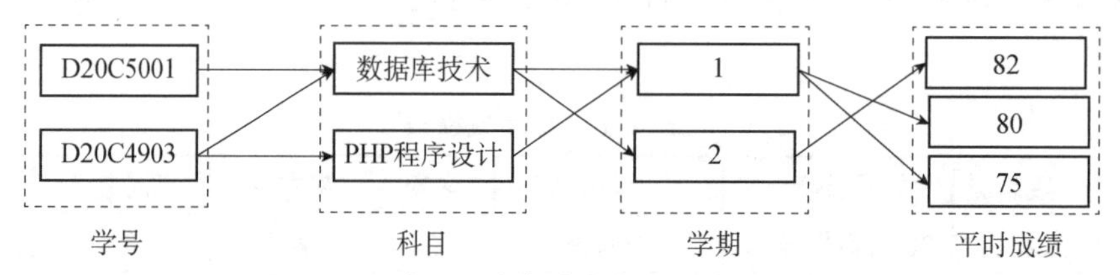

图 1-14　表 1-6 中部分字段之间的关系模型

（2）由于“班级”“姓名”都只依赖于“学号”字段，对主键没有依赖关系，因此都应当从表 1-6 中抽离，根据业务的实际需求，表 1-6 分割为两张关系表，分别如表 1-7 与表 1-8 所示。

表 1-7　“学生成绩表”

学号	科目	学期	平时成绩	期末成绩
D20C5001	数据库技术	2	82	80
D20C4903	数据库技术	1	75	78
D20C4903	PHP 程序设计	1	80	82

表 1-8　“学生信息表”

学号	姓名	班级	班主任
D20C5001	张若兰	20 大数据技术	李圆
D20C4903	李少穆	20 移动开发	林世鑫

可以看出，第二范式调整后的数据表有以下几点改进。

（1）学生的“姓名”“班级”两项数据不再冗余。

（2）如果需要新增“朱华晶”同学的基本信息，则直接添加到“学生信息表”中即可，即使没有各科的学习成绩数据，也不会影响“学生成绩表”中的数据完整性。

（3）在“学生成绩表”中删除任何一个学生的成绩，也不会导致该学生基本信息的丢失。

满足第二范式并非完全消除了“数据意外”或“数据冗余”。以表 1-8 为例，如果把新转来的 20 大数据技术班级朱华晶同学添加进去，班主任“李圆”就出现了重复，班级学生越多，这种冗余就越明显。这是因为虽然该“班主任”字段与主键“学号”也存在依赖关系，但“班主任”并不直接依赖于“学号”，而是直接依赖于“班级”。换言之，“学号”“班级”“班主任”三个字段之间存在传递依赖关系。

在同一张数据表中，应当消除字段之间的传递依赖关系。

1.4.3 第三范式（3NF）

第三范式在第二范式的基础上，进一步规定字段之间的关系，要求所有的“非主键字段”只能直接与“主键字段”存在依赖关系，从而消除第二范式中存在的传递依赖关系。

例如，表 1-8 中“班主任”直接依赖于“班级”，间接依赖于“学号”，因此应当再进一步对表 1-8 进行关系拆分，结果如表 1-9 与表 1-10 所示。

表 1-9 “学生信息表”

学号	姓名	班级
D20C5001	张若兰	20 大数据技术
D20C4903	李少穆	20 移动开发

表 1-10 “班级信息表”

班级	班主任
20 大数据技术	李圆
20 移动开发	林世鑫

从经过第三范式优化后的数据表中可以看到，此时无论在“学生信息表”中添加多少条学生信息，“班主任”一列都不会出现冗余，此外，也不会因为删除学生信息，导致班级信息的丢失。

1.5 应用范例

【例 1.1】某医院的“病房管理系统”涉及的实体及属性如下。

- 科室：科室编号、科室名称、科室地址、科室电话；
- 病房：病房号、床位号；
- 医生：医生工作证号、医生姓名、职称、医生年龄；
- 病人：病历号、病人姓名、病人年龄、病人性别。

实体间的业务关系如下。

- 一个科室管理多个病房、多名医生；
- 一个病房只属于一个科室；
- 一名医生只属于一个科室，负责多个病人的诊治；
- 一个病人只有一名医生。

请根据以上需求内容，完成以下设计要求。

① 设计该“病房管理系统”的关系模式。

② 绘制该“病房管理系统”的数据库 E-R 图。

（1）首先根据需求，确定“病房管理系统”的实体及其属性，如图 1-15 所示。

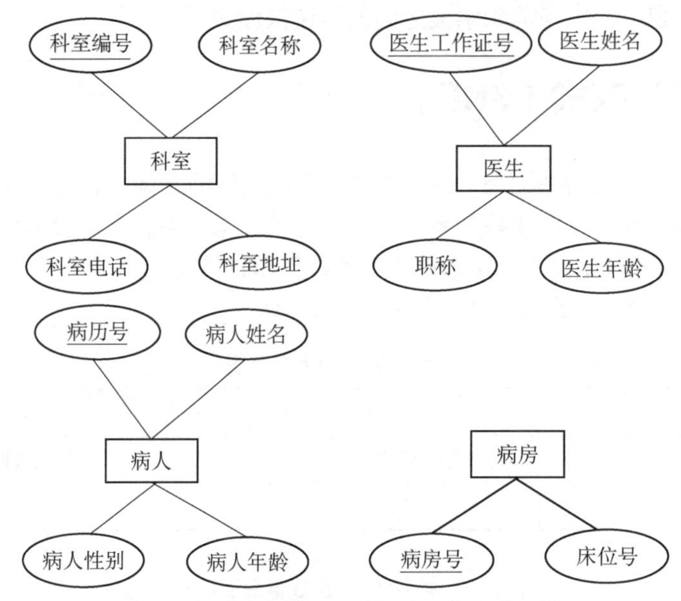

图 1-15 “病房管理系统”的实体及其属性

（2）确定各个实体间的关系及关系类型。

根据业务规定，一个科室管理多个病房，一个病房只属于一个科室，科室实体与病房实体之间的关系类型是一对多（1∶*N*）关系。

一个科室管理多名医生，一名医生只属于一个科室，科室实体与医生实体之间的关系类型是一对多（1∶*N*）关系。

一名医生可以负责多个病人的诊治，一个病人的医生只有一个，医生实体与病人实体之间的关系类型是一对多（1∶*N*）关系。

一个病房可以入住多个病人，每个病人只能在一个病房中入住，病房实体与病人实体之间的关系类型是一对多（1∶*N*）关系。

“病房管理系统”各实体及其关系如图 1-16 所示。

（3）用关系模式描述各实体的属性与关系。

① 把每个实体描述为一个关系模式。

科室（科室编号，科室名称，科室地址，科室电话）

病人（病历号，病人姓名，病人年龄，病人性别）

医生（医生工作证号，医生姓名，职称，医生年龄）

病房（病房号，床位号）

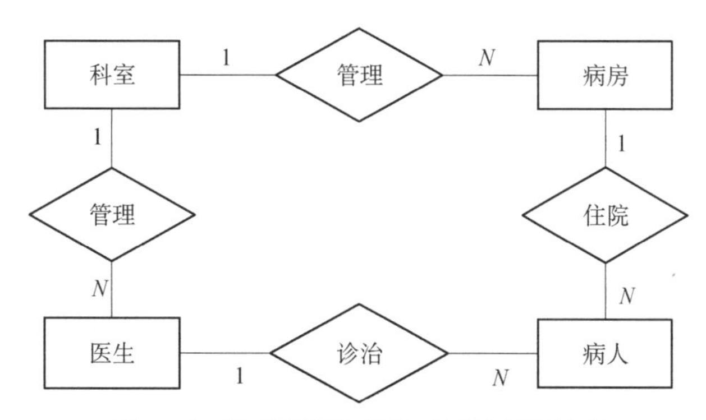

图 1-16　“病房管理系统”各实体及其关系

② 根据各实体之间的关系类型，转换关系模式：科室实体与医生实体之间是一对多（1∶N）关系，科室实体与病房实体之间是一对多（1∶N）关系，医生实体与病人实体之间是一对多（1∶N）关系，病房实体与病人实体之间是一对多（1∶N）关系。根据一对多（1∶N）关系的转换规则，最终转换结果如下。

科室（科室编号，科室名称，科室地址，科室电话）

病人（病历号，病人姓名，病人年龄，病人性别，医生工作证号）

医生（医生工作证号，医生姓名，职称，医生年龄，科室编号）

病房（病房号，床位号，科室编号）

（4）“病房管理系统”数据库 E-R 图如图 1-17 所示。

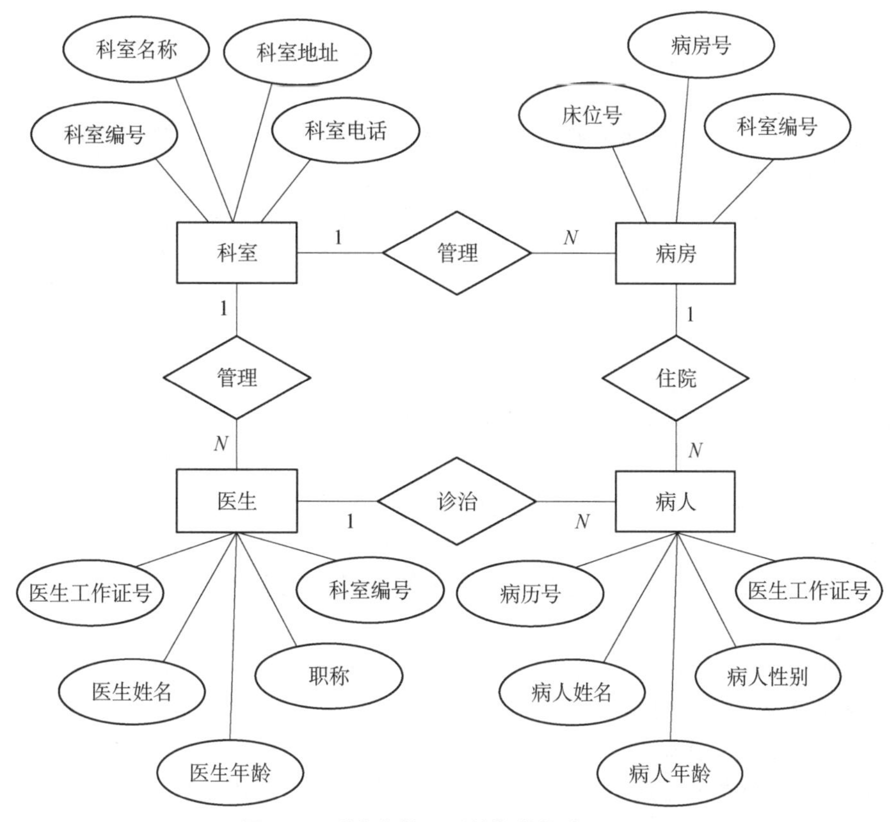

图 1-17　“病房管理系统”数据库 E-R 图

1.6 应用实践

请根据以下“图书馆管理系统”数据库的实体信息，确定并写出该“图书馆管理系统”数据库的关系模式，绘制该“图书馆管理系统”数据库的 E-R 图。

图书信息表：图书编号、图书名称、作者姓名、出版社、出版日期、现存数量、单价；

读者信息表：读者编号、读者姓名、已借书数量、联系地址；

图书借阅表：读者编号、图书编号、借阅日期、应归还日期、实际归还日期；

罚款记录表：读者编号、图书编号、罚款日期、罚款类型、罚款金额。

1.7 思考与练习

1. DBMS 代表的是（　　）。

A. 数据　　B. 用户　　C. 实体　　D. 数据库管理系统

2. 在关系数据库中，一个关系代表一个（　　）。

A. 表　　B. 行　　C. 列　　D. 记录

3. 一个班级中有多名学生，每名学生只能属于一个班级，从班级到学生的关系类型属于（　　）。

A. 多对一关系　　B. 一对多关系　　C. 多对多关系　　D. 一对一关系

4. 绘制 E-R 图时，实体用（　　）表示。

A. 圆形　　B. 椭圆形　　C. 矩形　　D. 菱形

5. 下面关于数据库的叙述中，错误的是（　　）。

A. 数据库中的数据可以共享　　B. 数据库避免了所有数据冗余

C. 数据库能减少数据冗余　　D. 数据库具有较高的数据独立性

6. 若一个关系为 R（学号，姓名，性别，年龄，专业），则最适合作为该关系的主键的是（　　）。

A. 学号　　B. 姓名　　C. 年龄　　D. 专业

7. 以下概念中，不作唯一性要求的是（　　）。

A. 记录　　B. 字段　　C. 主键　　D. 值域

8. 在设计数据库时，各个关系必须至少满足第三范式的说法是（　　）的。

A. 正确　　B. 错误

9. 若一个关系表中，某个非主键字段与主键字段之间并不存在依赖关系，则该关系满足（　　）。

A. 第一范式　　B. 第二范式　　C. 第三范式　　D. 第四范式

10. 绘制 E-R 图时，关键属性的图例是（　　）。

A. 矩形，属性名下面加下画线　　B. 矩形，双边框线

C. 椭圆形，属性名下面加下画线　　D. 椭圆形，双边框线

第 2 章　MySQL 的安装与配置

知识目标

1. 掌握 MySQL 不同途径的下载和安装的方法；
2. 掌握 MySQL 配置、启动、停止服务的方法；
3. 掌握 MySQL 在命令行方式下的登录方法；
4. 了解常用的 MySQL 的图形管理工具；
5. 掌握一种 MySQL 图形管理工具。

能力目标

1. 能够正确下载、安装 MySQL；
2. 能够配置、启动、停止 MySQL 服务器；
3. 熟练掌握一款 MySQL 图形管理工具的使用方法。

素质目标

养成不畏问题、主动寻找问题解决方案的意识与能力。

知识导图

2.1　MySQL 的下载与安装

2.1.1　MySQL 简介

关系型数据库管理系统（RDBMS）有很多，使用数量最多的前三款分别是 Oracle、MySQL 与 SQL Server，其中，Oracle 与 MySQL 都是 Oracle 公司的产品，SQL Server 是微软公司的产品。

对于个人用户与中小型企业而言，MySQL 是其较好的选择，主要原因如下。

（1）MySQL 具有很好的跨平台性，支持 Windows、Linux、Mac OS 等十多种操作系统。

（2）MySQL 容量小、速度快，且开源并免费，开发人员可以很容易地使用 MySQL，并可在必要的情况下修改它的代码。

（3）MySQL 为多种编程语言提供了 API，包括 C、C++、PHP、Java、Python、Perl、Ruby 等。

（4）MySQL 支持多种存储引擎，便于用户根据不同业务需求灵活选择。

（5）MySQL 支持多线程，可充分利用 CPU 资源。

（6）MySQL 支持大型数据库。

MySQL 数据库分为社区版（MySQL Community Server）和商业版（MySQL Enterprise Edition）两种，商业版需要交付维护费用，但运行更加稳定，社区版是完全免费的产品，其在性能方面与商业版相差不大，对学习者或普通用户而言，社区版完全能够满足其需求。

本章以 Windows 10 操作系统 64 位专业版作为操作环境，介绍 MySQL 5.7.26 版本的安装与配置方法。

2.1.2 MySQL 的安装与配置方法

扫一扫，看微课

2-1 MySQL 的安装与配置

安装 MySQL 有两种主要的方式：一种是直接使用 MySQL 的官方安装包进行安装；另一种是使用第三方工具软件进行安装。

1. 使用官方安装包的安装方式

MySQL 的安装包可以从 MySQL 官网中免费下载，具体操作步骤如下。

（1）在浏览器中打开 MySQL 的官网下载页面，单击链接【MySQL Community (GPL) Downloads】，进入“MySQL Community Downloads”页面，如图 2-1 所示。

MySQL Community Downloads

- MySQL Yum Repository
- MySQL APT Repository
- MySQL SUSE Repository
- MySQL Community Server
- MysQL Cluster
- MySQL Router
- MySQL Shell
- MySQL Workbench
- MysQL Installer for Windows
- MySQL for Visual Studio
- CAPI（libmysqlclient)
- Connector/C++
- Connector/J
- Connector/NET
- Connector/Node.js
- Connector/ODBC
- Connector/Python
- MySQL Native Driver for PHP
- MySQL Benchmark Tool
- Time zone description tables
- Download Archives

图 2-1 “MySQL Community Downloads”页面

（2）单击产品列表中的【MySQL Community Server】，在打开的页面中，根据操作系统选择合适版本的安装包，如图 2-2 所示。

注：

MySQL 官网提供的安装包有两种格式：ZIP 格式和 MSI 格式。其中，MSI 格式的安装包可以直接单击后，按照它给出的安装提示进行安装。ZIP 格式安装包为压缩包，解压缩之后直接配置完成后即可使用。

图 2-2　根据操作系统选择合适版本的安装包

（3）单击【Go to Download Page】按钮，进入安装器下载页面，如图 2-3 所示。单击【Archives】链接，切换到版本选择页面，选择合适的操作系统与 MySQL 版本安装包（本书以 5.7.26 版本为例），如图 2-4 所示。

图 2-3　安装器下载页面

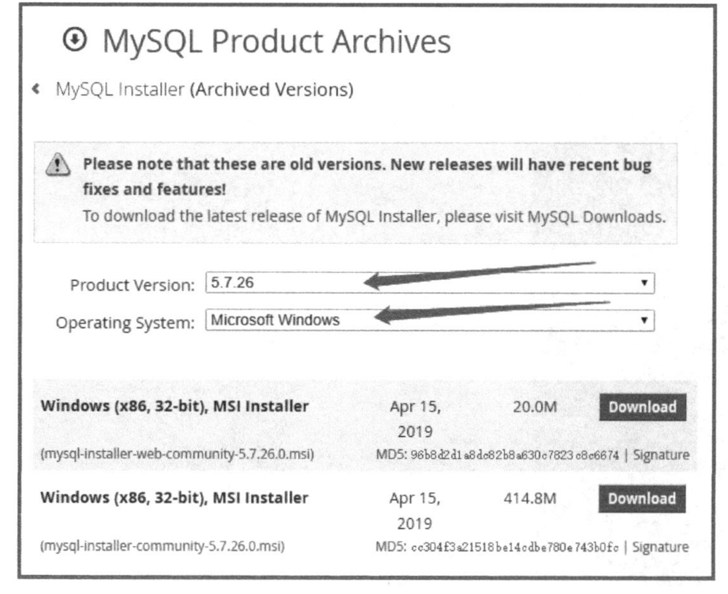

图 2-4　安装包版本选择页面

（4）单击【Download】按钮，等待下载完成后，双击安装包文件，安装程序启动效果如图 2-5 所示。

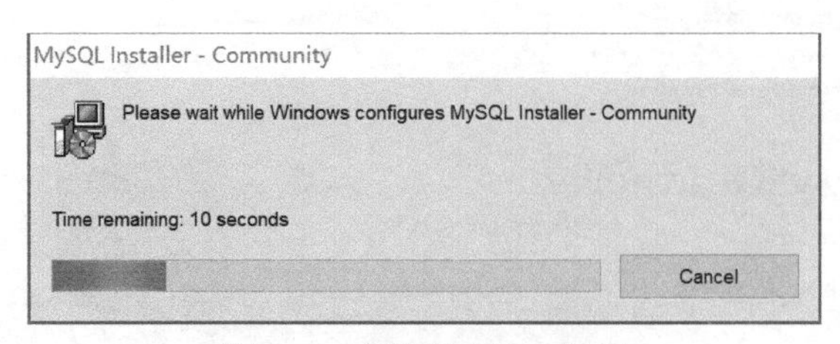

图 2-5　安装程序启动效果

（5）MySQL 安装程序加载完成效果如图 2-6 所示。

图 2-6　MySQL 安装程序加载完成效果

（6）系统自动进入安装设置步骤，安装类型选择【Developer Default】（默认）即可，如图 2-7 所示。

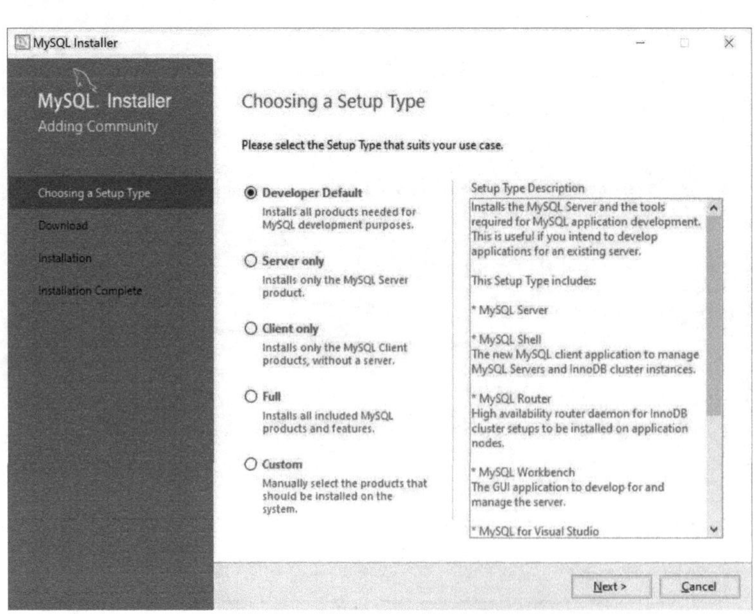

图 2-7　MySQL 安装类型选择界面

（7）单击【Next】按钮，安装程序将检查安装所需的支持组件（见图 2-8），并提供缺失的组件列表，单击【Execute】按钮，等待程序下载、解压各项所需的支持组件，在弹出的组件安装对话框中选择同意安装各项组件，如图 2-9 所示。

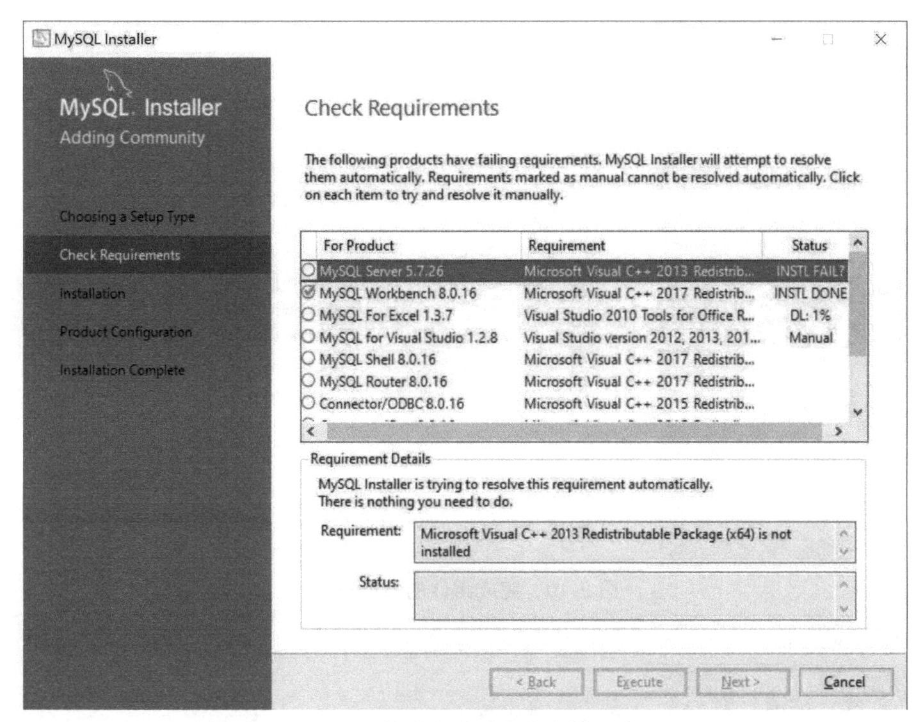

图 2-8　检查安装所需的支持组件

图 2-9　组件安装对话框

注：

第（7）步的执行时间较长，且需用户值守操作。

（8）全部组件安装完成后，单击【Next】按钮，进入如图 2-10 所示界面以完成组件的最后安装。继续单击【Execute】按钮，等待各个组件的最后安装完成。

（9）安装完成后，单击【Next】按钮，进入产品注册界面，如图 2-11 所示。

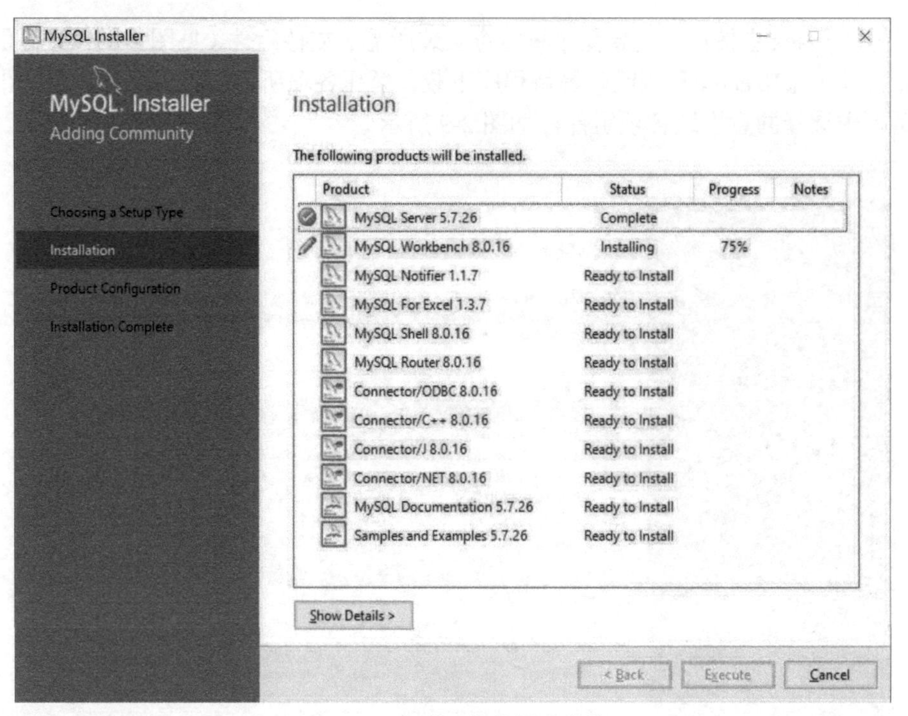

图 2-10　完成组件的最后安装

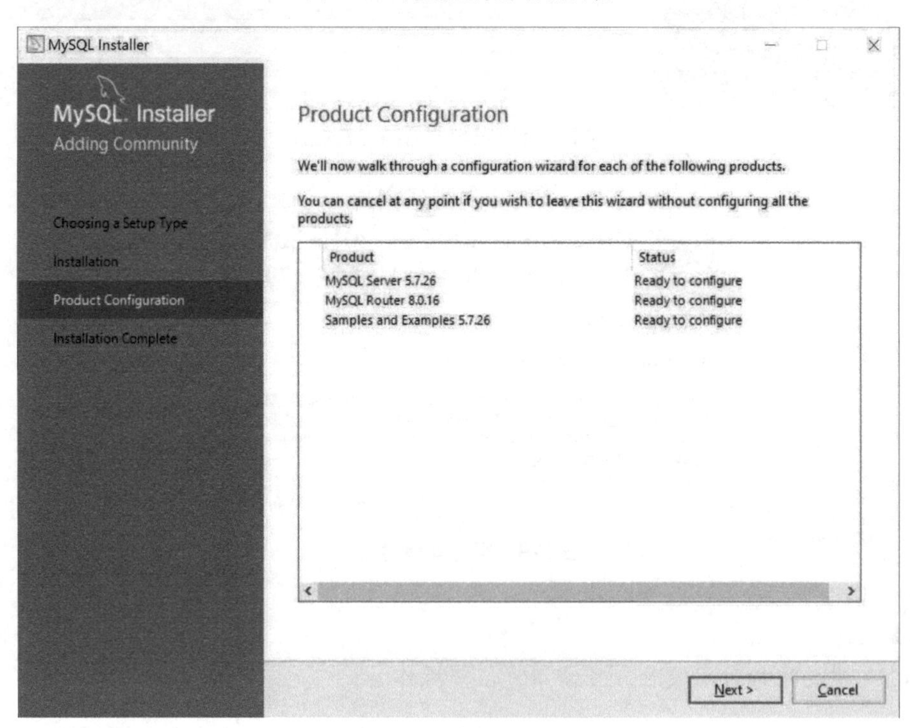

图 2-11　产品注册界面

（10）单击【Next】按钮，进入设置网络与服务端口界面，通常选择默认设置即可，如图 2-12 所示。

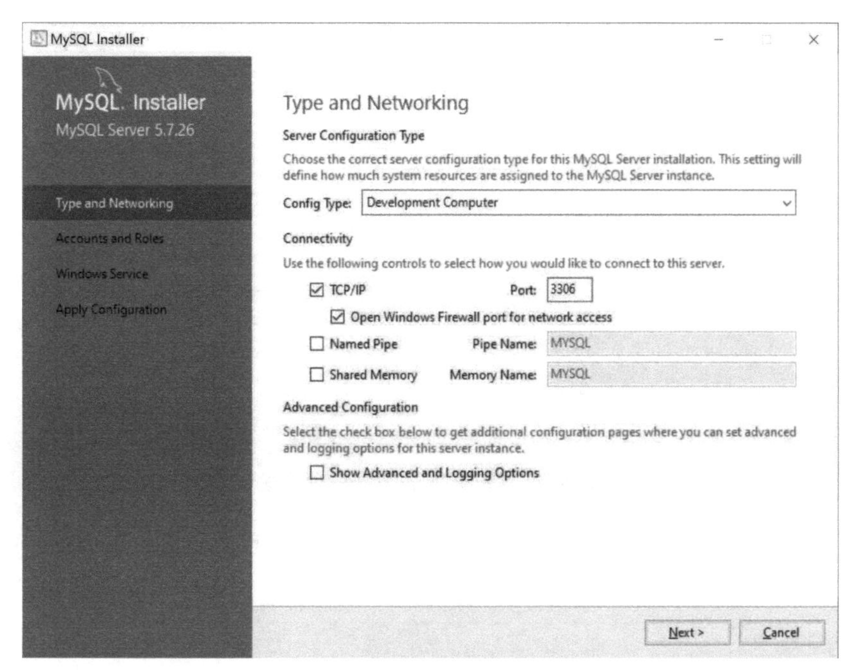

图 2-12　网络与服务端口设置界面

（11）单击【Next】按钮，进入账户设置界面。在【MySQL Root Password】与【Repeat Password】文本框中填写 MySQL 的根密码，如图 2-13 所示。

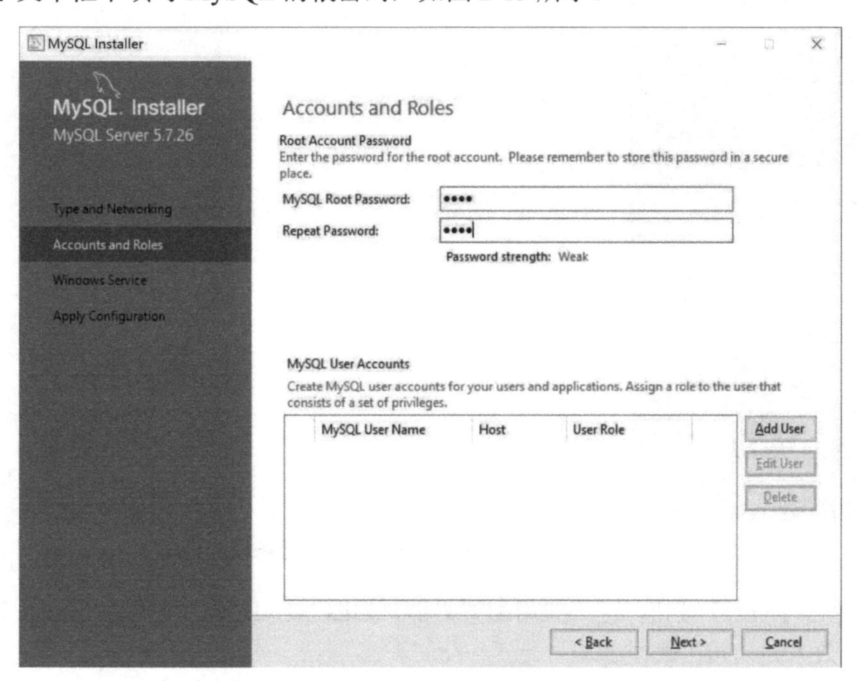

图 2-13　账户设置界面

（12）系统默认的用户名称为【root】，如果需要增加新的用户，则可单击【Add User】按钮，在弹出的对话框中，添加一个系统管理员类型的用户（DB Admin），并设置密码，完成后单击【OK】按钮，如图 2-14 所示。

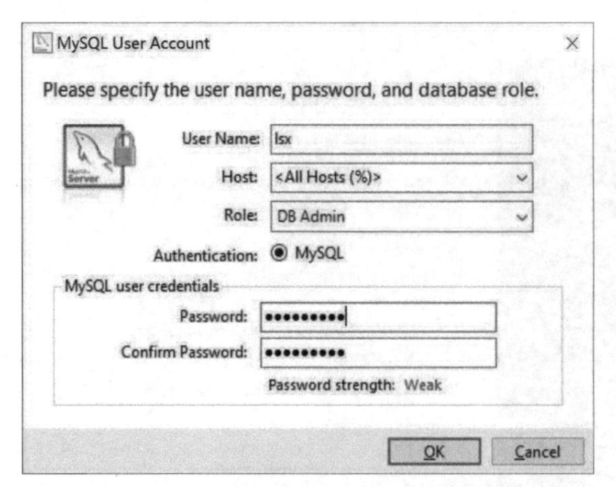

图 2-14　MySQL 添加账户对话框

（13）单击【Next】按钮，进入 Windows 系统关于 MySQL 的服务设置界面，此时全部选择默认值即可，如图 2-15 所示。

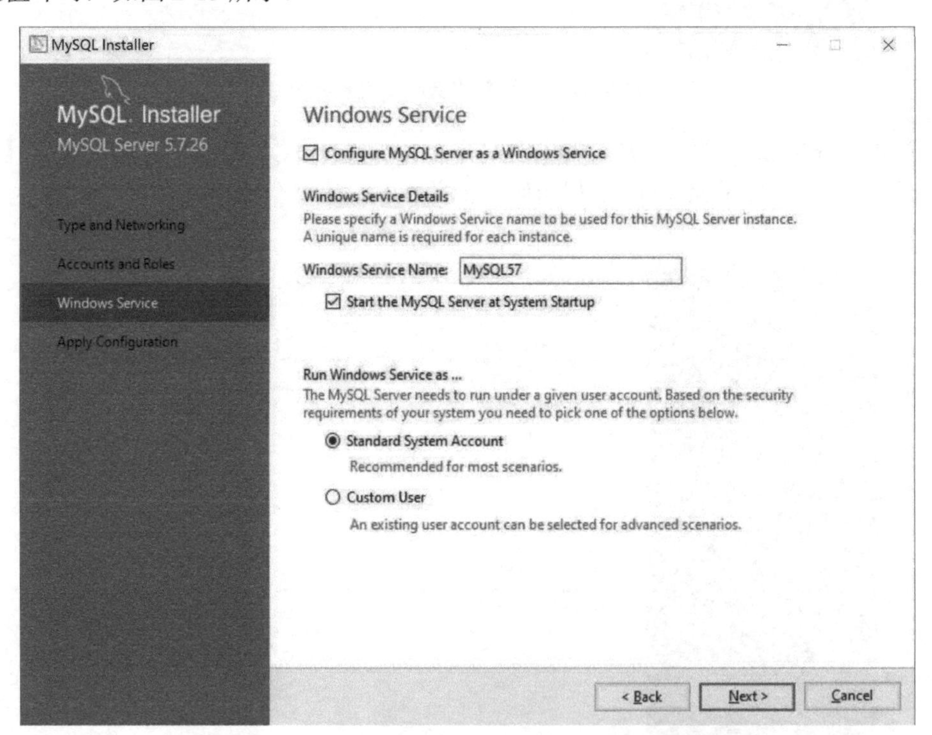

图 2-15　Windows 系统关于 MySQL 的服务设置界面

（14）单击【Next】按钮，进入应用配置界面，如图 2-16 所示，单击【Execute】按钮，使以上配置生效，并初始化数据库。

（15）以上配置全部完成后，单击【Finish】按钮，将返回如图 2-11 所示的产品注册界面。此时可以看到 MySQL5.7.26 已经完成。单击【Next】按钮进入 MySQL Router 的注册界面，如图 2-17 所示。此时直接单击【Finish】按钮即可。

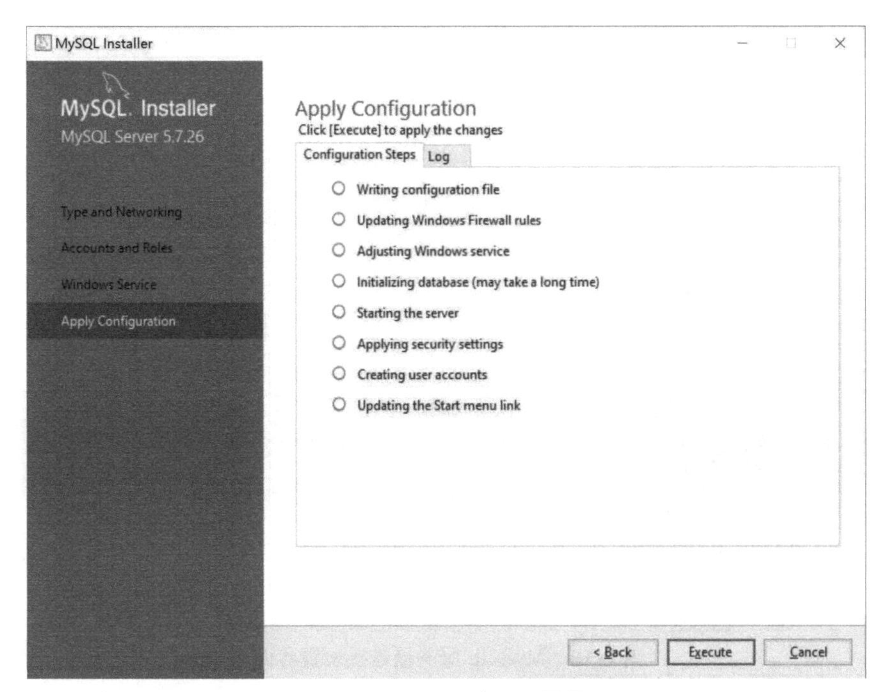

图 2-16　MySQL 应用配置界面

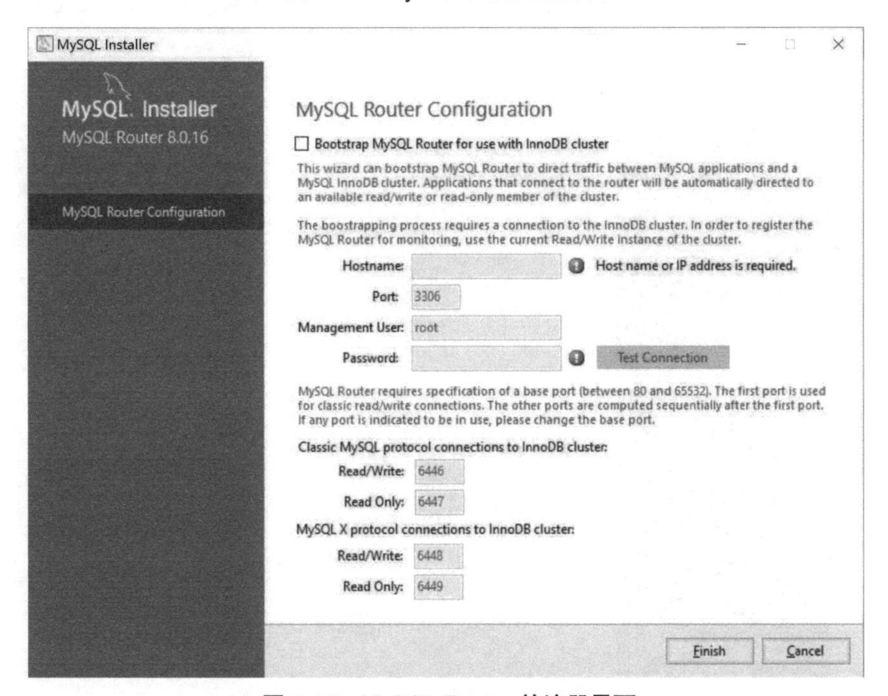

图 2-17　MySQL Router 的注册界面

（16）安装程序将再次返回如图 2-11 所示的产品注册界面。单击【Next】按钮进入 MySQL 服务器连接设置界面。在【User name】文本框中输入系统默认的用户名【root】，在【Password】文本框中输入在第（11）步中设置的密码。单击【Check】按钮检测用户名与密码是否正确，检测通过后的效果如图 2-18 所示。

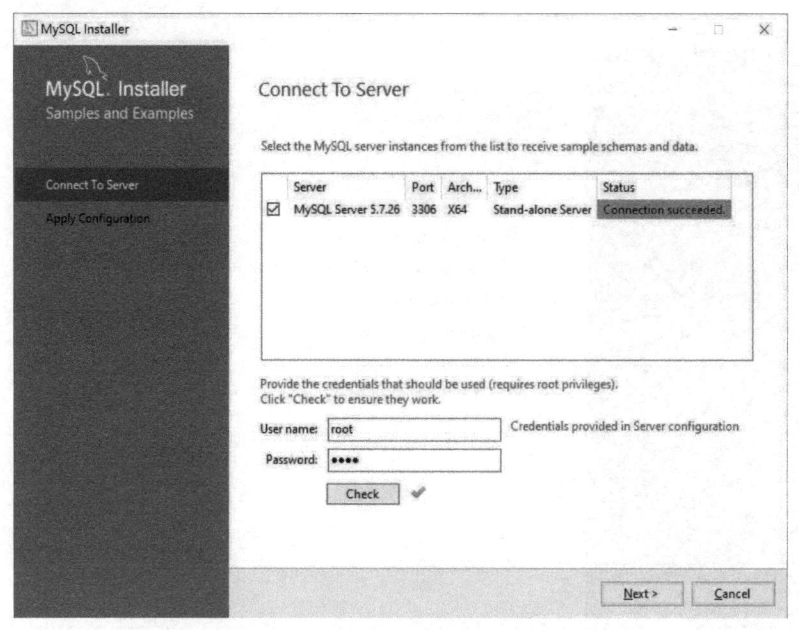

图 2-18　MySQL 服务器连接设置界面

（17）单击【Next】按钮，进入配置应用界面，如图 2-19 所示。单击【Execute】按钮，执行所配置的内容。

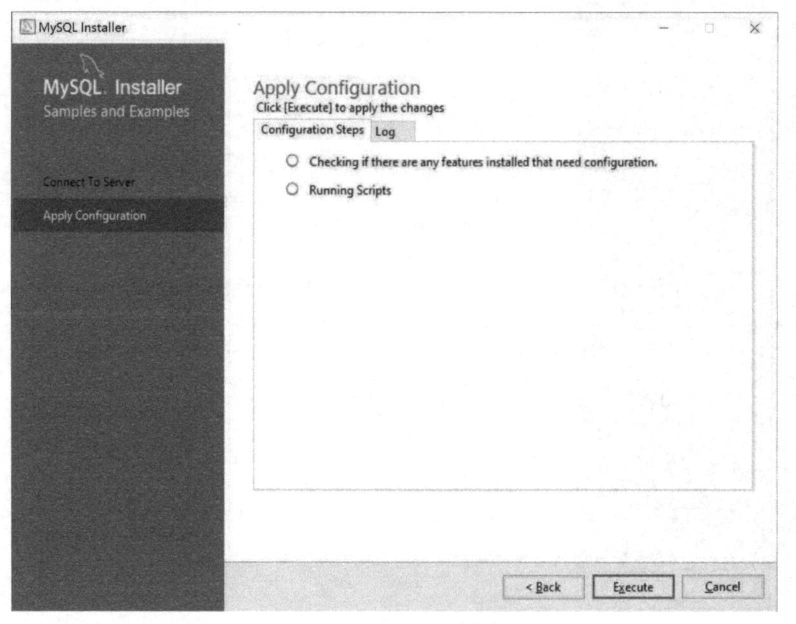

图 2-19　配置应用界面

（18）配置应用完成后，单击【Finish】按钮，再次返回如图 2-11 所示界面，单击【Next】按钮，进入安装完成界面，如图 2-20 所示。

（19）单击【Finish】按钮，稍等数秒后，系统将启动 mysqlsh 命令窗口，如图 2-21 所示。同时，系统自动启动 MySQL 的图形化操作工具 MySQL Workbench 窗口，如图 2-22 所示。

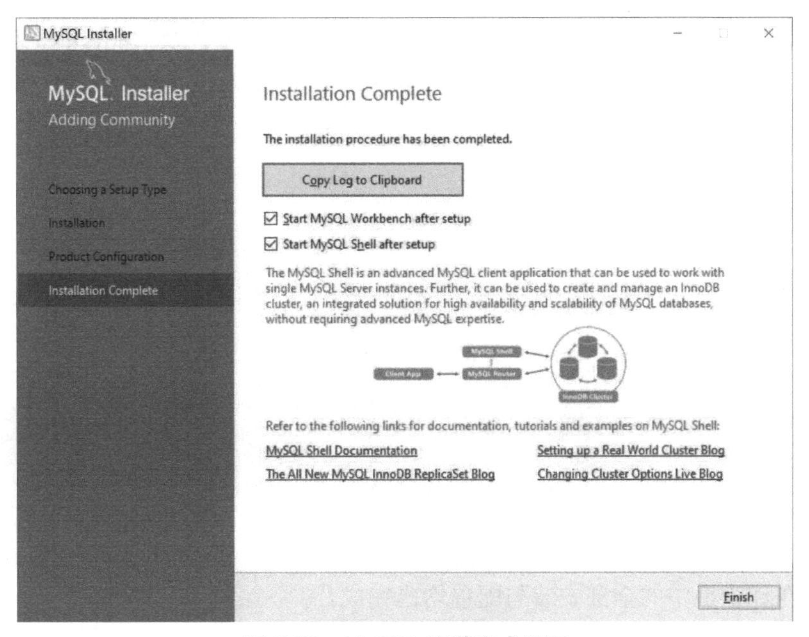

图 2-20　MySQL 安装完成界面

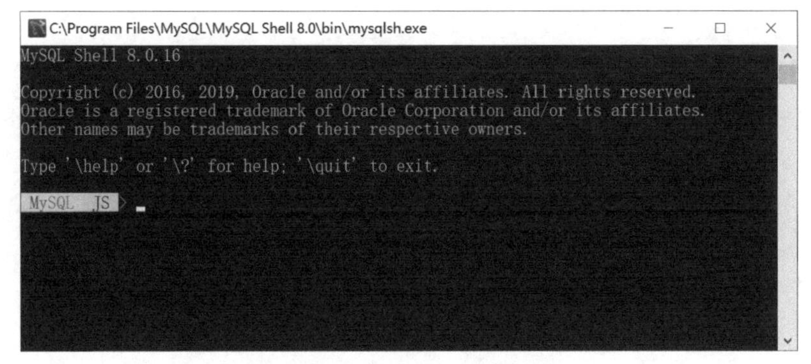

图 2-21　mysqlsh 命令窗口

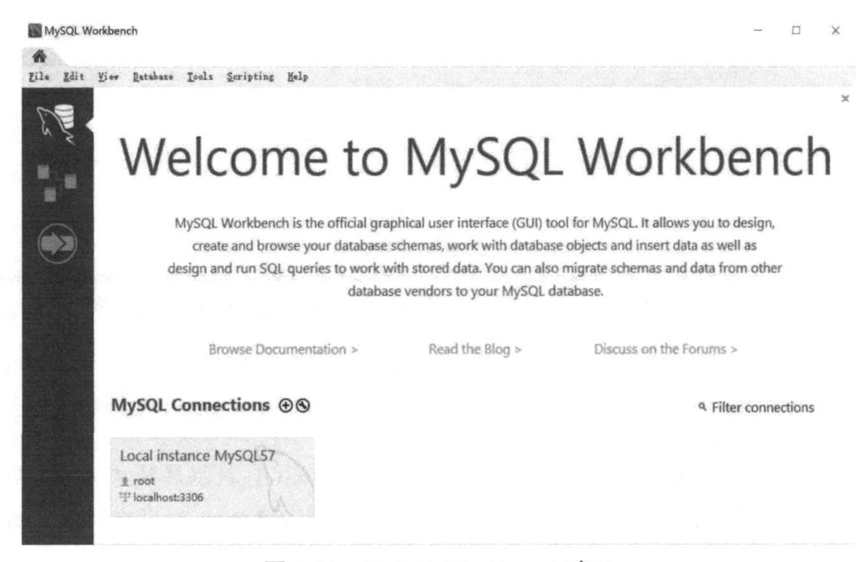

图 2-22　MySQL Workbench 窗口

（20）在 mysqlsh 命令窗口中输入【\quit】指令，按回车键，退出 mysqlsh 命令窗口。

（21）单击 MySQL Workbench 窗口中的【Local instance MySQL57】，弹出 MySQL 服务器连接对话框，输入前面步骤中设置的系统用户 root 的密码，单击【OK】按钮进行连接，如图 2-23 所示。

图 2-23　MySQL 服务器连接对话框

（22）连接 MySQL 服务器（本地）成功后的 MySQL Workbench 窗口如图 2-24 所示。至此，MySQL 在计算机中的全部安装与配置均已完成。

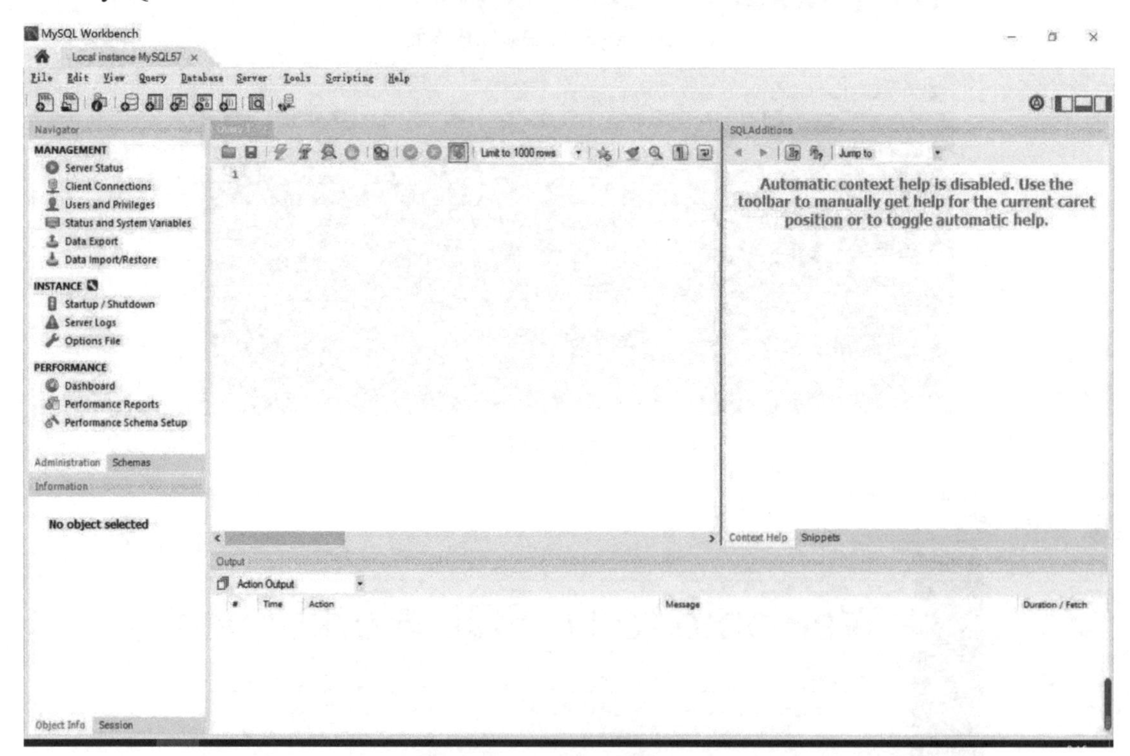

图 2-24　连接 MySQL 服务器（本地）成功后的 MySQL Workbench 窗口

注：

（1）以上安装步骤完成后，最好重启计算机系统。

（2）mysqlsh 与 MySQL Workbench 都是操作、管理 MySQL 数据库的工具。这两种工具的区别在于 mysqlsh 采用指令的方式进行操作，而 MySQL Workbench 为用户提供了图形化的操作界面。

2. 使用第三方工具软件的安装方式

使用官方安装包进行 MySQL 安装时，安装的步骤比较多，需要较长的操作时间，但优点是用户可以根据自己的具体需要，选择不同的安装配置方案。

为了方便，用户也可以选择第三方提供的 MySQL 安装方式。集成 MySQL 的第三方软件包很多，本书介绍 phpStudy 集成软件包。

phpStudy 是一款免费的软件包，它集成了多种服务器软件及 MySQL 数据库管理系统，包括 Apache、Nginx、FTP、MySQL 等。此外，它还支持用户为软件扩展安装更多的第三方工具软件，如 phpMyAdmin、SQL-Front、Redis 等。

通过安装 phpStudy 来安装 MySQL 十分方便，完成 phpStudy 的安装，即意味着 MySQL 的安装也随之完成，并且无须进行任何的配置即可运行。

（1）在浏览器中打开 phpStudy 官网。在页面中选择适合自己操作系统的版本并下载（本书选择 phpStudy V8 64 位 Windows 版），下载页面如图 2-25 所示。

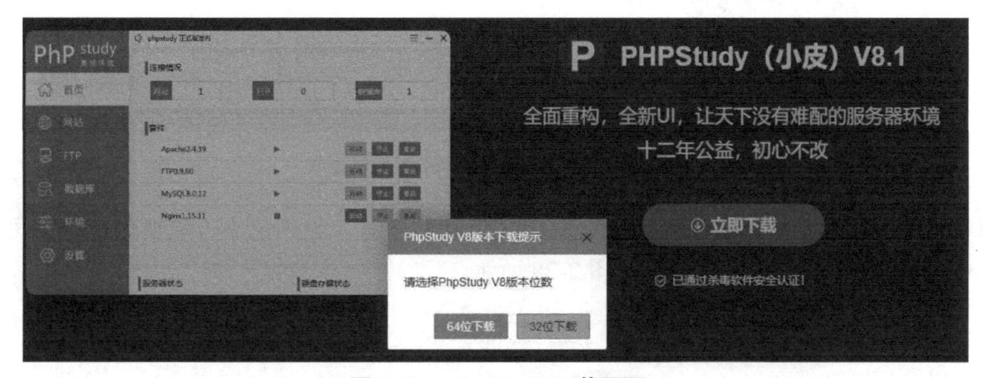

图 2-25　phpStudy 下载页面

（2）下载完成后，双击 phpStudy Setup.exe 文件，打开如图 2-26 所示的安装界面，单击【立即安装】按钮，按提示逐步完成安装即可。

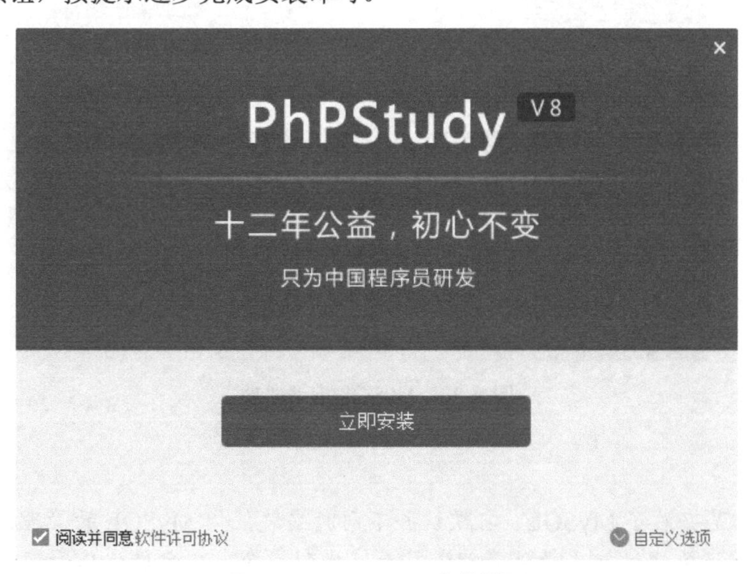

图 2-26　phpStudy 安装界面

（3）phpStudy 安装完成后，系统将自动打开软件的主界面（首页），如图 2-27 所示。

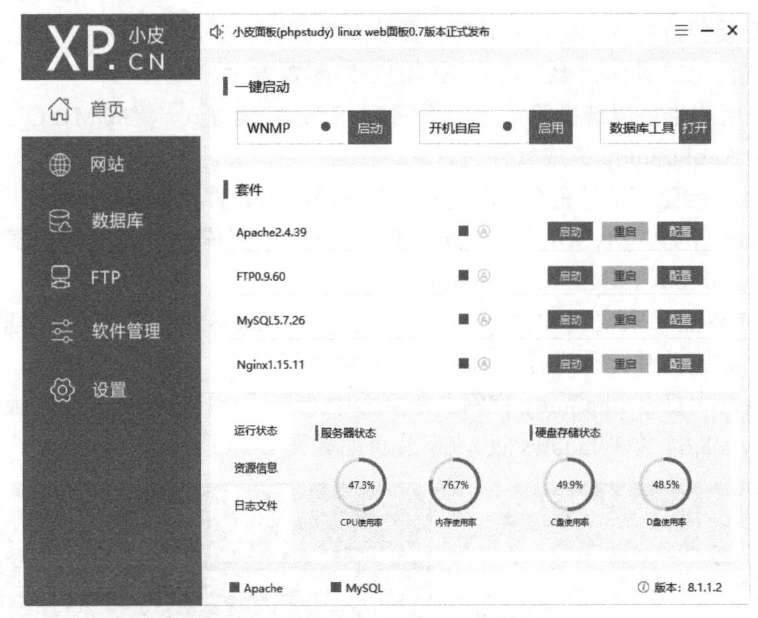

图 2-27　phpStudy 的主界面（首页）

（4）单击主界面中 MySQL5.7.26 右侧的【启动】按钮，当红色小方块变为蓝色三角后，表明 MySQL 数据库已启动成功，如图 2-28 所示。

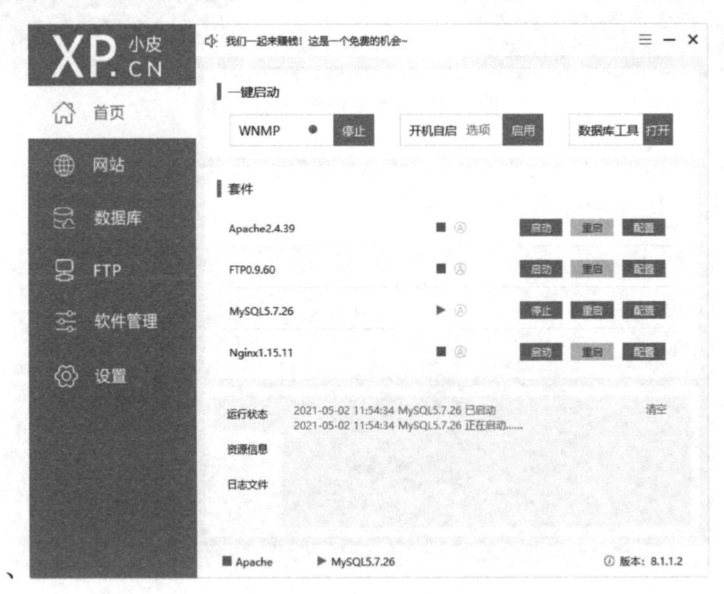

图 2-28　MySQL 启动成功

注：

phpStudy 只是安装了 MySQL，它默认并不同时安装任何 MySQL 的管理工具。因此，安装 phpStudy 后，还需通过其【软件管理】界面，找到一款第三方数据库管理工具，下载并安装后，才能进行 MySQL 的管理操作。

2.2　应用实践

1. 请根据本书的示范讲解，下载、安装、配置 MySQL 的官方版本（含 MySQL Workbench）。

2. 请根据条件，自己下载、安装一款第三方 MySQL 管理工具。选择建议：Navicat for MySQL、SQLyog、phpMyAdmin、SQL-Front、SQLWave。

2.3　思考与练习

1. 用户使用数量最多的三款关系型数据库管理系统是____________、____________、____________。

2. MySQL 服务器的默认用户名是____________，客户端连接到服务器默认使用的端口号是____________。

第 3 章　数据库的基本操作

知识目标

1. 掌握查看、创建、删除、修改数据库的基本 SQL 语句；
2. 了解不同的 MySQL 存储引擎的特点。

能力目标

1. 能够熟练使用 SQL 指令进行数据库的查看、创建、删除、修改等操作；
2. 能够熟练在 MySQL Workbench 或其他图形化 MySQL 管理工具中，进行数据库的查看、创建、删除、修改等操作。

素质目标

1. 培养严谨的工作习惯与遵守工作规范的意识；
2. 培养善于思考、乐于探索问题和解决问题的习惯与能力。

知识导图

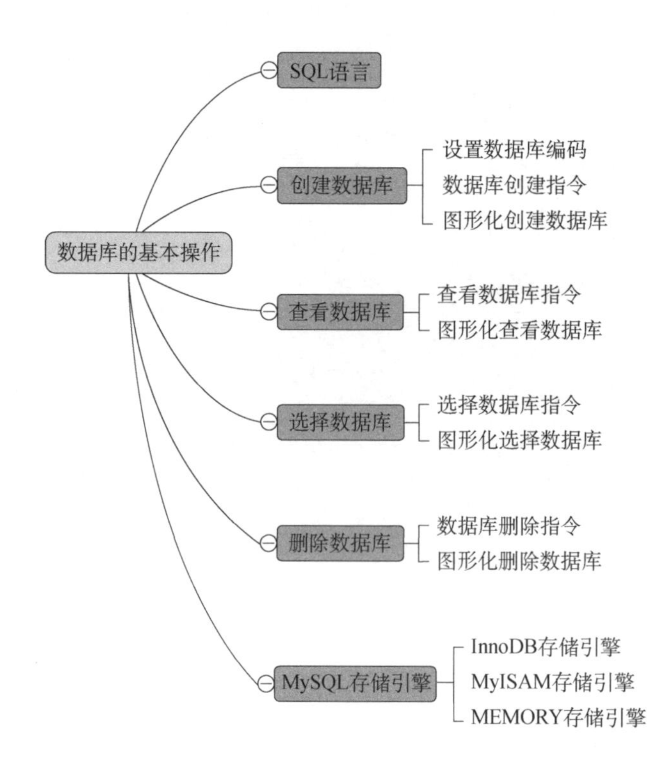

3.1　SQL 语言

SQL 语言的英文全称是 Structured Query Language（结构化操作语言），是计算机编程语言的一种。但与其他计算机编程语言不同的是，SQL 是一种仅限于关系型数据库操作的非过程化编程语言，是当今世界上操作关系型数据库最流行的计算机编程语言，也是数据库技术学习中不可或缺的学习内容之一。

在操作数据库方面，SQL 语言的功能非常强大，覆盖了几乎全部的数据库管理操作内容。但该语言却十分简洁，核心功能只用了 9 个英文动词（见表 3-1），易学易用。

表 3-1　SQL 语言 9 个英文动词

功能分类	动　词	含　义	操作对象	功能分类	动　词	含　义	操作对象
DDL	CREATE	创建	数据库、数据表	DML	INSERT	添加	记录
	ALTER	修改			UPDATE	更新	
	DROP	删除			DELETE	删除	
DCL	GRANT	授权	用户、数据对象	DQL	SELECT	查询	记录
	REVOKE	销权		/	/	/	/

SQL 语言根据操作内容的不同，可以划分为 6 个子类。

（1）数据定义语言（Data Definition Language，DDL）：该部分包括动词 CREATE（创建）、ALTER（修改）和 DROP（删除），分别用于创建、修改与删除数据库或数据表。

（2）数据操作语言（Data Manipulation Language，DML）：其语句中使用的操作动词有 INSERT（添加）、UPDATE（更新）与 DELETE（删除）。操作的对象是数据表中的记录，主要是对记录进行添加、更新和删除操作。

（3）数据查询语言（Data Query Language，DQL）：也称“数据检索语句”，主要用于从数据表中获取所需的数据，该子类中的关键字 SELECT 是 SQL 语言中使用率最高的动词。

此外，其他的关键字还有 WHERE（条件）、ORDER BY（排序）、GROUP BY（分组）和 HAVING（完成），这些关键字与其他类型的 SQL 语句配合使用，以完成复杂的数据操作。

（4）指针控制语言（Cursor Control Language，CCL）：该类语句主要用于对一个或多个数据表中的记录进行逐行操作，直至全部任务完成。该子类中的主要关键字有 DECLARE CURSOR、FETCH INTO 与 UPDATE WHERE CURRENT 等。

（5）事务控制语言（Transaction Control Language，TCL）：主要用于确保被 DML 语言操作的记录能够及时得到正确的更新，包括 COMMIT（提交）命令、SAVEPOINT（保存点）命令、ROLLBACK（回滚）命令。

（6）数据控制语言（Data Control Language，DCL）：它的语句通过两个动词 GRANT 或 REVOKE 实现对数据库操作权限的控制，主要是确定单个用户或用户组对数据对象（数据库或数据表）的访问权限。某些数据库管理系统也允许使用 GRANT 或 REVOKE 对数据表中的某个字段进行访问权限控制。

注：

SQL 语言并不区分大小写，上文中所有 SQL 的关键字采用大写形式，只是一种默认的“工作规范”，而非语法要求。

将 SQL 划分为 6 个子类并给予 DDL、DML 等分类名，只是为了学习、交流的便利而采取的一种人为作法，SQL 语言自身并不存在这样的分类。

3.2 创建数据库

扫一扫，看微课

3-1 创建数据库

创建数据库可以采用 SQL 指令与图形化工具两种方式来实现。

在各类计算机开发语言（下称“宿主语言”）中进行创建数据库操作时，通常的方式是通过宿主语言调用数据库操作语言（SQL 语言）中的“数据库创建指令”，从而实现数据库的创建操作，该方式称为指令方式。

在日常的数据库管理工作中，为了操作的方便与直观，可以借助图形化的数据库管理工具进行数据库的创建工作。

3.2.1 设置数据库编码

为确保不同编码的字符在数据库中均能正确读/写，在创建数据库前，我们应首先查看数据库的编码方式。

（1）打开 MySQL Workbench，在【Query1】窗格中，输入以下指令：

```
show variables like "char%";
```

（2）执行以上指令，结果如图 3-1 所示。

Result Grid | Filter Rows: | Export: | Wrap Cell Content:

Variable_name	Value
character_set_client	utf8mb4
character_set_connection	utf8mb4
character_set_database	latin1
character_set_filesystem	binary
character_set_results	utf8mb4
character_set_server	latin1
character_set_system	utf8
character_sets_dir	C:\Program Files\MySQL\MySQL Server 5.7\sha...

图 3-1 查看数据库编码方式

由图 3-1 可见，【character_set_database】的值是【latin1】，即在 MySQL 数据库中，其默认的编码方式是【latin1】。但在这种编码方式中，中文字符可能会产生乱码，所以为了保证后续进行添加或更新记录操作时能正常使用中文字符，需要将其默认的编码方式更改为【utf8】，其 SQL 指令如下：

```
alter database hospital character set utf8;
```

（3）在 MySQL Workbench 的【Query1】窗格中，输入并执行以上指令，执行结果如图 3-2 所示。

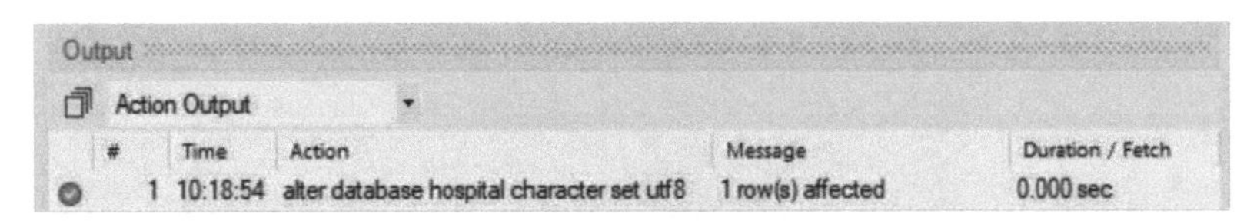

图 3-2　修改编码方式

（4）在【Query1】窗格中再次输入并执行“show variables like "char%";”指令，以查看数据库的编码方式，由图 3-3 的执行结果可见，数据库默认的编码方式已成功更改为【utf8】。

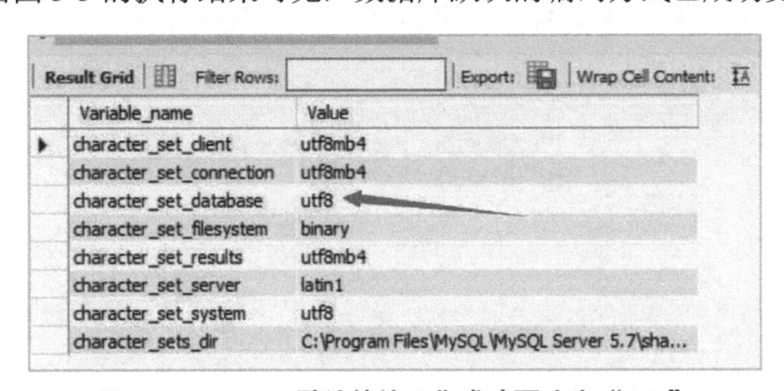

Variable_name	Value
character_set_client	utf8mb4
character_set_connection	utf8mb4
character_set_database	utf8
character_set_filesystem	binary
character_set_results	utf8mb4
character_set_server	latin1
character_set_system	utf8
character_sets_dir	C:\Program Files\MySQL\MySQL Server 5.7\sha...

图 3-3　MySQL 默认的编码集成功更改为“utf8”

3.2.2　数据库创建指令

在 MySQL 中创建数据库的 SQL 指令如下：

```
CREATE　DATABASE　[IF NOT EXISTS] db_name;
```

其中，

- CREATE DATABASE 是创建数据库的关键字；
- [IF NOT EXISTS]是可选项，用于判断数据库中是否存在同名的数据库，以避免因为数据库名已经存在而产生错误。在没有使用“IF NOT EXISTS”的情况下创建了同名数据库，则系统会报错；使用“IF NOT EXISTS”后，若数据库中不存在同名的数据库，就正常创建数据库，如果已存在同名的数据库，则不再进行任何操作；
- db_name 是所要创建的数据库名称。

操作 MySQL 时，各类数据库、数据表、字段的名称应尽量使用能够反映其实际意义的英文名称，以做到见名知义。此外，还需要注意遵循以下标识符语法和命名规则：

（1）不能以数字和“$”符号开头，不允许完全由数字构成；

（2）避免使用 MySQL 的保留字命名，如 desc、range、match、delayed 等；

（3）避免出现空格和特殊字符；

（4）长度不能超过 32 个字符。

【例 3.1】在本地 MySQL 中创建一个名为“hospital”的数据库。

（1）启动 MySQL Workbench，单击窗口中的本地服务器实例【Local instance MySQL57】。本地连接实例登录入口如图 3-4 所示。

图 3-4　本地连接实例登录入口

（2）在弹出的 MySQL 服务器登录对话框中，输入 root 用户的登录密码，并勾选【Save password in vault】，单击【OK】按钮，登录连接本地 MySQL 服务器，如图 3-5 所示。

图 3-5　MySQL 服务器登录对话框

注：

也可不勾选【Save passoword in vault】，但随后的很多操作中都会提示再次输入密码，以验证用户身份的合法性。勾选该项后则可跳过频繁的用户登录验证，再次连接该服务器实例时，将不再进行用户登录验证。

（3）在 MySQL Workbench 的【Query1】窗格中，输入以下指令，如图 3-6 所示。

```
CREATE DATABASE hospital;
```

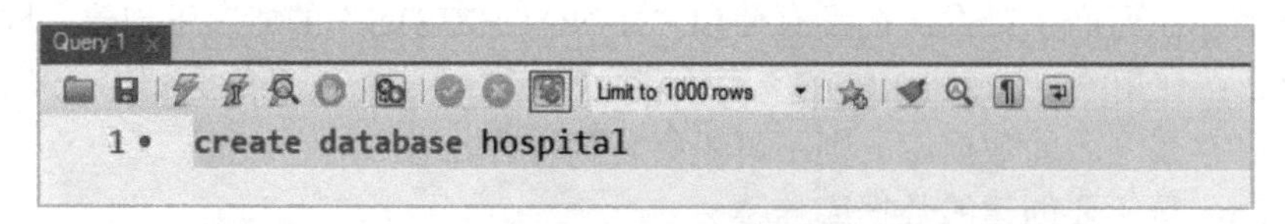

图 3-6　在【Query1】窗格中输入创建数据库的 SQL 指令

（4）把光标定位到指令行（第 1 行），单击【Query 1】窗格上端的 图标，执行指令。可以看到在【Output】窗格中，SQL 指令的执行结果如图 3-7 所示，表示该指令已成功执行。

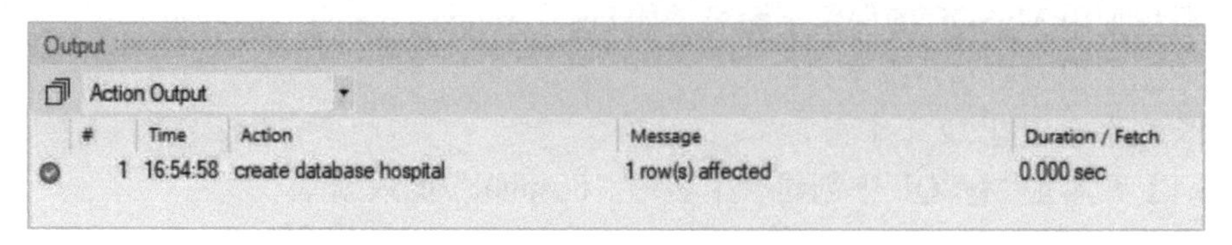

图 3-7　SQL 指令的执行结果

注：

结果返回提示【create database hospital ,1 row(s) affected(0.00sec)】，该提示表示“hospital”数据库创建成功。其中，1 row(s) affected 表示有一行记录受影响；0.00sec 表示操作的执行完成用时。

（5）选择导航面板【Navigator】中的【Schemas】选项卡，单击右上角的刷新图标，可以看到 MySQL 已成功创建了“hospital”数据库，如图 3-8 所示。

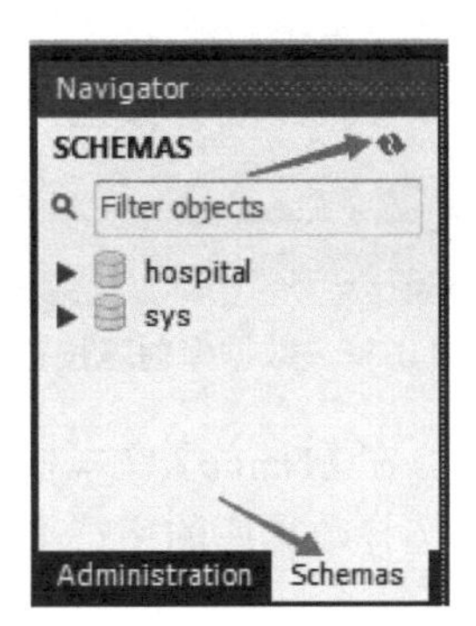

图 3-8　MySQL 已成功创建了“hospital”数据库

（6）把光标定位在【Query1】窗格的第 1 行代码上，单击图标以再次执行“create database hospital”指令，此时可以看到【Output】窗格中输出的执行结果为【Error Code:1007. Can’t create database hospital:database exists】，如图 3-9 所示，该结果提示数据库“hospital”已存在，不能重复创建。

Output

Action Output

	#	Time	Action	Message	Duration / Fetch
	1	16:54:58	create database hospital	1 row(s) affected	0.000 sec
	2	17:39:20	create database hospital	Error Code: 1007. Can't create database 'hospital'; database exists	0.000 sec

图 3-9　重复创建同名数据库 MySQL 将报错

前面提到，为了避免数据库已经存在而重复创建的错误，可以用“IF NOT EXISTS”以判断是否存在同名的数据库。

将【Query1】窗格中的 SQL 指令修改如下：

```
CREATE DATABASE IF NOT EXISTS hospital;
```

在 MySQL Workbench 的【Query1】窗格中，执行修改后的 SQL 指令，输出结果如图 3-10 所示。

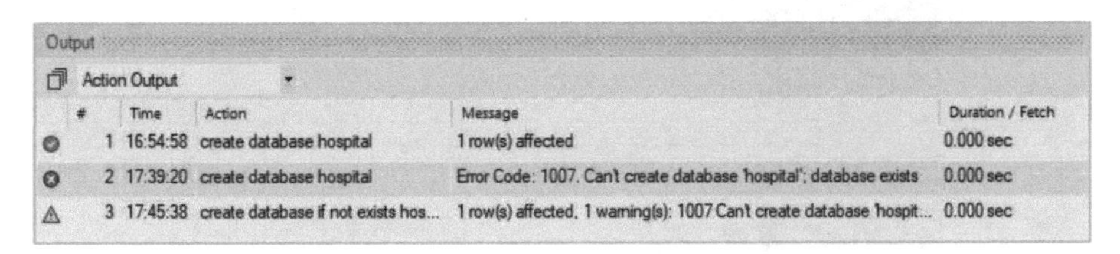

Output

Action Output

	#	Time	Action	Message	Duration / Fetch
	1	16:54:58	create database hospital	1 row(s) affected	0.000 sec
	2	17:39:20	create database hospital	Error Code: 1007. Can't create database 'hospital'; database exists	0.000 sec
	3	17:45:38	create database if not exists hos...	1 row(s) affected, 1 warning(s): 1007 Can't create database 'hospit...	0.000 sec

图 3-10　修改 SQL 指令后的执行结果

可以看到，使用“IF NOT EXISTS”对数据库创建语句进行限制后，MySQL 执行该语句的结果依然是“1007 Can’t create database hospital:database exists”，但执行结果是“提示”级别，而不再是“错误”级别。

3.2.3 图形化创建数据库

在 MySQL Workbench 中，也可以使用其提供的各种图形化工具进行数据库的创建工作。

（1）启动 MySQL Workbench 并登录连接本地 MySQL 服务器后，单击工具栏中的数据库创建（create a new schema in the connected server）按钮，如图 3-11 所示。

图 3-11 数据库创建按钮

（2）软件将打开数据库定义面板，在【Name】文本框中输入数据库名称“hospital”，根据需要在【Charset/Collation】选项框中选择数据库的字符集（一般为 utf8、utf8_unicode_ci），如图 3-12 所示。

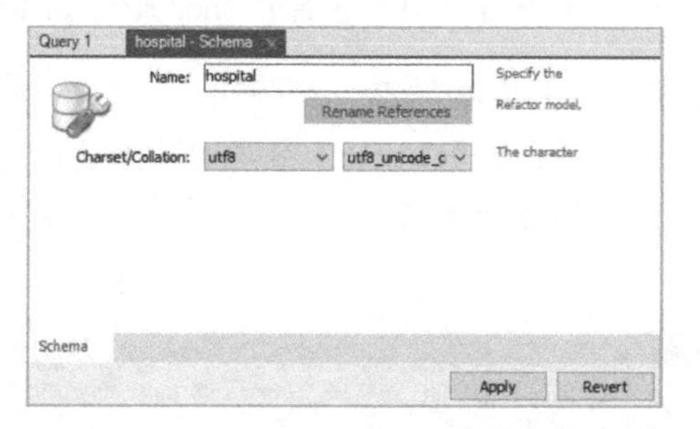

图 3-12 MySQL Workbench 的数据库定义面板

（3）单击面板下方的【Apply】按钮，MySQL Workbench 将根据设置，自动生成相应的 SQL 指令，并打开数据库创建指令的脚本面板，如图 3-13 所示。

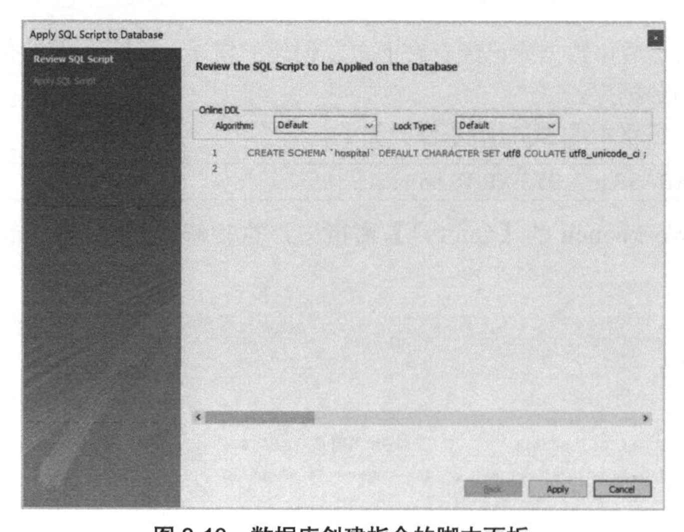

图 3-13 数据库创建指令的脚本面板

（4）单击脚本面板下方的【Apply】按钮，执行指令脚本，执行完成后的脚本面板如图 3-14 所示。

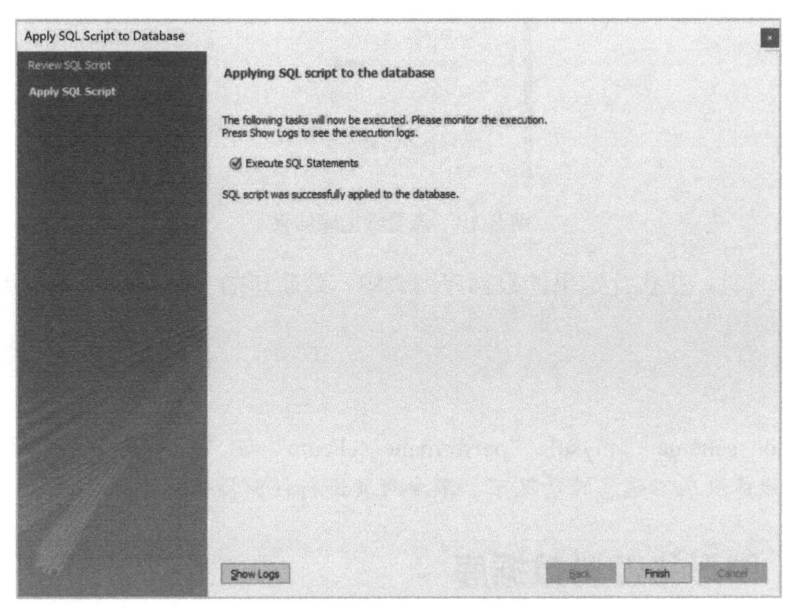

图 3-14　SQL 指令执行完成后的脚本面板

（5）单击【Finish】按钮，返回 MySQL Workbench 主窗口，可以看到导航面板【Navigator】的【Schemas】选项卡中已经增加了一个新的数据库“hospital”，如图 3-15 所示。

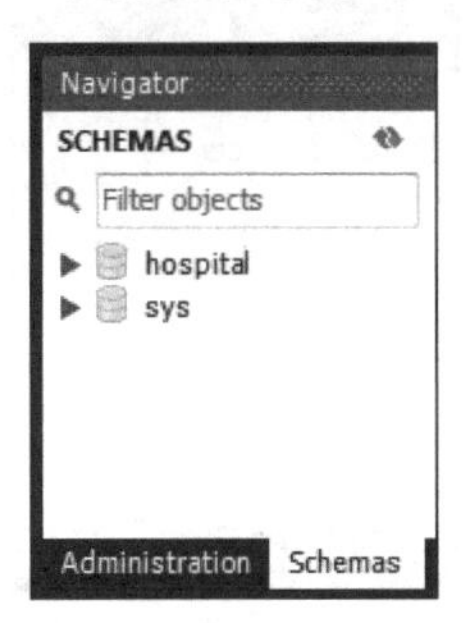

图 3-15　“hospital”数据库创建成功后的【Schemas】选项卡

注：

若在【SCHEMAS】选项卡中没有看到新建的数据库名，则可单击选择卡右上角的刷新按钮。

3.3　查看数据库

扫一扫，看微课

3-2　查看、选择、删除数据库

3.3.1　查看数据库指令

可以通过执行以下指令查看数据库系统中已存在的数据库：

```
SHOW DATABASES;
```

在 MySQL Workbench 的【Query1】窗格中，输入以上指令，执行结果如图 3-16 所示。

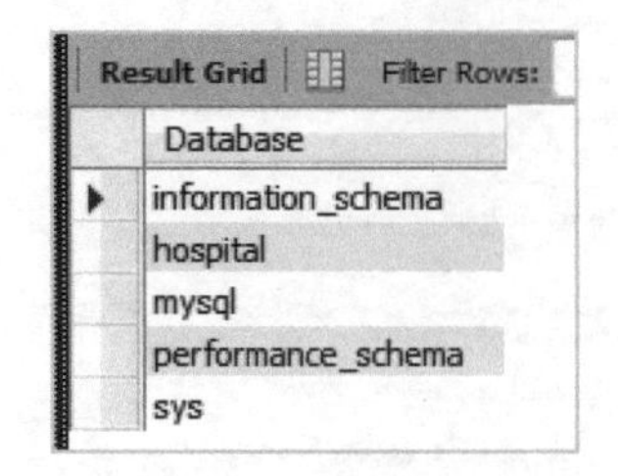

图 3-16　查看数据库结果

由图 3-16 可见，在执行结果的数据库列表中，除新建的“hospital”数据库外，还存在 4 个数据库。

注：

“information_schema”“mysql”“performanc_schema”与“sys”这 4 个数据库是 MySQL 的系统库，强烈建议在不熟悉的情况下，不要对其进行任何操作。

3.3.2　图形化查看数据库

在完成创建数据库后，在 MySQL Workbench 的导航面板【Navigator】的【Schemas】选项卡中单击刷新按钮，即可查看当前已创建好的数据库，如图 3-17 所示。

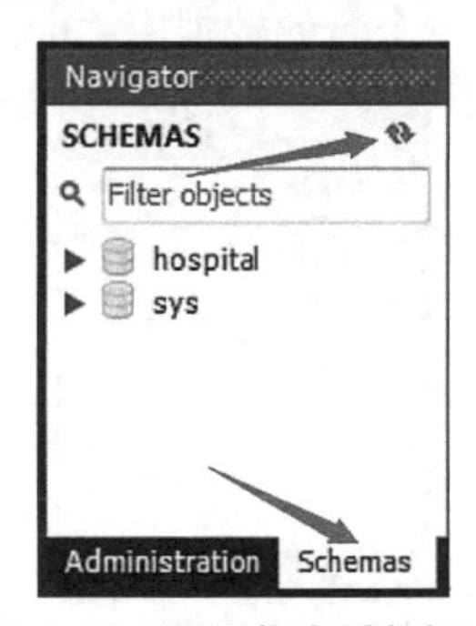

图 3-17　图形化查看数据库

3.4　选择数据库

在对 MySQL 中的数据进行操作之前，必须首先选择数据所在的数据库，即指定当前要操作的数据库。

3.4.1　选择数据库指令

在 MySQL 中选择数据库的 SQL 指令如下：

```
USE db_name;
```

（1）打开 MySQL Workbench，在【Query1】窗格中输入以下指令：

```
USE hospital;
```

（2）执行以上指令，在【Output】窗格中输出执行结果，如图 3-18 所示，表示选择数据库指令已被成功执行。

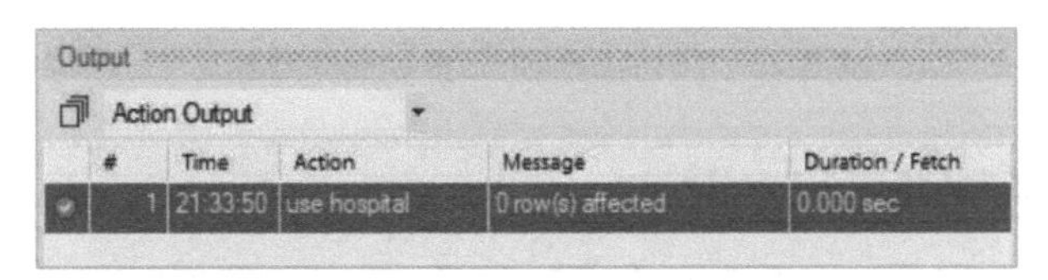

图 3-18　成功执行选择数据库指令

3.4.2　图形化选择数据库

在 MySQL Workbench 的【Schemas】选项卡中，双击需要选择的数据库名称（如“hospital”），该数据库名称将变为加粗字体的显示样式，表示该数据库已被选择，如图 3-19 所示。

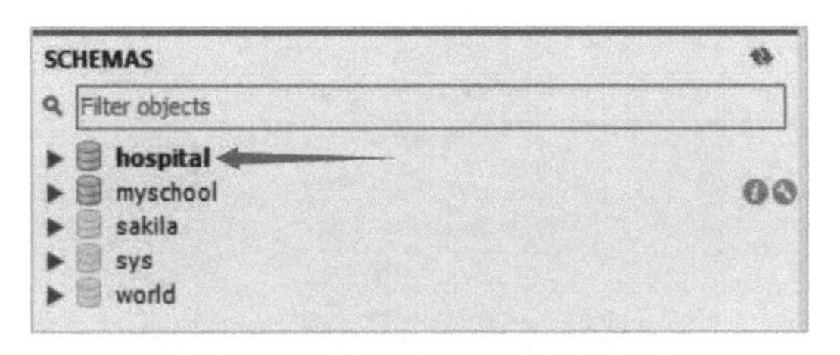

图 3-19　选择“hospital”数据库

3.5　删除数据库

当某个数据库已经不存在使用价值时，应当将其删除，以免占用数据库服务器的存储空间。删除数据库可以通过 SQL 指令完成，也可借助图形化工具完成。

3.5.1　数据库删除指令

在 MySQL 中删除数据库的 SQL 指令如下：

```
DROP DATABASE [IF EXISTS] db_name;
```

其中，

- DROP DATABASE 是删除数据库的关键字；
- [IF EXISTS]是可选项，用来判断数据库中是否存在同名的数据库，以避免删除不存在的数据库。

例如，删除现有数据库中一个名为“hospital”的数据库，其 SQL 指令为：

```
DROP DATABASE IF EXISTS hospital;
```

在 MySQL Workbench 的【Query1】窗格中输入以上指令，在【Output】窗格中输出执行结果，如图 3-20 所示，表示删除数据库指令已成功被执行。

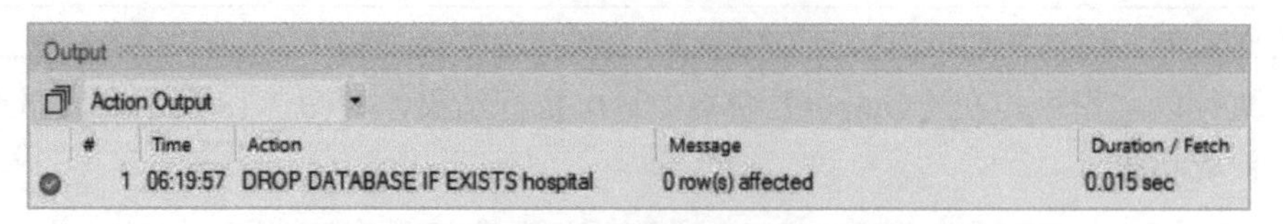

图 3-20　成功执行 SQL 指令删除数据库

3.5.2　图形化删除数据库

（1）在 MySQL Workbench 的【Schemas】选项卡中，在所需删除的数据库名称上单击鼠标右键，单击【Drop Schema】选项进行删除数据库操作，如图 3-21 所示。

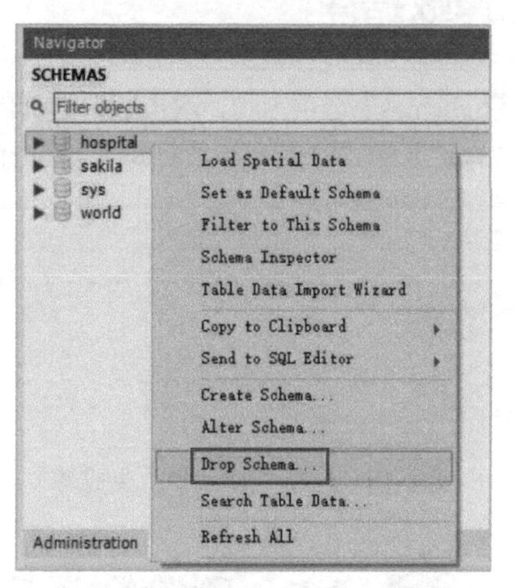

图 3-21　图形化删除数据库

（2）在弹出的对话框中，单击【Drop Now】选项完成数据库删除工作，如图 3-22 所示。

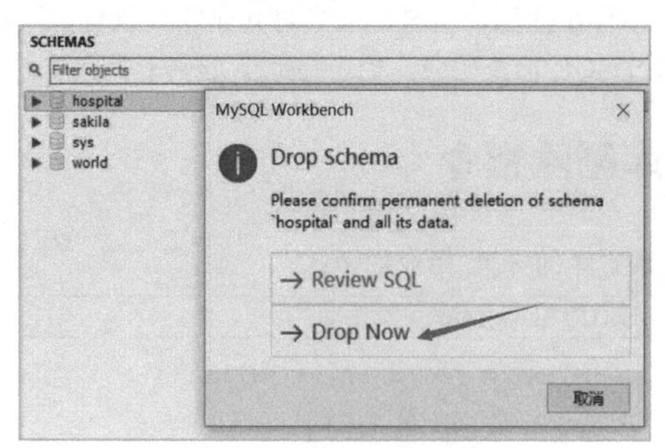

图 3-22　完成数据库删除工作

注：

数据库被删除后，该数据库中的所有数据表及数据都会被彻底删除，原分配给该数据库的空间也会被收回，因此进行删除数据库的操作时一定要谨慎。

3.6　MySQL 存储引擎

为适应不同的工作需求，MySQL 使用不同的存储引擎对数据进行管理和操作。不同的存储引擎提供不同的数据存储机制、索引技巧、锁定水平等功能，使用不同的存储引擎，还可以获得不同的速度或特定的功能，从而改善用户应用的整体功能。

MySQL 支持的存储引擎包括 InnoDB、MRG_MYISAM、MEMORY、BLACKHOLE、MyISAM、CSV、ARCHIVE、PERFORMANCE_SCHEMA、FEDERATED 等。使用 SHOW ENGINES 指令可以查看 MySQL 支持的存储引擎：

```
SHOW ENGINES;
```

在 MySQL Workbench 的【Query1】窗格中输入以上指令，在【Output】窗格中的输出执行结果，如图 3-23 所示。

Result Grid | Filter Rows: | Export: | Wrap Cell Content:

Engine	Support	Comment	Transactions	XA	Savepoints
InnoDB	DEFAULT	Supports transactions, row-level locking, and foreign keys	YES	YES	YES
MRG_MYISAM	YES	Collection of identical MyISAM tables	NO	NO	NO
MEMORY	YES	Hash based, stored in memory, useful for temporary tables	NO	NO	NO
BLACKHOLE	YES	/dev/null storage engine (anything you write to it disappears)	NO	NO	NO
MyISAM	YES	MyISAM storage engine	NO	NO	NO
CSV	YES	CSV storage engine	NO	NO	NO
ARCHIVE	YES	Archive storage engine	NO	NO	NO
PERFORMANCE_SCHEMA	YES	Performance Schema	NO	NO	NO
FEDERATED	NO	Federated MySQL storage engine	NULL	NULL	NULL

图 3-23　查看支持的存储引擎

查询结果中各列参数及其含义如表 3-2 所示。

表 3-2　查询结果中各列参数及其含义

参　数　名	含义说明
Engine	存储引擎名称
Support	MySQL 是否支持该类引擎
Comment	对该引擎的评论
Transactions	是否支持事务引擎
XA	是否支持分布式交易处理的 XA 规范
Savepoints	是否支持保存点，以便事务回滚到保存点

常用的 MySQL 存储引擎主要有三种：InnoDB、MyISAM、MEMORY。

3.6.1　InnoDB 存储引擎

在 MySQL5.5.5 版本之后，InnoDB 存储引擎成为 MySQL 默认的存储引擎。InnoDB 存储引擎在事务处理方面的优势是其他存储引擎无法比拟的。InnoDB 存储引擎具有提交、回滚和崩溃恢复能力的事务控制功能，并且能够保障多版本并发控制的事务安全，使数据表能移自动从灾难中恢复过来。

InnoDB 存储引擎除具备事务处理优势外，还提供了行级锁机制和外键约束功能，并且在 MySQL 中支持外键的存储引擎只有 InnoDB，在创建外键时，父表必须有对应的索引，子表在创建外键时也会自动创建对应的索引。

InnoDB 存储引擎的缺点是读/写效率稍差，占用的数据空间也相对比较大。

 注：

安装 MySQL 数据库的方式不同，因此默认存储引擎也会不同，我们需要了解自己的 MySQL 数据库默认使用哪个存储引擎。可以在“my.ini”中修改默认的存储引擎，如将“default-storage-engine=InnoDB”修改为“default-storage-engine=MyISAM”，重启 MySQL 服务后修改生效。

3.6.2 MyISAM 存储引擎

MyISAM 存储引擎是在 MySQL5.5.5 版本以前的默认存储引擎，它是独立于操作系统的，所以可以轻松地将其从 Windows 服务器移植到 Linux 服务器。每当建立一个 MyISAM 存储引擎的数据表时，MySQL 就会在本地磁盘建立 3 个文件，文件名与表名相同，扩展名分别为：“.frm”（存储表定义）、“.MYD”（存储数据）和“.MYI”（存储索引）。

MyISAM 存储引擎又可以分为静态 MyISAM、动态 MyISAM 和压缩 MyISAM 三种类型。

（1）静态 MyISAM：MyISAM 存储引擎默认的存储格式。如果数据表中的各数据列是固定长度的，则服务器将自动选择这种类型。

（2）动态 MyISAM：如果数据表中出现 varchar、xxxtext 或 xxxBLOB 这些变长字段时，服务器将自动选择动态 MyISAM。相对于静态 MyISAM，这种类型的数据表的存储空间比较小，但由于每条记录的长度不固定，所以多次修改数据后，数据表中的数据就可能被离散地存储在内存中，进而导致执行效率下降。

（3）压缩 MyISAM：用 myisamchk 工具压缩创建。这种类型的数据表进一步减小了占用的磁盘空间。

MylSAM 存储引擎的优点是占用的数据空间小，与 InnoDB 存储引擎相比，其处理速度更快，缺点是不支持事务的完整性、并发性约束及行级锁和外键约束的功能。如果数据表主要用于执行插入新记录和读出记录的操作，对应用的完整性、并发性要求比较低，那么选择 MyISAM 引擎能够实现高效率的数据处理。

3.6.3 MEMORY 存储引擎

MEMORY 存储引擎将数据表中的数据存储到内存中，这是与 InnoDB 存储引擎、MylSAM 存储引擎最大的不同之处。由于 MEMORY 存储引擎将所有的数据都存储在内存中，所以能够提供快速的数据访问，但是由于其安全性不高，所以常被应用在临时表中。

MEMORY 存储引擎的优点是在内存中存储数据，性能高，缺点是当 MySQL 守护的进程崩溃时，所有的 MEMORY 数据都会丢失，并且 MEMORY 存储引擎要求存储在 MEMORY 数据表中的数据必须使用固定长度的存储格式。

以上三种常用的 MySQL 存储引擎功能对比如表 3-3 所示。

表 3-3　常用的 MySQL 存储引擎功能对比

功　　能	InnoDB	MyISAM	MEMORY
存储限制	64TB	256TB	RAM
是否支持事务	是	否	否
是否支持全文索引	否	是	否
是否支持外键	是	否	否
是否支持数据压缩	否	是	否
空间使用率	高	低	低
内存使用率	高	低	高
插入数据的速度	慢	快	快

3.7　应用实践

1. 使用 SQL 指令创建两个数据库，分别命名为“hotel1”和“hotel2”，必须使用 UTF8 编码方式。
2. 执行查看数据库指令，查看题 1 中的数据库是否创建成功。
3. 执行选择数据库指令选择“hotel1”，再切换选择“hotel2”。
4. 删除数据库“hotel1”，再执行查看数据库指令以检查数据库是否被删除成功。

3.8　思考与练习

一、选择题

1. 执行指令“SHOW DATABASES”实现的结果是（　　）。

A. 创建数据库　　B. 选择数据库　　C. 查看数据库　　D. 删除数据库

2. 以下存储引擎中，（　　）是 MySQL5.5.5 以上版本默认的存储引擎。

A. InnoDB　　B. MRG_MYISAM

C. MEMORY　　D. BLACKHOLE

3. 创建数据库的 SQL 指令是（　　）。

A. CREATE　　B. USE　　C. DROP　　D. SHOW

4. 为了使中文字符能够在数据库中正确存储与显示，应设置数据库编码字符集为（　　）。

A. latin1　　B. UTF8　　C. GBK　　D. UTF8mb4

5. 创建数据库时，为避免因数据库名已存在而报错，可以使用（　　）关键字进行限制。

A. IF NOT EXISTS　　　　B. IF EXISTS

C. USE　　　　D. WHERE

二、填空题

1. 在 MySQL 中创建数据库的指令为____________________。

2. 删除数据库的指令为_________________，选择数据库的指令为__________________。

3. 常用的三个 MySQL 存储引擎是_____________、_____________、_____________。

第 4 章　操作数据表

知识目标

1. 了解 MySQL 各种数据类型的特点与适用范围；
2. 掌握查看、创建、删除、修改数据表的基本 SQL 语句。

能力目标

1. 熟练使用 SQL 指令进行数据表的查看、创建、删除、修改等操作；
2. 理解各种约束规范的作用并可熟练运用。

素质目标

1. 培养细致、严谨工作态度及工匠精神；
2. 养成随机应变、多途径、多方法解决问题的意识与能力。

知识导图

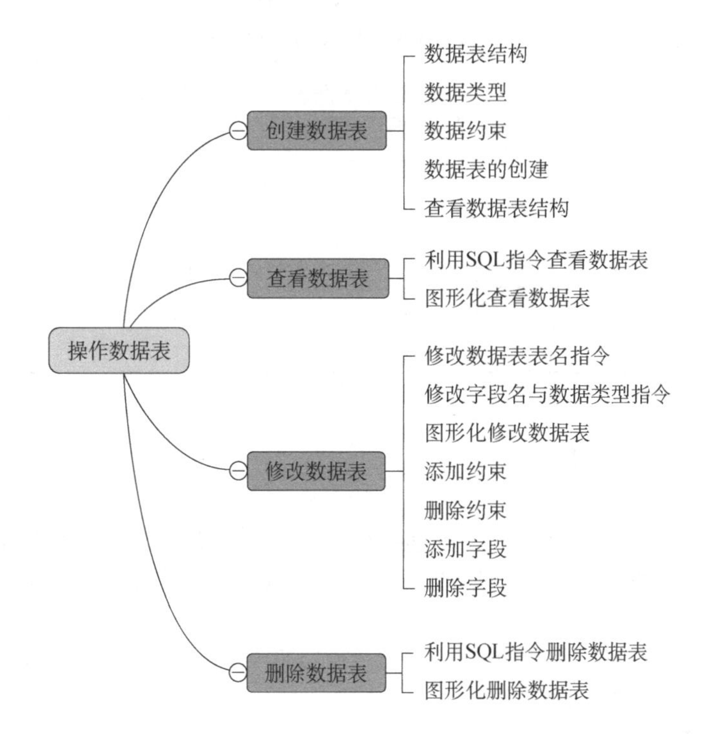

4.1 创建数据表

扫一扫，看微课

4-1 创建数据表

创建数据表是指在已存在的数据库中建立新的数据表。创建数据表的过程就是将同类业务需求的数据组织在一起的过程。数据库与数据表的关系如图 4-1 所示。

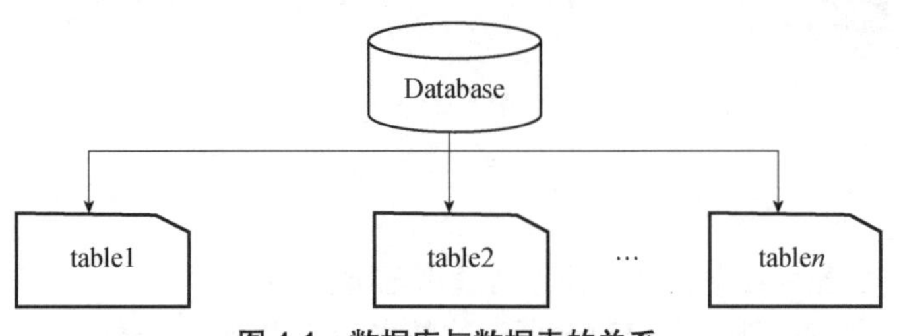

图 4-1 数据库与数据表的关系

4.1.1 数据表结构

在创建数据表之前，首先要定义数据表的结构，包括定义数据表的名称，确定数据表包含哪些字段，定义各个字段的名称、数据类型及长度、其他属性等。数据表结构是数据库概念模型的一部分。

【例 4.1】在“hospital”数据库中，创建一个名为“医生信息表”（“doctor”）的数据表，该数据表包括以下字段：d_id（医生工作证号）、d_name（医生姓名）、d_sex（医生性别）、d_title（职称）、dep_id（科室编号）“doctor”数据表的数据结构定义如表 4-1 所示。

表 4-1 “doctor”数据表的数据结构定义

字段名称	数据类型	宽　度	字段约束	字段说明
d_id	INT	4	主键，非空	医生工作证号
d_name	VARCHAR	20	允许为空	医生姓名
d_sex	CHAR	2	允许为空，默认值为“女”	医生性别
d_title	CHAR	20	非空	职称
dep_id	CHAR	10	非空	科室编号

4.1.2 数据类型

由【例 4.1】可以看到，在定义、创建数据表时，需要给表中的每个字段设置数据类型。数据类型的作用是描述该项数据的性质，设定其可占用的最大存储空间、允许接收的数据范围等。

能否科学、正确地设置每个字段的数据类型，不仅直接关系数据管理的正确性与有效性，还关系这些数据在计算机中的存储成本。

MySQL 中常用的数据类型有三大类：字符串、数值和日期/时间。

1. 字符串类数据类型

根据数据使用存储空间的情况，MySQL 中的字符串类数据可细分为若干种类型，具体如表 4-2 所示。

表 4-2　字符串类数据类型

类　型　名	说　　明	用　　途
CHAR(n)	固定长度字符串	保存固定长度为 *n* 的字符串，*n*<255。即使存入的字符串的字符数量少于 *n* 个，也会占 *n* 个字符的空间
VARCHAR(n)	可变长度字符串	保存最大长度为 *n* 的可变字符串，*n*<255，具体占用的空间为实际字符数量+1
TINYTEXT	短文本字符串	存放最大长度为 2^8−1 个字符的字符串
TEXT	长文本字符串	存放最大长度为 2^16−1 个字符的字符串
BLOB	二进制长文本	存放最大长度为 2^16−1 字节的数据
MEDIUMTEXT	中等长度文本	存放最大长度为 2^24−1 个字符的字符串
MEDIUMBLOB	二进制中长度文本	存放最大长度为 2^24−1 字节的数据
LONGBLOB	二进制极大文本	存放最大长度为 2^32−1 字节的数据
ENUM	枚举类型	取值时只能在指定的枚举列表中选取其中一个
SET	字符串对象	从定义的列值中选择多个字符的组合

2. 数值类数据类型

数值类数据由数字、小数点与“+”或“−”号构成，是用于进行算术运算的数据。数值类的数据可细分为整型、长整型、字节型、单精度型和双精度型等类型，具体如表 4-3 所示。

表 4-3　数值类数据类型

类　　型	存储空间	范围（有符号）	范围（无符号）
TINYINT	1 byte	(−128，127)	(0，255)
SMALLINT	2 bytes	(−32 768，32 767)	(0，65 535)
MEDIUMINT	3 bytes	(−8 388 608，8 388 607)	(0，16 777 215)
INT	4 bytes	(−2 147 483 648，2 147 483 647)	(0，4 294 967 295)
BIGINT	8 bytes	(−9 223 372 036 854 775 808，9 223 372 036 854 775 807)	(0，18 446 744 073 709 551 615)
FLOAT	4 bytes	(−3.402 823 466 E+38，−1.175 494 351 E−38)	0，(1.175 494 351 E−38，3.402 823 466 E+38)
DOUBLE	8 bytes	(−1.797 693 134 862 315 7 E+308，−2.225 073 858 507 201 4 E−308)	0，(2.225 073 858 507 201 4 E−308，1.797 693 134 862 315 7 E+308)
DECIMAL (M,D)	如果 M>D，为 M+2，否则为 D+2	依赖 M 和 D 的值	依赖 M 和 D 的值

3. 日期/时间类数据类型

表 4-4 列出了常用的日期/时间类数据类型，可以根据具体应用场景的需求，选择适当的

日期/时间类数据。

表 4-4 日期/时间类数据类型

类　型	存储空间	范　围	格　式
DATE	3 bytes	[1000-01-01，9999-12-31]	YYYY-MM-DD
TIME	3 bytes	[−838:59:59'，'838:59:59]	HH:MM:SS
YEAR	1 bytes	[1901，2155]	YYYY
DATETIME	8 bytes	[1000-01-01 00:00:00，9999-12-31 23:59:59]	YYYY-MM-DD HH:MM:SS
TIMESTAMP	4 bytes	[1970-01-01 00:00:00，2038]	YYYYMMDD HHMMSS

4.1.3 数据约束

为了实现数据表之间的关联，并防止在数据表中输入错误数据，可以在 MySQL 中定义一套规则，以对各个字段的数据进行约束，从而在技术层面保证数据表中各项数据的完整性、正确性与有效性。

MySQL 常用约束属性如表 4-5 所示。

表 4-5 MySQL 常用约束属性

约 束 名	关 键 字	属性说明
主键约束	PRIMARI KEY	数据表记录唯一标识的属性，不允许为空值，且不允许重复
外键约束	FOREIGN KEY	两个数据表的数据之间建立关系的一个或多个字段
唯一约束	UNIQUE KEY	保证字段中不出现重复的数据，允许为空，但只能有一个空值
默认约束	DEFAULT	指定某字段的默认值，如果该字段没有被赋值，则系统自动给该字段赋予默认值
非空约束	NULL	字段值不能为空
检查约束	CHECK	定义一个输入的数据按照已设置的逻辑进行检查
自动增长约束	AUTO_INCREMENT	为数据表中插入的新记录自动生成唯一的编号

1. 主键约束

任何一张数据表都不允许出现两行完全相同的记录。为保证这一点，可以通过强制某一列或某几列的数据不得出现重复，从而达到该行数据不重复的目的，这就是主键约束。

2. 外键约束

外键约束用于保持数据的一致性。

3. 唯一约束

唯一约束用于保证字段中不出现重复的数据，它与主键约束的区别在于：主键约束不允许为空值，而唯一约束允许为空值，但只能有一个空值；一个数据表中只能定义一个主键约束，但可以定义多个字段为唯一约束。

4. 默认约束

默认约束用于指定某个字段的默认值。例如，在【例 4.1】的“doctor”数据表中，如果女医生较多，即可将“d_sex”（医生性别）字段的默认值设置为“女”。

设置以后，在“doctor”数据表中插入新的记录时，如果没有填写该字段的值，那么 MySQL 会自动将该字段填写为“女”。

5. 非空约束

非空约束指的是表中的某一个字段的内容不允许为空，如果没有为已指定的非空约束的字段赋值，则 MySQL 将会报错。

6. 检查约束

检查约束可以理解为“自定义规则”，由数据库的定义者根据具体需要，设置某个字段中数据的规范要求，如对“成绩”字段设置检查约束，要求其数据类型是数值类，则“成绩”字段的数值范围只能是 0～100，且仅有 1 位小数。

对数据表中某个字段设置了检查约束后，当向数据表中添加数据时，MySQL 就会自动对输入的数据进行逻辑检查，并对不符合约束规则的数据进行报错。

7. 自动增长约束

在数据表中增加一条新记录时，如果存在自动增长约束的字段，则该字段会自动生成唯一的数据，并且该数据的值为当前最后一条记录值+1。例如，为如表 4-6 所示的“员工信息表-1”中的 ID 字段设置自动增长约束，当前最后一条记录的 ID 字段的值为 3，如果再增加一条记录，则该条记录的 ID 字段的值自动为 4。

表 4-6 “员工信息表-1”

ID	sname	sage	spost
1	王成	23	行政助理
2	张萍	24	行政秘书
3	李敏	22	财务

一个数据表中只能有一个字段使用自动增长约束，且该字段必须是该表的主键或主键的一部分。

对于使用了自动增长约束的字段，在添加新记录时，可以不指定该字段的值，MySQL 会自动产生。如指定值，则以指定的值为准，但指定的值不能与该字段已有的值重复，MySQL 将会以该值作为新的自动增长基础，为后面的记录自动配值。

例如，为如表 4-6 所示的“员工信息表-1”添加一条新的记录，并指定新记录的 ID 字段的值为 7，则添加后的数据如表 4-7 所示。

表 4-7 “员工信息表-2”

ID	sname	sage	spost
1	王成	23	行政助理
2	张萍	24	行政秘书
3	李敏	22	财务
7	胡小兰	25	行政总监

此时，如果再向数据表中添加新记录，且不再指定 ID 字段的值，则新记录的 ID 字段的值自动增长为 8。

4.1.4 数据表的创建

定义好数据表的结构后，就可以进行创建数据表的操作了。与创建数据库一样，也可以采用数据库指令与图形化工具两种方式来实现数据表的创建。

1. 数据库创建数据表指令

在 MySQL 中创建数据表的 SQL 指令是 CREATE TABLE，具体的语法格式如下：

```
CREATE TABLE [IF NOT EXISTS] table_name
(
字段名 1   数据类型  [列级完整行约束条件] [索引] [注释],
字段名 2   数据类型  [列级完整行约束条件] [索引] [注释],
…
字段名 N   数据类型  [列级完整行约束条件] [索引] [注释]
);
```

 注：

用英文输入法的逗号分隔各条字段的创建语句，最后一条字段创建语句写完后不需要任何标点符号。

【例 4.2】根据【例 4.1】中的数据表结构定义创建“doctor”数据表，SQL 指令如下：

```
CREATE TABLE doctor
(
 d_id int(4) NOT NULL PRIMARY KEY,
 d_name varchar(20) ,
 d_sex char(2) DEFAULT '女',
 d_title char(20) NOT NULL,
 dep_id char(10) NOT NULL
);
```

（1）在 MySQL Workbench 的【Query1】窗格中，输入以上创建数据表的 SQL 指令。

（2）执行创建数据表指令，结果如图 4-2 所示。

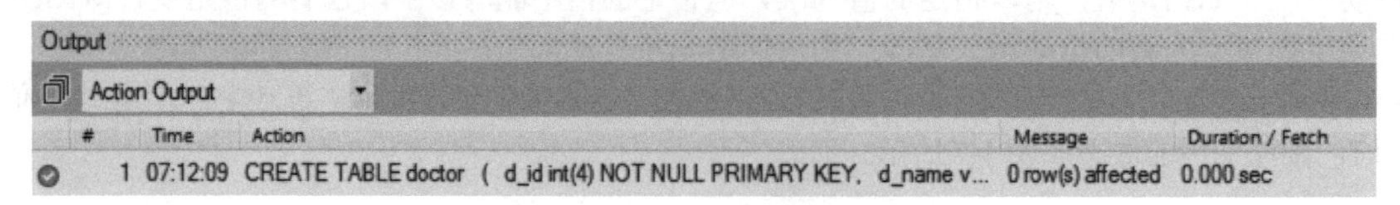

图 4-2 执行创建数据表指令

（3）单击【Schemas】选项卡右上角的刷新图标，可以看到在“hospital”数据库中已成功创建了一个“doctor”数据表，如图 4-3 所示。

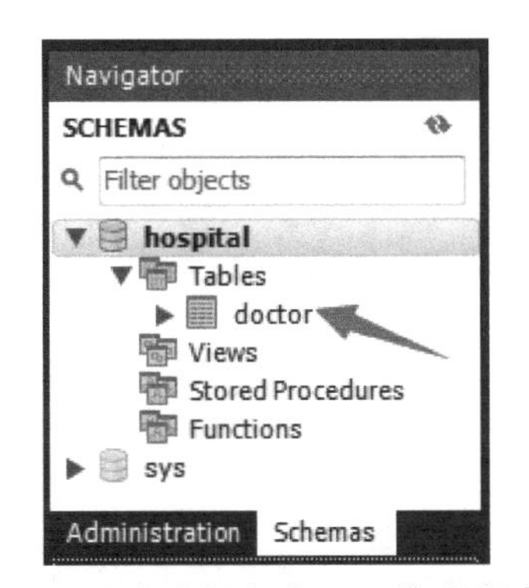

图 4-3　成功创建“doctor”数据表

也可以使用已有数据表的结构创建新的数据表，相当于建立了旧表的副本。其 SQL 指令的语法格式如下：

```
CREATE TABLE 新表名 (SELECT * FROM 原表名);
```

如果只需从原表中挑选部分字段创建新表，则把*号换成所需的字段列表名即可。其 SQL 指令的语法格式如下：

```
CREATE TABLE 新表(SELECT 字段 1,字段 2,…FROM 原表);
```

【例 4.3】给“hospital”数据库中的“doctor”数据表建立副本，并命名为“doctor_copy”。

（1）在 MySQL Workbench 的【Query1】窗格中输入以下 SQL 指令：

```
create table doctor_copy (select*from doctor);
```

（2）执行以上指令，执行结果如图 4-4 所示。

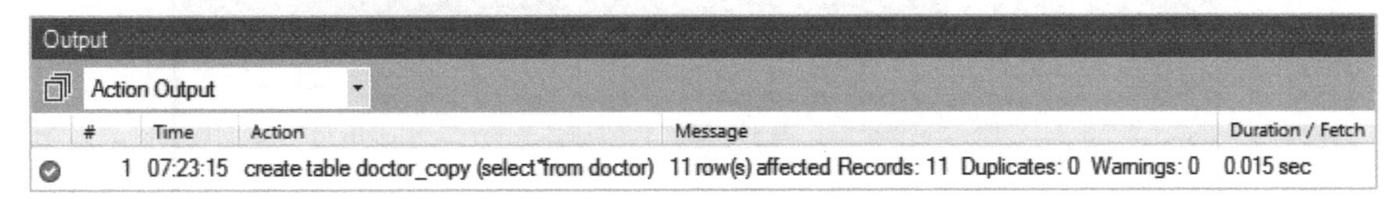

图 4-4　创建“doctor”数据表副本指令执行结果

（3）单击【Schemas】选项卡右上角的刷新图标，可以看到在“hospital”数据库中增加了一个“doctor_copy”数据表，如图 4-5 所示。

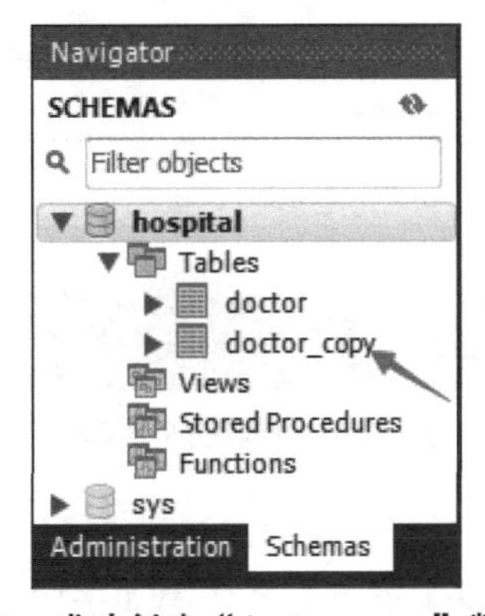

图 4-5　成功创建“doctor_copy”数据表

2. 图形化创建数据表

（1）在 MySQL Workbench 中，选择需要创建数据表的“hospital”数据库，如图 4-6 所示。

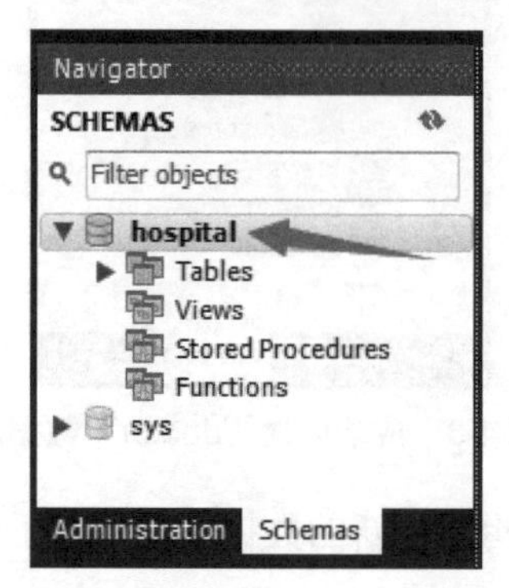

图 4-6　选择“hospital”数据库

（2）单击工具栏中的新建数据表（Create a new table in the active schema in connected server）按钮，如图 4-7 所示。

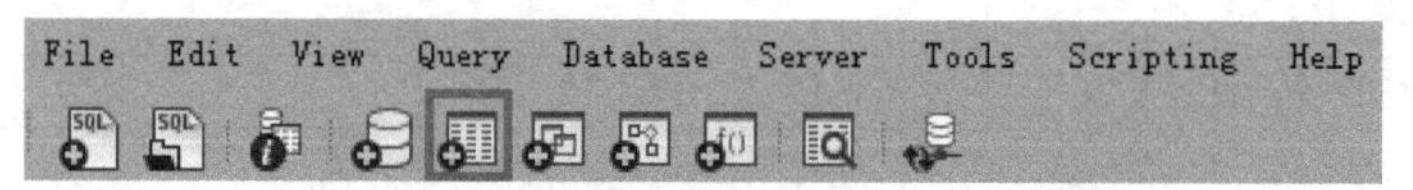

图 4-7　单击工具栏中的新建数据表按钮

（3）在打开数据表创建面板中，在“Table Name”文本框中输入所要创建的数据表名称，如图 4-8 所示。

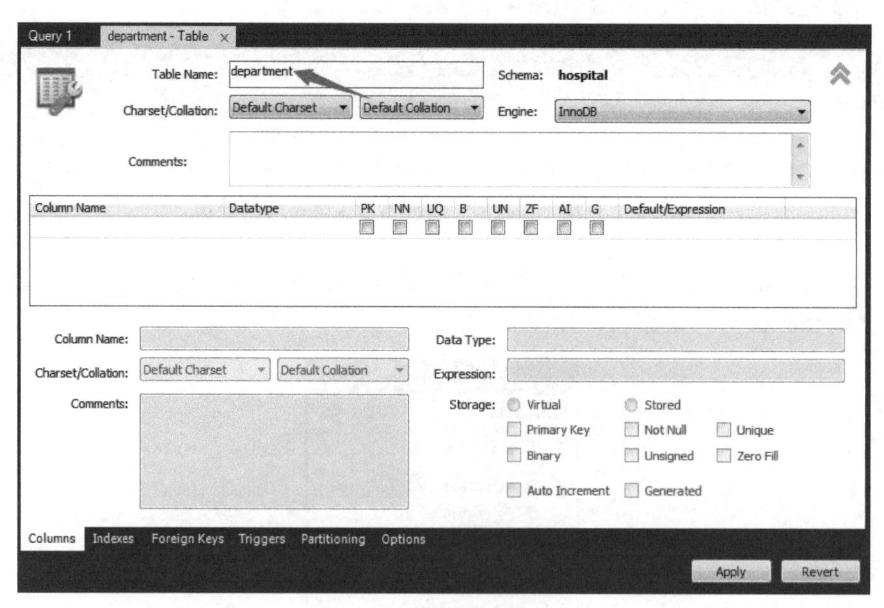

图 4-8　数据表创建面板

（4）在数据表创建面板中填写新建字段信息，双击【Column Name】下方的文本框，填入需要添加的字段名称，在【Datatype】下方选择所添加字段对应的数据类型，并为所选数据类型勾选相应约束属性。例如，该数据表的第一个字段是“科室编号”，在此将该字段命名为

“dep_id”；该字段属于“department”数据表的主键，勾选【PK】和【NN】复选框，分别表示该字段属性存在主键约束和非空约束。如图 4-9 所示。

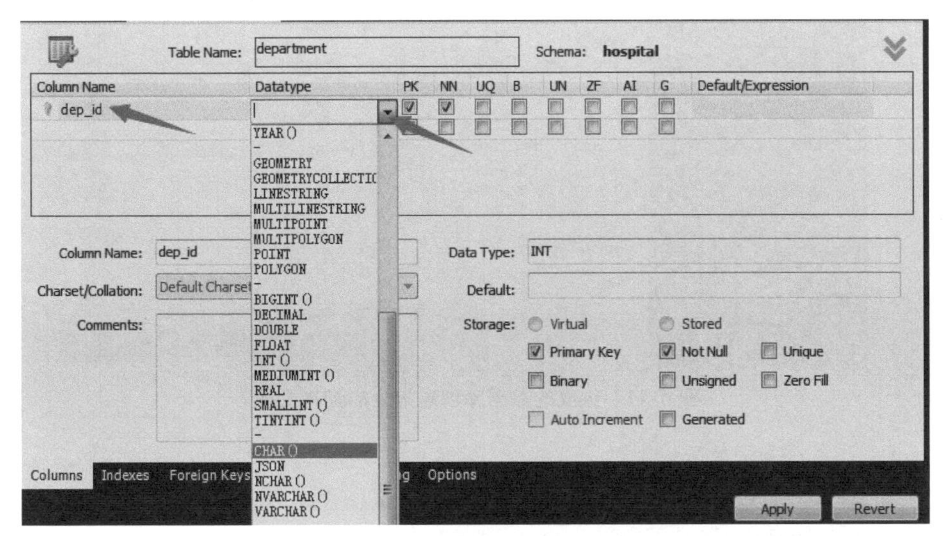

图 4-9　填写字段信息

（5）用同样的方法添加其他字段的信息，添加完成后单击【Apply】按钮，如图 4-10 所示。

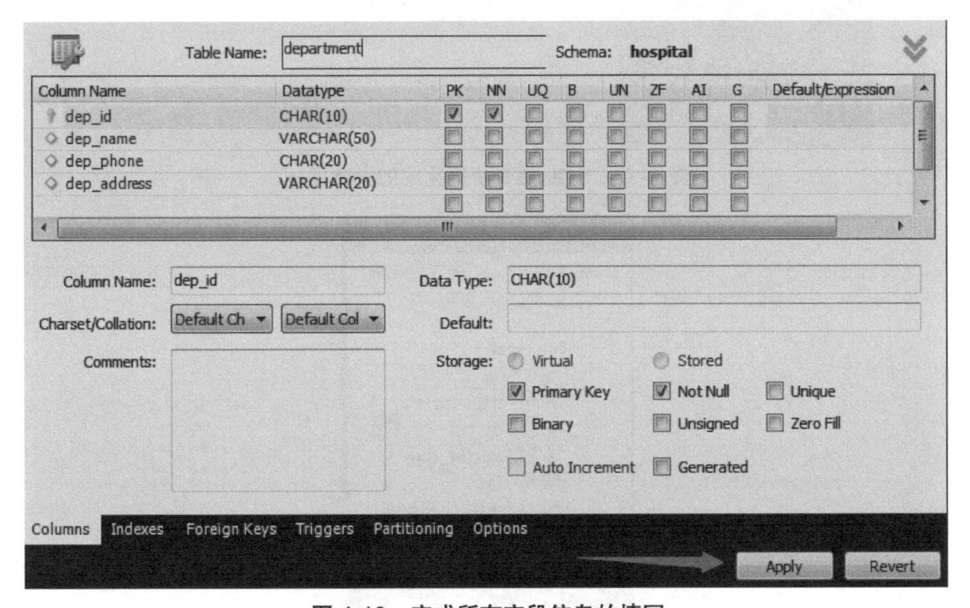

图 4-10　完成所有字段信息的填写

（6）MySQL Workbench 将根据以上设置，自动生成相应的 SQL 指令，并打开脚本面板，如图 4-11 所示。单击脚本面板中的【Apply】按钮。

（7）单击 SQL 指令执行完成的脚本面板（见图 4-12）中的【Finish】按钮，返回 MySQL Workbench 主窗口。

（8）可以看到【Schemas】选项卡上“hospital”数据库中已经成功创建了一个新的数据表“department”，如图 4-13 所示。

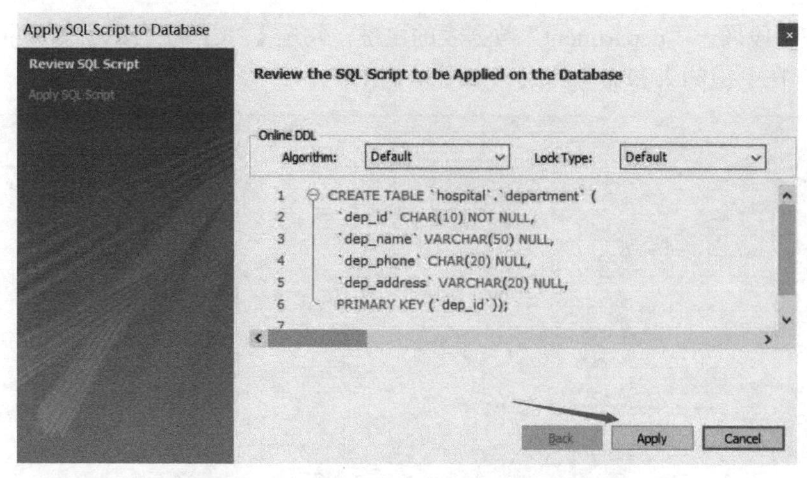

图 4-11　生成的数据库创建指令的脚本面板

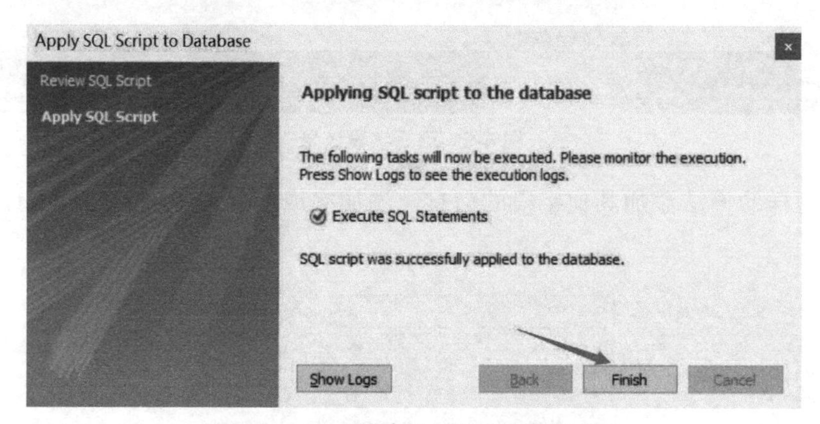

图 4-12　SQL 指令执行完成的脚本面板

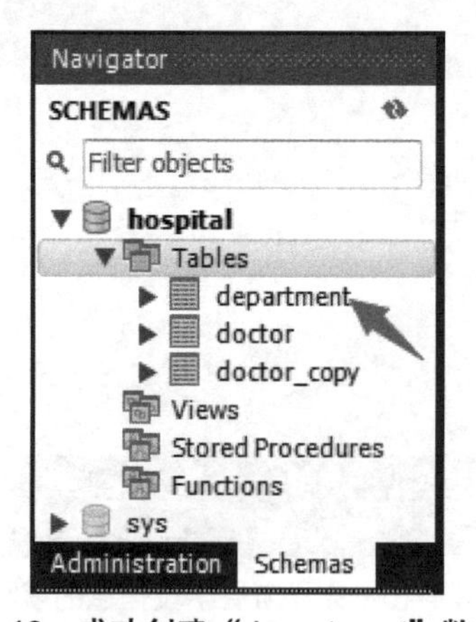

图 4-13　成功创建“department”数据表

4.1.5　查看数据表结构

如果需要查看已有数据表的结构，则可以通过 SQL 中的“DESCRIBE”指令或“SHOW CREATE TABLE”指令进行查看。

1. DESCRIBE 指令

DESCRIBE 指令用于查看数据表的详细设计结构，其语法格式如下：

```
DESCRIBE 表名;
```

或

```
DESC 表名;
```

【例 4.4】查看“hospital”数据库中的“doctor”数据表的结构。

（1）在 MySQL Workbench 的【Query1】窗格中输入以下指令：

```
DESCRIBE doctor;
```

（2）执行以上指令，结果如图 4-14 所示。

Field	Type	Null	Key	Default	Extra
d_id	int(4)	NO	PRI	NULL	
d_name	varchar(20)	YES		NULL	
d_sex	char(2)	YES		女	
d_title	char(20)	NO		NULL	
dep_id	char(10)	NO		NULL	

图 4-14　查看“doctor”数据表结构

由图 4-14 可见，执行结果是一个列表，包含字段名称（Field）、字段类型（Type）、是否允许为空（Null）、是否为主键（Key）、是否有默认值（Default）、字段附加信息（Extra）。

2. SHOW CREATE TABLE 指令

SHOW CREATE TABLE 指令用于显示数据表的完整创建表语句，因为数据表创建语句中包括了该表详细的结构定义，因此也可以通过该语句可查看数据表的结构。SQL 指令的语法格式如下：

```
SHOW CREATE TABLE 表名;
```

【例 4.5】查看“hospital”数据库中的“doctor”数据表的详细建表语句。

（1）在 MySQL Workbench 的【Query1】窗格中输入以下指令：

```
SHOW CREATE TABLE doctor;
```

（2）运行指令，在显示结果面板的右侧选择以“Form Editor”方式查看结果，结果如图 4-15 所示。

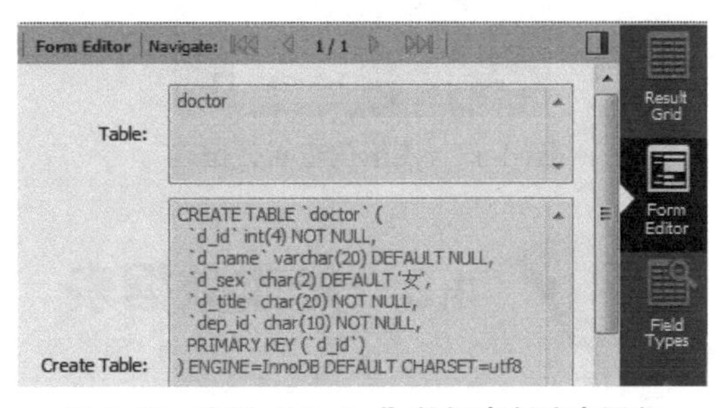

图 4-15　查看“doctor”数据表创建表语句

由图 4-15 可见，执行结果中包含了数据表的创建语句，以及存储引擎和字符编码，与 DESCRIBE 命令的执行结果是有所区别的。

4.2 查看数据表

扫一扫，
看微课

4-2 查看数据表结构

4.2.1 利用 SQL 指令查看数据表

在 MySQL 中，使用“SHOW TABLES”指令查看数据库中已有的全部数据表名称。

```
SHOW TABLES;
```

在【Schemas】选项卡中选择“hospital”数据库，在 MySQL Workbench 的【Query1】窗格中，输入以上指令，执行结果如图 4-16 所示。

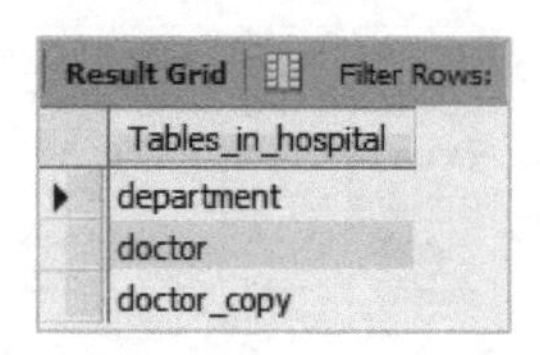

Tables_in_hospital
department
doctor
doctor_copy

图 4-16 利用 SQL 指令查看数据表

4.2.2 图形化查看数据表

也可直接在 MySQL Workbench 中使用图形化工具查看数据表。

单击【Schemas】选项卡中“hospital”数据库里的“Tables”，单击刷新按钮，即可看到在该数据库中所创建的数据表，如图 4-17 所示。

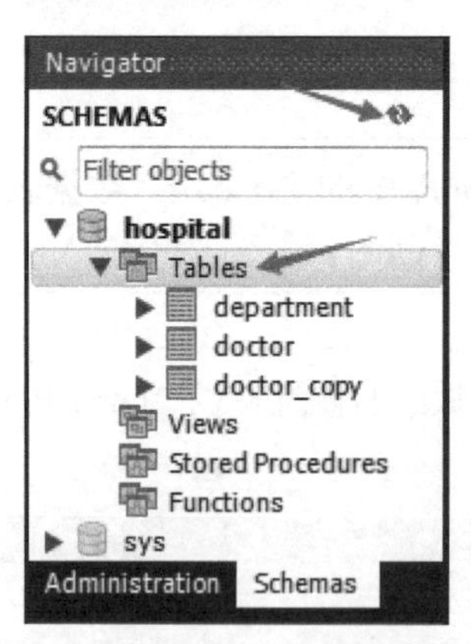

图 4-17 图形化查看数据表

扫一扫，
看微课

4-3 查看、修改数据表

4.3 修改数据表

修改数据表是指修改数据库中已经存在的数据表的结构。在 MySQL 中使用“ALTER TABLE”指令来改变原有数据表的结构，包括修改数据表表名、修改字段名与数据类型、添加/删除约束、添加/删除字段等。

4.3.1　修改数据表表名指令

修改数据表表名的 SQL 指令语法格式如下：

```
ALTER TABLE 旧表名 RENAME[TO] 新表名;
```

【例 4.6】将“doctor_copy”数据表的表名修改为“doctor666”。

（1）在 MySQL Workbench 的【Query1】窗格中，输入以下指令：

```
ALTER TABLE doctor_copy RENAME doctor666;
```

（2）执行以上指令，结果如图 4-18 所示。

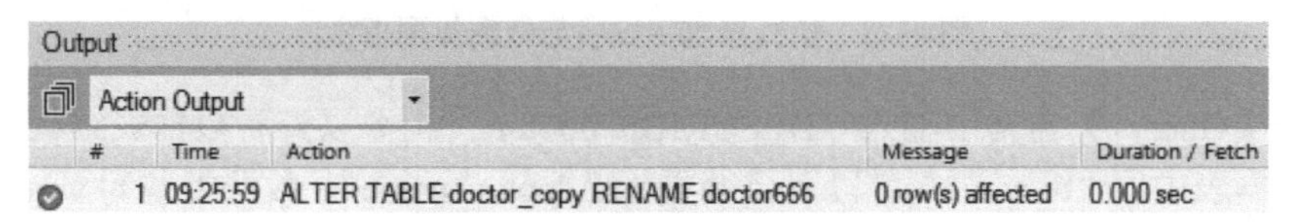

图 4-18　执行修改数据表表名指令

（3）在 MySQL Workbench 的【Query1】窗格中输入指令“SHOW TABLES”，查看现在的数据表列表，可见“hospital”数据库中原名为“doctor”的数据表的表名已更新为“doctor666”，如图 4-19 所示。

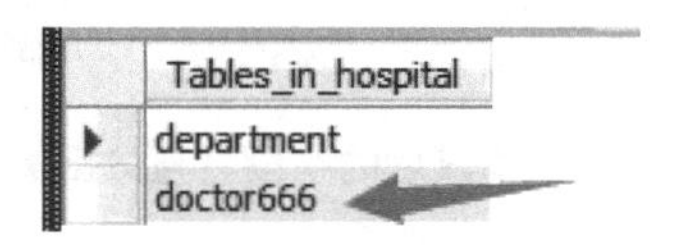

图 4-19　利用 SQL 指令查看修改后的数据表

（4）也可以在【Schemas】选项卡中单击右上角的刷新图标，可以查看到原名为“doctor_copy”的数据表的表名已更新为“doctor666”，如图 4-20 所示。

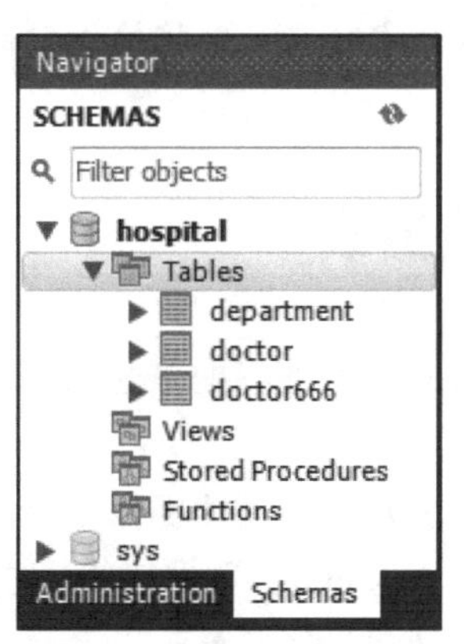

图 4-20　图形化查看修改数据表表名效果

4.3.2　修改字段名与数据类型指令

修改数据表中的字段名与数据类型的 SQL 语法格式如下：

```
ALTER TABLE 表名 CHANGE 原字段名 新字段名 数据类型[属性];
```

【例 4.7】将“doctor”数据表中的“d_name”字段名改为“doctor_name”，数据类型改为VARCHAR(20)。

（1）在 MySQL Workbench 的【Query1】窗格中输入以下指令：

```
ALTER TABLE doctor CHANGE d_name doctor_name    VARCHAR(20);
```

（2）执行以上指令，结果如图 4-21 所示。

Output

Action Output

#	Time	Action	Message	Duration / Fetch
1	19:13:00	ALTER TABLE doctor CHANGE d_name doctor_name VARCHAR(20)	0 row(s) affected Records: 0 Duplicates: 0 Warnings: 0	0.000 sec

图 4-21　执行修改字段名与数据类型指令

（3）在【Query1】窗格中输入“DESCRIBE doctor;”指令以查看数据表结构，可以看到“doctor”数据表中原“d_name”字段名已变更为“doctor_name”，数据类型为 varchar(20)，如图 4-22 所示。

Field	Type	Null	Key	Default	Extra
d_id	int(4)	NO	PRI	NULL	
doctor_name	varchar(20)	YES		NULL	
d_sex	char(2)	YES		女	
d_title	char(20)	NO		NULL	
dep_id	char(10)	NO		NULL	

图 4-22　修改后的字段名与数据类型

注：

如果只需要修改字段名而不需要修改数据类型，则指令中无须变动“数据类型”部分的内容，但不可省略；

如果只需改变数据类型而保持原字段名，则将格式中的“新字段名”保持与“原字段名”一致，同样不可省略。

4.3.3　图形化修改数据表

使用 MySQL Workbenchr 的图形化管理界面，也可以方便地实现修改数据表表名，以及修改字段名与数据类型的操作。

以【例 4.6】与【例 4.7】的需求为例，具体操作步骤如下。

（1）在【Schemas】选项卡的“hospital”数据库中，右键单击“doctor”数据表，在弹出的列表中选择【Alter Table】选项，如图 4-23 所示。

（2）在打开的数据表修改面板中，将【Table Name】文本框中的“doctor”改为“doctor666”，双击【Column Name】下方第二个文本框，将“d_name”改为“doctor_name”，单击【Apply】按钮，如图 4-24 所示。

（3）MySQL Workbench 将根据以上设置，自动生成修改数据表的 SQL 指令，并打开脚本面板。单击脚本面板中的【Apply】按钮，如图 4-25 所示。

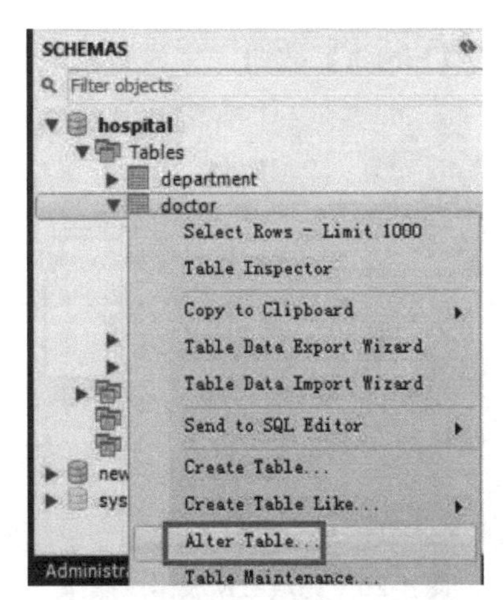

图 4-23　选择【Alter Table】选项

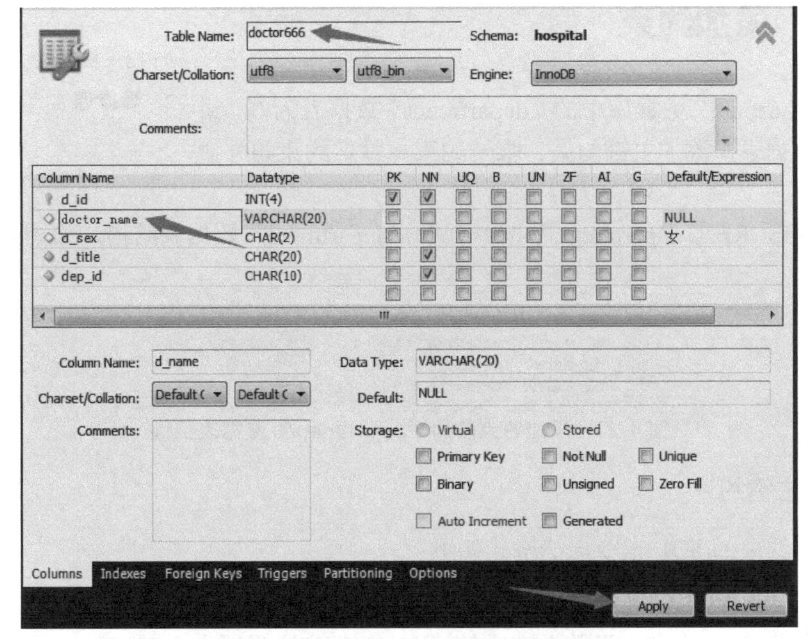

图 4-24　在数据表修改面板中修改数据表

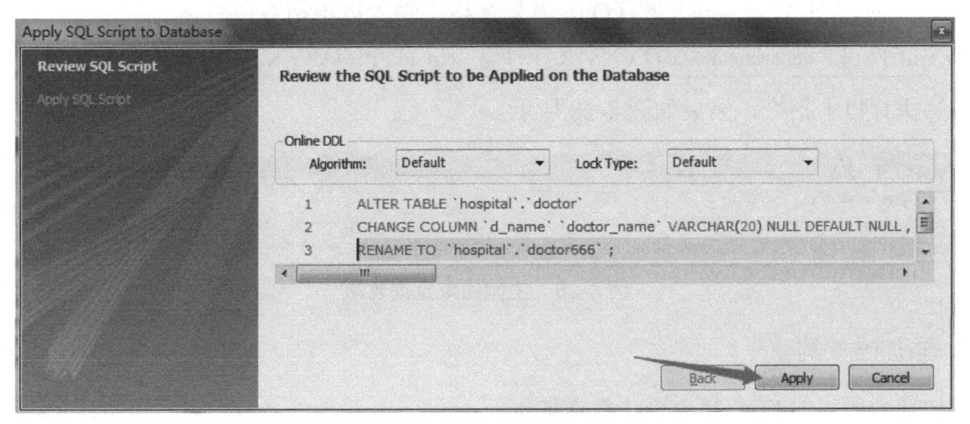

图 4-25　自动生成修改数据表的 SQL 指令

（4）在弹出的对话框中单击【Finish】按钮，完成数据表修改操作，如图 4-26 所示。

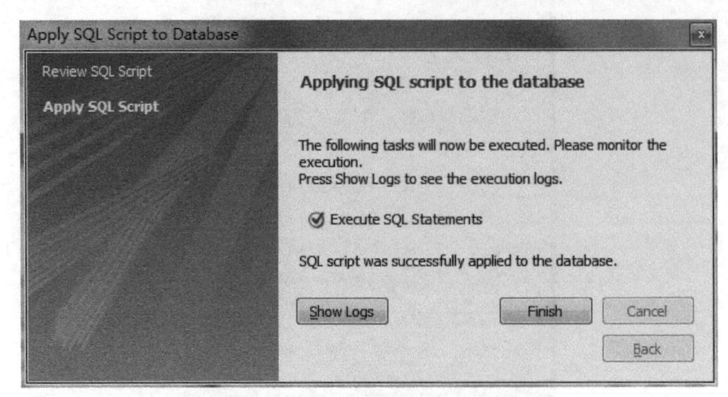

图 4-26　完成数据表修改操作

4.3.4　添加约束

扫一扫，看微课

4-4　添加约束

我们以“hospital”数据库中的“department”数据表为例，讲述通过修改数据表，添加主键约束、唯一约束、默认约束与外键约束。

使用“DESCRIBE department;”指令查看“department”数据表结构，如图 4-27 所示。

Field	Type	Null	Key	Default	Extra
dep_id	char(10)	YES		NULL	
dep_name	varchar(50)	YES		NULL	
dep_phone	char(20)	YES		NULL	
dep_address	varchar(20)	YES		NULL	

图 4-27　添加约束前的“department”数据表结构

1. 添加主键约束

添加主键约束的 SQL 指令语法格式如下：

```
ALTER TABLE 表名 ADD CONSTRAINT 主键名 PRIMARY KEY 表名(主键字段);
```

【例 4.8】将“department”数据表中的“dep_id”字段设置为主键。

（1）在 MySQL Workbench 的【Query1】窗格中输入以下指令：

```
ALTER TABLE department ADD CONSTRAINT pk_dep_id PRIMARY KEY department (dep_id);
```

（2）执行以上指令，结果如图 4-28 所示。

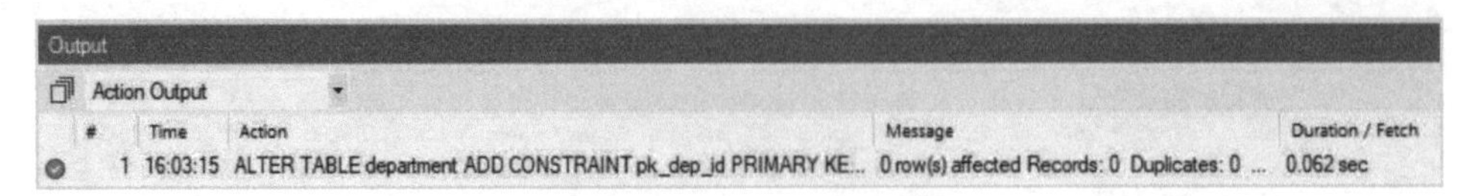

图 4-28　主键约束设置成功

2. 添加唯一约束

添加唯一约束的 SQL 指令语法格式如下：

```
ALTER TABLE 表名 ADD CONSTRAINT 唯一约束名 UNIQUE(字段名);
```

【例 4.9】为“department”数据表中的“dep_name”字段添加唯一约束。

（1）在 MySQL Workbench 的【Query1】窗格中输入以下指令：

```
ALTER TABLE department ADD CONSTRAINT UK_dep_name UNIQUE(dep_name);
```

（2）执行结果如图 4-29 所示。

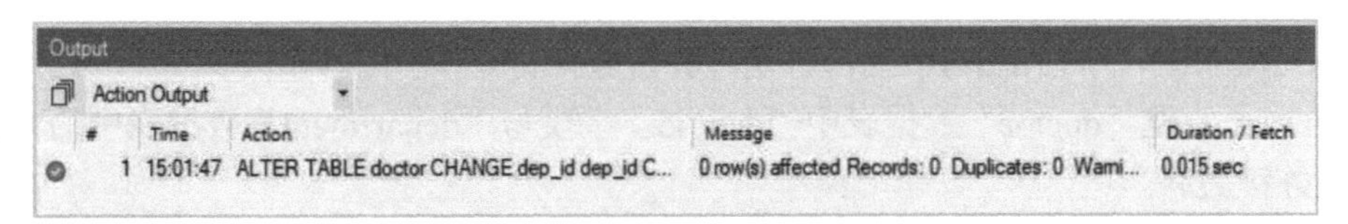

图 4-29　唯一约束添加成功

3. 添加默认约束

添加默认约束的 SQL 指令语法格式如下：

```
ALTER TABLE 表名 MODIFY 默认约束字段 字段类型(长度) DEFAULT 默认值;
```

【例 4.10】为“department”数据表中的“dep_address”字段添加默认约束，默认地址为“综合楼”。

（1）在 MySQL Workbench 的【Query1】窗格中输入以下指令：

```
ALTER TABLE department MODIFY dep_address VARCHAR(50) DEFAULT '综合楼';
```

（2）执行指令，结果如图 4-30 所示。

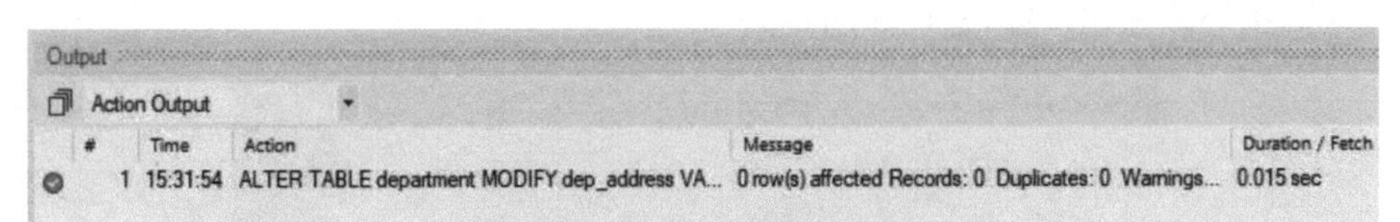

图 4-30　默认约束添加成功

（3）使用“DESCRIBE department;”指令查看“department”数据表的数据结构，如图 4-31 所示。

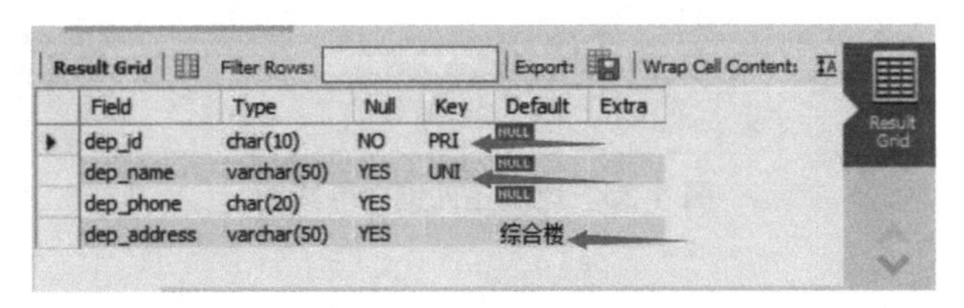

Field	Type	Null	Key	Default	Extra
dep_id	char(10)	NO	PRI	NULL	
dep_name	varchar(50)	YES	UNI	NULL	
dep_phone	char(20)	YES		NULL	
dep_address	varchar(50)	YES		综合楼	

图 4-31　添加主键约束、唯一约束、默认约束后的“department”数据表结构

4. 添加外键约束

添加外键约束的 SQL 指令语法格式如下：

```
ALTER TABLE 表名 ADD CONSTRAINT 外键名 FOREIGN KEY (外键字段) REFERENCES 关联表名(关联字段)[ON DELETE|UPDATE 关联选项];
```

其中，

[ON DELETE|UPDATE 关联选项]部分是可选项，其中的“关联选项”可以是以下 4 种值中的一种：CASCADE、SET NULL、RESTRICT 或 NO ACTION。

- CASCADE：当父表 delete、update 时，子表会 delete、update 掉关联的记录；
- SET NULL：当父表 delete、update 时，子表会将关联记录的外键字段所在列设置为 NULL，所以在设计子表时外键不能设置为 NOT NULL；
- RESTRICT：当删除父表的记录时，若在子表中有关联的记录，则不允许删除父表中的记录；
- NO ACTION：同 RESTRICT，也是首先检查外键。

【例 4.11】设置“doctor”数据表中“dep_id”字段与“department”数据表中的“dep_id”字段为主外键关联。

（1）在 MySQL Workbench 的【Query1】窗格中，输入以下指令：

```
ALTER TABLE doctor ADD CONSTRAINT fk_dep_id FOREIGN KEY (dep_id) REFERENCES department (dep_id);
```

（2）执行以上指令，结果如图 4-32 所示。

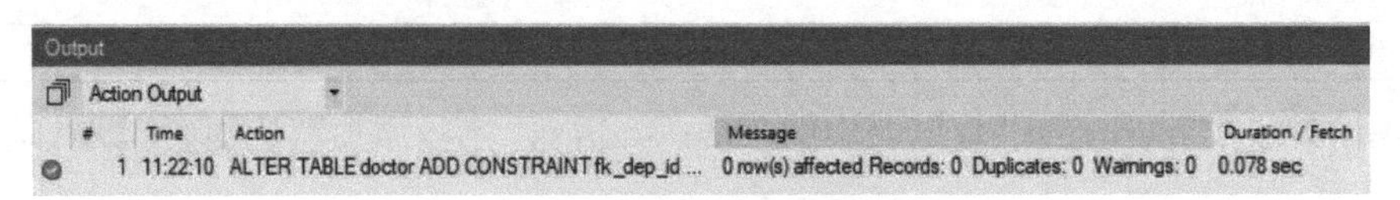

#	Time	Action	Message	Duration / Fetch
1	11:22:10	ALTER TABLE doctor ADD CONSTRAINT fk_dep_id ...	0 row(s) affected Records: 0 Duplicates: 0 Warnings: 0	0.078 sec

图 4-32　添加外键约束成功

（3）在【Query1】窗格中执行“SHOW CREATE TABLE doctor;”指令查看“doctor”数据表的结构，可以看到“doctor”数据表中“dep_id”字段与“department”数据表中的“dep_id”字段已经建立主外键关联，如图 4-33 所示。

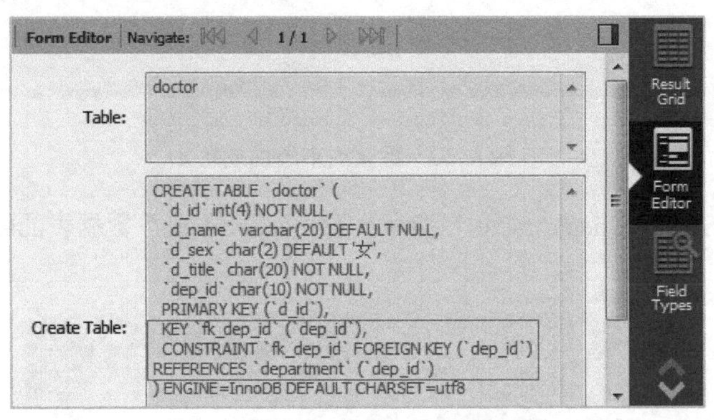

图 4-33　建立主外键关联成功

注：

在为两个表的主外键建立关联时，关联的两个字段的数据类型和长度必须一致，否则会发生错误，错误代码为 1215，表示无法添加外键约束。

4.3.5　删除约束

扫一扫，看微课

4-5　删除约束

在【Query 1】窗格中执行“SHOW CREATE TABLE doctor;”指令查看“doctor”数据表的建表语句，可以看到“doctor”数据表中存在的约束包括主键约束、默认约束、外键约束，如图 4-34 所示。

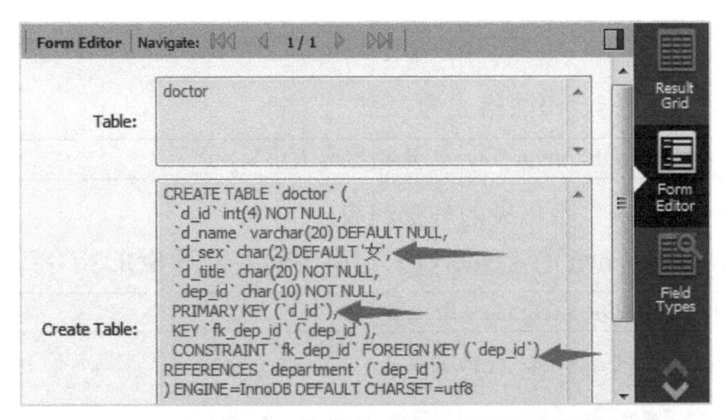

图 4-34　在“doctor”数据表建表语句中查看其约束

1. 删除主键约束

删除主键约束的 SQL 指令语法格式如下：

```
ALTER TABLE 表名 DROP primary key;
```

【例 4.12】删除“doctor”数据表的主键约束。

（1）在 MySQL Workbench 的【Query1】窗格中输入以下指令：

```
ALTER TABLE doctor DROP primary key;
```

（2）执行以上指令，结果如图 4-35 所示。

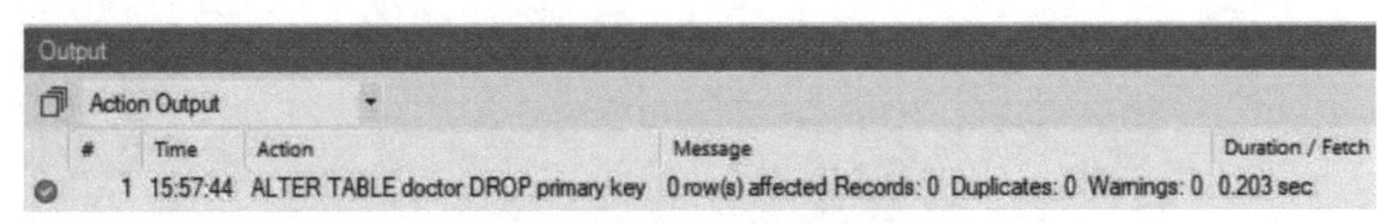

图 4-35　删除主键约束成功

注：

当使用 ALTER 删除约束或进行其他修改字段的操作时，如果需要操作的字段正在被其他数据表使用，则 MySQL 将会报错。

2. 删除默认约束

删除默认约束的 SQL 指令语法格式如下：

```
ALTER TABLE 表名 MODIFY 默认约束字段 字段类型(长度);
```

【例 4.13】删除“doctor”数据表中“d_sex”字段的默认约束。

（1）在 MySQL Workbench 的【Query1】窗格中输入以下 SQL 指令：

```
ALTER TABLE doctor MODIFY d_sex CHAR(2);
```

（2）执行以上指令，结果如图 4-36 所示。

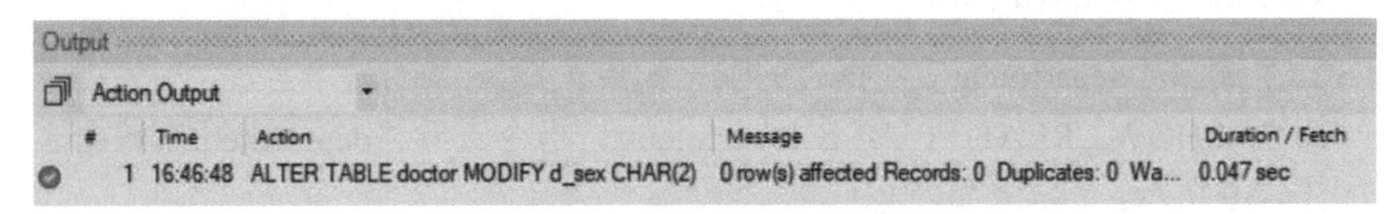

图 4-36　删除默认约束成功

3. 删除外键约束

删除外键约束的 SQL 指令语法格式为：

```
ALTER TABLE 表名 DROP foreign key 外键名(区分大小写);
```

【例 4.14】删除“doctor”数据表的外键约束。

（1）在 MySQL Workbench 的【Query1】窗格中输入以下 SQL 指令：

```
ALTER TABLE doctor DROP foreign key fk_dep_id;
```

（2）执行以上指令，结果如图 4-37 所示。

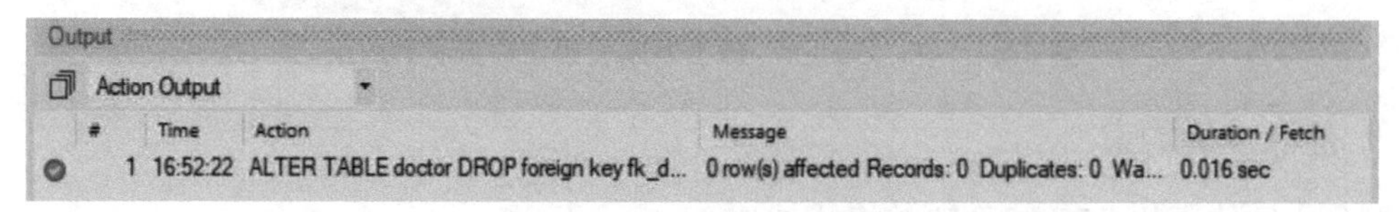

图 4-37　删除外键约束成功

（3）使用“SHOW CREATE TABLE doctor;”指令查看“doctor”数据表建表语句，可以看到“doctor”数据表的主键约束、默认约束、外键约束都已被成功删除，如图 4-38 所示。

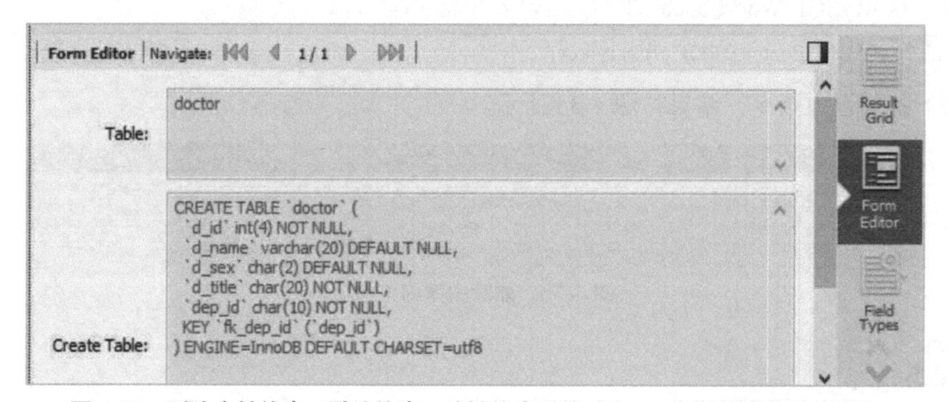

图 4-38　删除主键约束、默认约束、外键约束后的“doctor”数据表的建表语句

注：

MySQL 在创建外键的同时会自动创建一个同名的索引，在执行删除外键的 SQL 指令后，该索引不会同时被删除，需要执行删除索引指令才能将其彻底删除。对于【例 4.14】可以继续使用以下指令删除索引：

```
DROP INDEX fk_dep_id ON doctor;
```

4. 删除唯一约束

删除唯一约束的 SQL 指令语法格式为：

```
ALTER TABLE 表名 DROP INDEX 唯一约束名;
```

【例 4.15】删除“department”数据表的唯一约束。

（1）使用“SHOW CREATE TABLE department;”指令查看“department”数据表的建表语句，如图 4-39 所示。

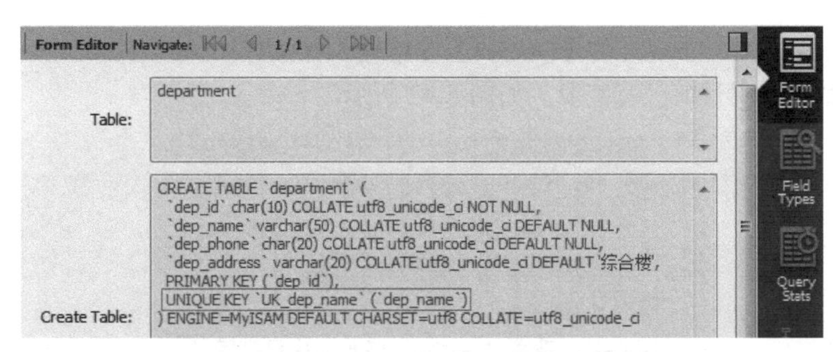

图 4-39　查看“department”数据表的建表语句

由图 4-39 可见，“department”数据表的唯一约束名为“UK_dep_name”。

（2）在 MySQL Workbench 的【Query1】窗格中输入以下 SQL 指令，以删除“department”数据表的唯一约束。

```
ALTER TABLE department DROP INDEX UK_dep_name;
```

（3）执行以上指令，结果如图 4-40 所示。

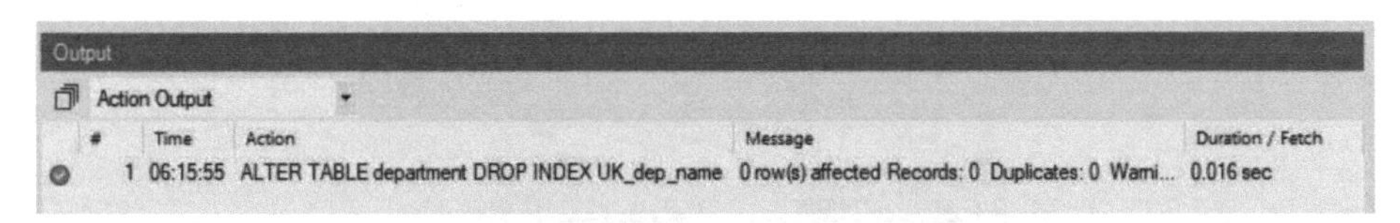

图 4-40　删除唯一约束成功

（4）在【Query1】窗格中输入“SHOW CREATE TABLE department;”指令查看“department”数据表的建表语句，可以看到“department”数据表的唯一约束已被删除，如图 4-41 所示。

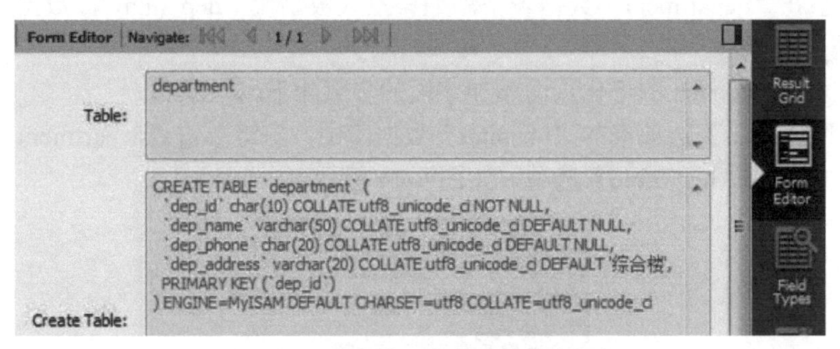

图 4-41　删除唯一约束后的建表语句

4.3.6　添加字段

扫一扫，看微课

4-6　添加、删除字段

1. SQL 指令添加字段

如果需要在已有数据表中添加新的字段，则使用的 SQL 指令语法格式如下：

```
ALTER TABLE 表名 ADD 字段名 数据类型[属性];
```

【例 4.16】在“doctor”数据表中添加电话号码字段“d_phone”，数据类型为 VARCHAR，长度为 15，属性为非空。

（1）在 MySQL Workbench 的【Query1】窗格输入并执行“DESCRIBE doctor;”指令，查看“doctor”数据表中目前已有字段，如图 4-42 所示。

Field	Type	Null	Key	Default	Extra
d_id	int(4)	NO	PRI	NULL	
d_name	varchar(20)	YES		NULL	
d_sex	char(2)	YES		女	
d_title	char(20)	NO		NULL	
dep_id	char(10)	NO		NULL	

图 4-42　查看“doctor”数据表中已有字段

（2）在【Query1】窗格中输入以下 SQL 指令，以添加“d_phone”字段。

```
ALTER TABLE doctor ADD d_phone VARCHAR(15) NOT NULL;
```

（3）执行以上指令后，再次在【Query1】窗格中输入“DESCRIBE doctor;”指令，以查看“doctor”数据表中的字段，可以看到字段列表中已成功添加了“d_phone”字段，如图 4-43 所示。

Field	Type	Null	Key	Default	Extra
d_id	int(4)	NO	PRI	NULL	
d_name	varchar(20)	YES		NULL	
d_sex	char(2)	YES		女	
d_title	char(20)	NO		NULL	
dep_id	char(10)	NO		NULL	
d_phone	varchar(15)	NO		NULL	

图 4-43　添加字段成功

2. 图形化添加字段

【例 4.17】在“department”数据表中添加科室人数字段“dep_num”，数据类型为 INT，长度为 4，属性为非空。

在 MySQL Workbench 图形化页面添加字段的步骤如下。

（1）在【Schemas】选项卡的“hospital”数据库中，右键单击“department”数据表，在弹出的列表中选择【Alter Table】选项，如图 4-44 所示。

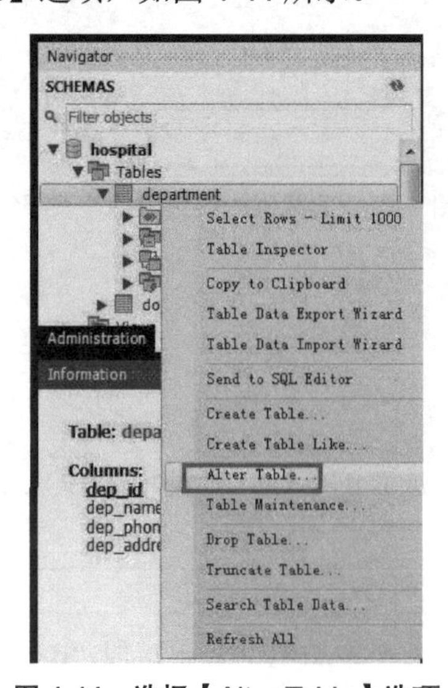

图 4-44　选择【Alter Table】选项

（2）在打开的数据表修改面板中双击【Column Name】下方的空白文本框，填入需要添加的字段名称，在【Datatype】下方选择所添加字段对应的数据类型、长度，勾选数据类型所需定义的约束属性，单击【Apply】按钮，如图 4-45 所示。

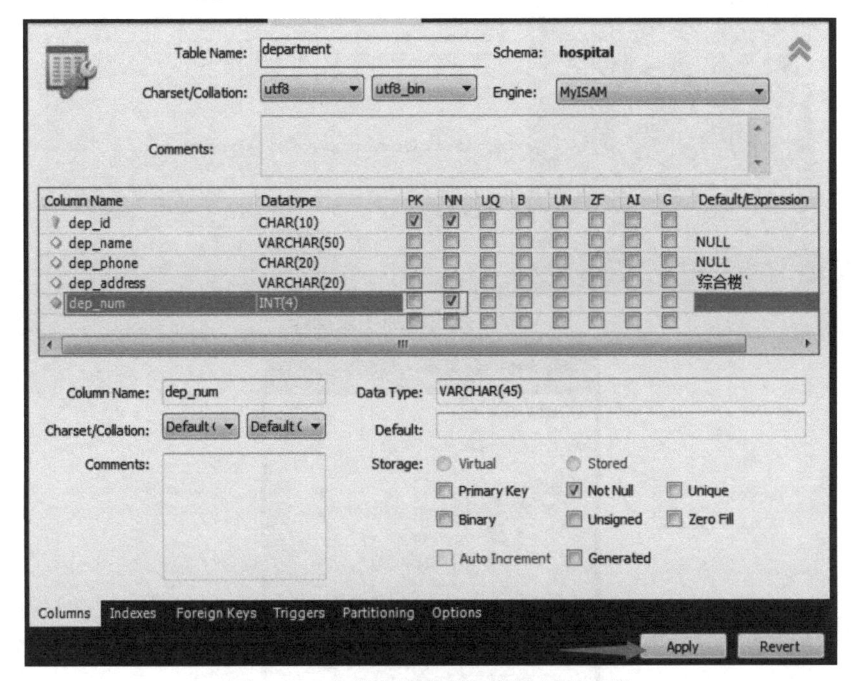

图 4-45　在数据表修改面板中添加字段

（3）MySQL Workbench 将根据以上设置，自动生成相应的 SQL 指令，并打开脚本面板。单击脚本面板中的【Apply】按钮，如图 4-46 所示。

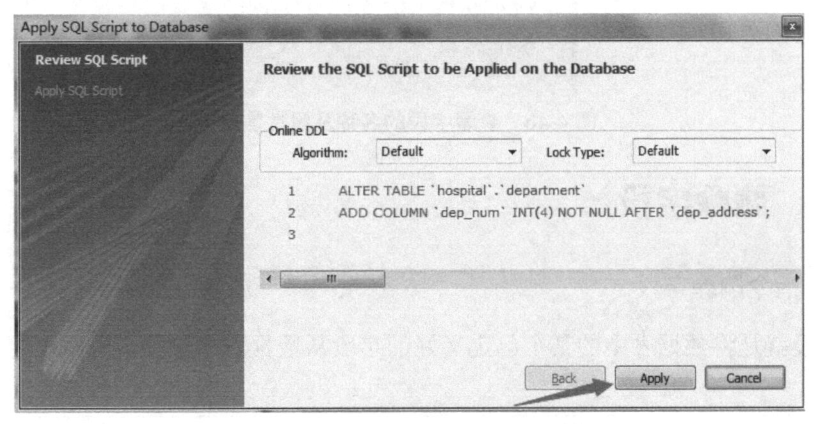

图 4-46　自动生成添加字段的 SQL 指令

（4）在弹出的 SQL 指令执行完成的脚本面板中单击【Finish】按钮，完成添加字段操作，如图 4-47 所示。

（5）在【Schemas】选项卡中单击刷新按钮，可以看到在“department”数据表中已增加了“dep_num”字段，在下方的【Information】面板中可以看到字段的名称及属性信息，如图 4-48 所示。

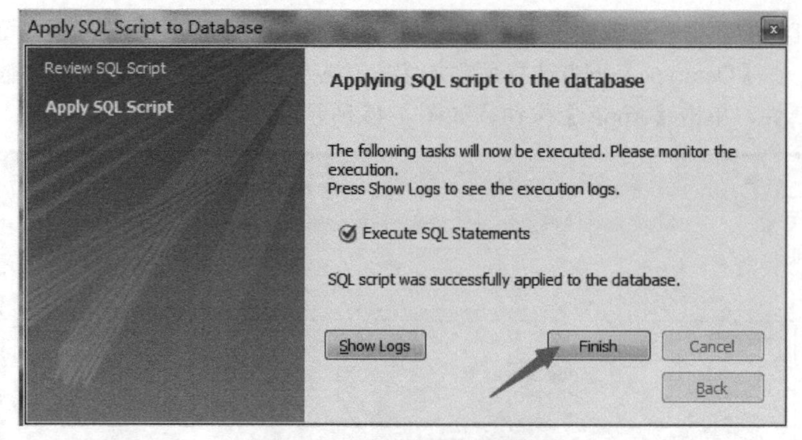

图 4-47　完成添加字段操作

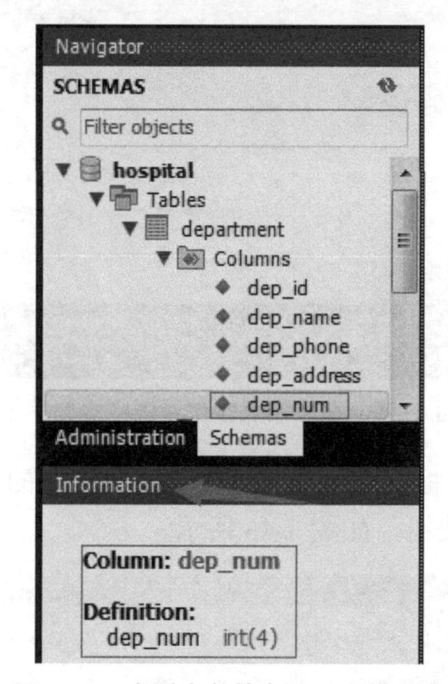

图 4-48　查看字段的名称及属性信息

4.3.7　删除字段

1. SQL 指令删除字段

删除字段就是将数据表中的某个已定义好的字段从数据表中删除，其 SQL 指令的语法格式如下：

```
ALTER TABLE 表名 DROP 字段名;
```

【例 4.18】删除“doctor”数据表中的“d_phone”字段。

（1）在 MySQL Workbench 的【Query1】窗格中，输入以下删除字段的 SQL 指令：

```
ALTER TABLE doctor DROP d_phone;
```

（2）执行以上指令，结果如图 4-49 所示。

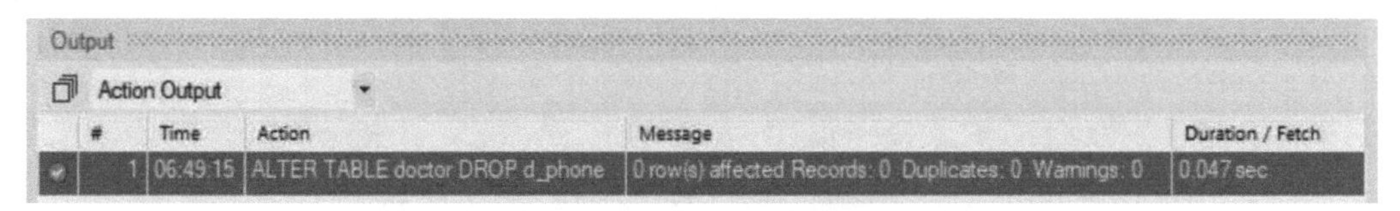

图 4-49　执行删除字段指令

（3）在【Query1】窗格中输入并执行“DESCRIBE doctor;”指令，查看“doctor”数据表中目前存在的字段，由图 4-50 可见，执行删除字段指令后，“d_phone”字段已不再存在于“doctor”数据表的字段列表中。

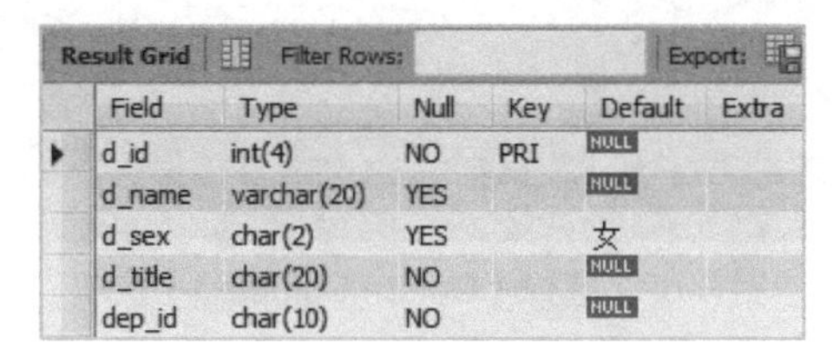

Field	Type	Null	Key	Default	Extra
d_id	int(4)	NO	PRI	NULL	
d_name	varchar(20)	YES		NULL	
d_sex	char(2)	YES		女	
d_title	char(20)	NO		NULL	
dep_id	char(10)	NO		NULL	

图 4-50　查看删除字段

2. 图形化删除字段

【例 4.19】删除“department”数据表中的“dep_num”字段。

在 MySQL Workbench 中图形化删除字段的操作步骤如下。

（1）在【Schemas】选项卡中的“hospital”数据库中，右键单击“department”数据表，在弹出的列表中选择【Alter Table】选项，如图 4- 51 所示。

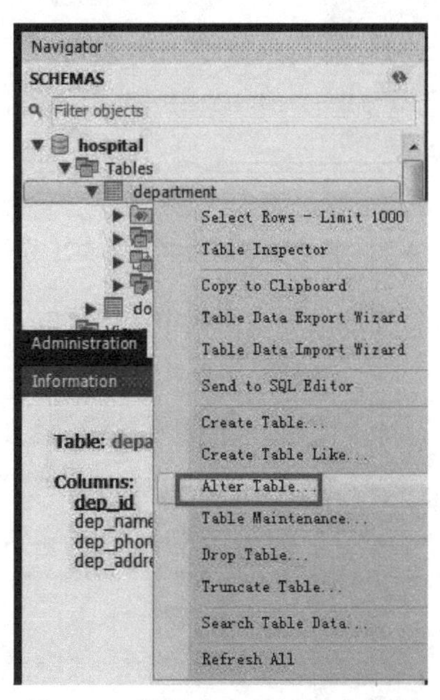

图 4-51　选择【Alter Table】选项

（2）在打开的数据表修改面板中，在需要删除的整条字段信息上单击鼠标右键，在弹出的列表中选择【Delete Selected】选项，单击【Apply】按钮，如图 4-52 所示。

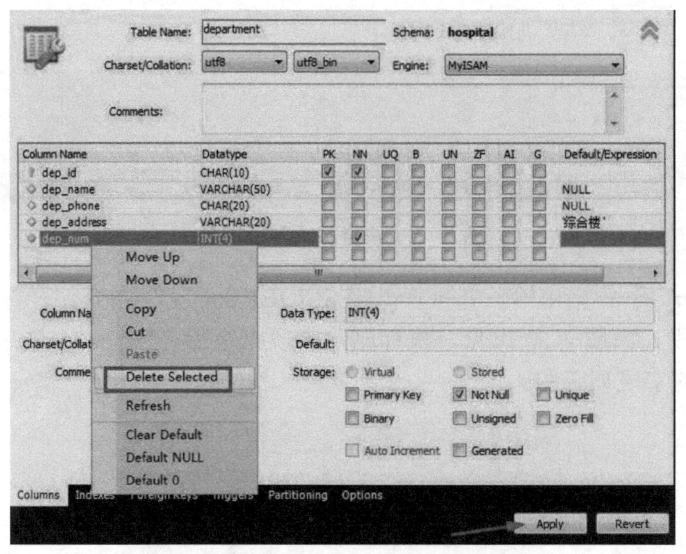

图 4-52　选择【Delete Selected】选项

（3）MySQL Workbench 将根据以上设置，自动生成相应的 SQL 指令，并打开脚本面板。单击脚本面板中的【Apply】按钮，如图 4-53 所示。

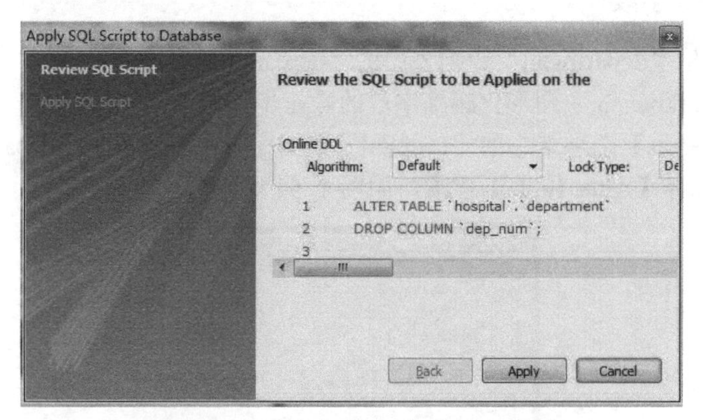

图 4-53　自动生成删除字段的 SQL 指令

（4）在弹出的 SQL 指令执行完成的脚本面板中单击【Finish】按钮，完成删除字段操作，如图 4-54 所示。

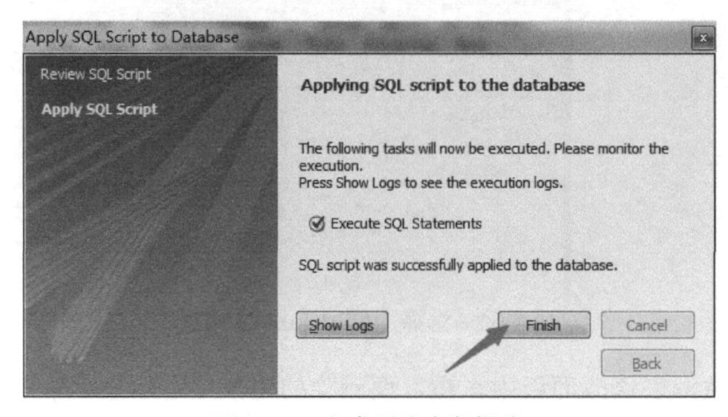

图 4-54　完成删除字段操作

（5）在【Schemas】选项卡中单击刷新按钮，展开“department”数据表的“Columns”选项，由图 4-55 可见，“department”数据表中已经不存在“dep_num”字段。

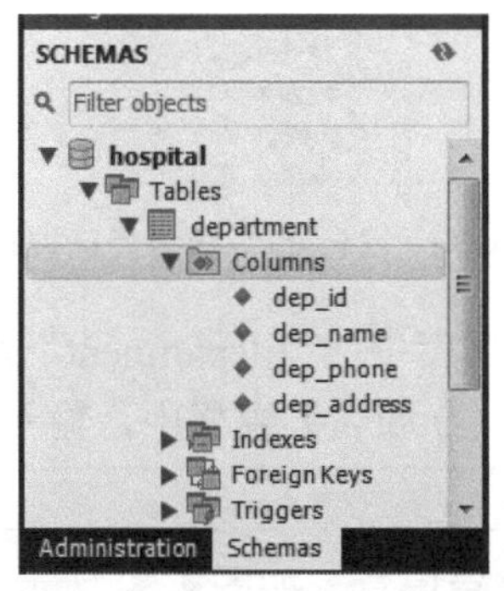

图 4-55　查看字段删除后的字段列表

4.4　删除数据表

扫一扫，看微课

4-7　删除数据表

4.4.1　利用 SQL 指令删除数据表

在 MySQL 中删除数据表的 SQL 语法格式如下：

```
DROP TABLE [IF EXISTS] 表名;
```

【例 4.20】使用 SQL 指令删除“hospital”数据库中的“test1”数据表。

（1）在 MySQL Workbench 中输入以下指令，用于创建两个测试用数据表，数据表名称分别为“test1”与“test2”：

```
CREATE TABLE test1(id1 int);
CREATE TABLE test2(id2 int);
```

（2）在【Query1】窗格中输入“SHOW TABLES”指令并执行，可以看到在“hospital”数据库中已增加了“test1”与“test2”两个数据表，结果如图 4-56 所示。

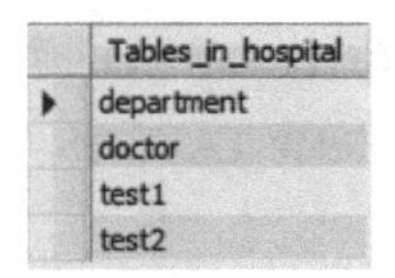

Tables_in_hospital
department
doctor
test1
test2

图 4-56　创建“test1”与“test2”数据表

（3）在【Query1】窗格中输入以下 SQL 指令，将“test1”数据表删除：

```
DROP TABLE test1;
```

（4）执行以上指令，结果显示删除“test1”数据表操作成功，如图 4-57 所示。

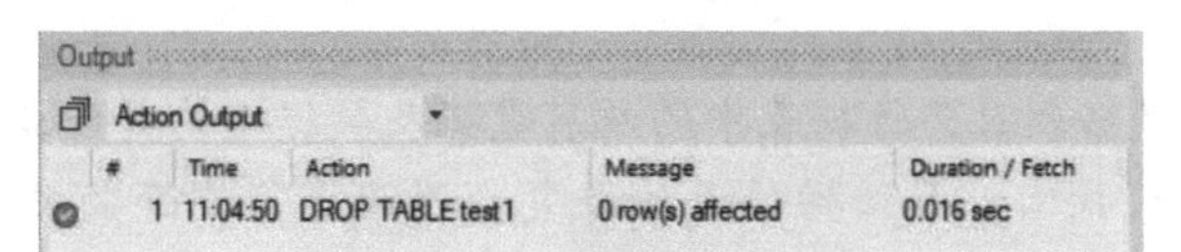

#	Time	Action	Message	Duration / Fetch
1	11:04:50	DROP TABLE test1	0 row(s) affected	0.016 sec

图 4-57　成功删除数据表

（5）在【Query1】窗格中再次执行“SHOW TABLES”指令，可以看到“test1”数据表已被成功删除，结果如图 4-58 所示。

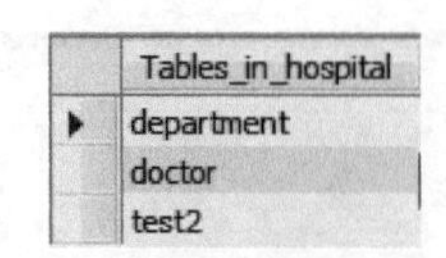

Tables_in_hospital
department
doctor
test2

图 4-58　“test1”数据表已被删除

【例 4.21】删除“hospital”数据库中的“department”数据表。

（1）在 MySQL Workbench 的【Query1】窗格中，输入以下删除字段指令：

```
DROP TABLE department;
```

（2）执行以上指令后，出现报错信息，如图 4-59 所示。

图 4-59　删除数据表报错

由图 4-59 可见，删除“department”时执行结果出现错误代码 1217，是因为“department”数据表的主键“dep_id”与“doctor”数据表的“dep_id”存在主外键关联，所以直接删除“department”数据表时会违反外键约束。

注：

在数据库中删除数据表时，如果所要删除的数据表中的字段与其他数据表存在主外键约束，且已被其他数据表所约束，则需要首先删除两个数据表间的外键约束，再进行删除数据表的操作。

（3）按前面【例 4.14】中“删除外键约束”的步骤，执行“ALTER TABLE doctor DROP foreign key fk_dep_id;”指令，首先解除“department”数据表的主键“dep_id”与“doctor”数据表的“dep_ id”的主外键约束。

（4）重新输入并执行“DROP TABLE department;”指令，成功删除“department”数据表。

（5）在【Query1】窗格中执行“SHOW TABLES”指令，可以看到“department”数据表已被成功删除，结果如图 4-60 所示。

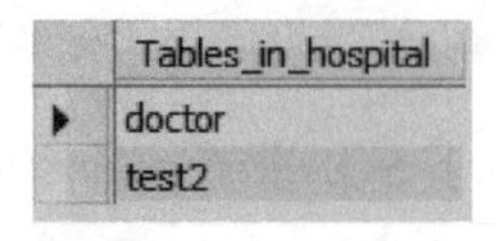

Tables_in_hospital
doctor
test2

图 4-60　成功删除“department”数据表

注：

在数据库中删除数据表时，数据表中的所有数据及数据结构都会被彻底删除，原分配给该数据表的空间也会被收回，且该操作无法恢复。因此进行删除数据表的操作时应谨慎，建议提前做好备份。

4.4.2　图形化删除数据表

也可在 MySQL Workbench 中，使用图形化工具删除数据表。

【例 4.22】删除“hospital”数据库中的“test2”数据表。

（1）在【Schemas】选项卡中右键单击“test2”数据表，在弹出的列表中选择【Drop Table】选项以进行删除数据表操作，如图 4-61 所示。

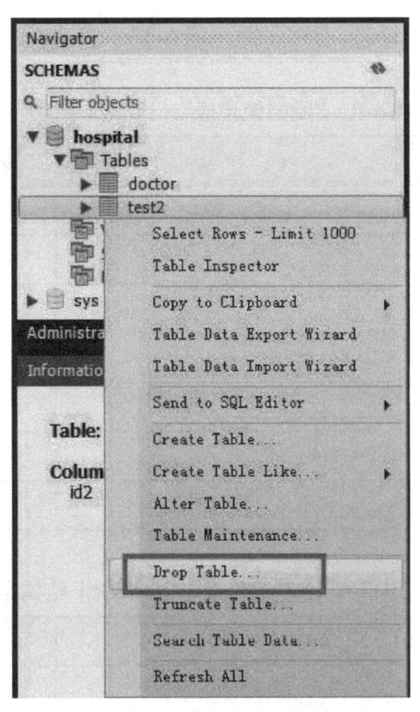

图 4-61　选择【Drop Table】选项

（2）在弹出的对话框中选择【Drop Now】以完成数据表删除工作，如图 4-62 所示。

（3）在【Schemas】选项卡中单击刷新按钮，可以看到“hospital”数据库中的“test2”数据表已被删除，如图 4-63 所示。

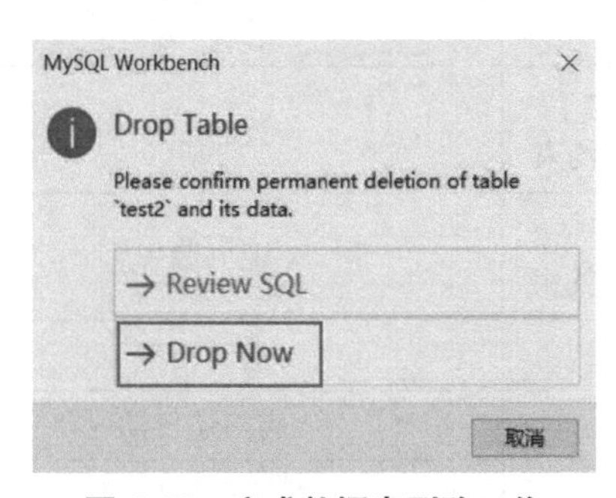

图 4-62　完成数据表删除工作

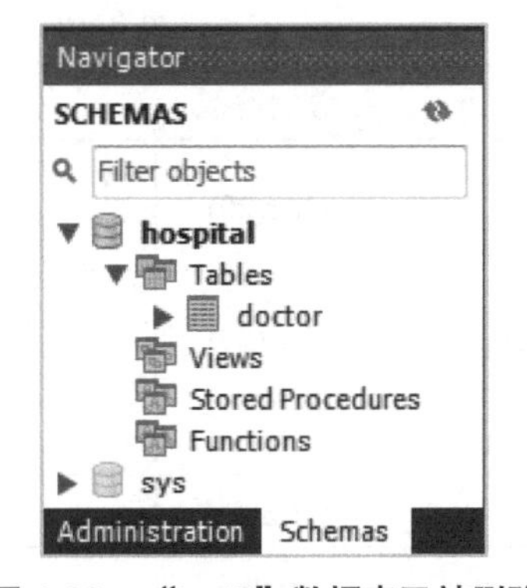

图 4-63　“test2”数据表已被删除

4.5 应用实践

1. 表 4-8～表 4-11 是某个“图书馆管理系统数据库”的数据结构表。请用 SQL 语句创建一个名为“library”的数据库，并按照以下 4 个表格的结构定义创建 4 个数据表，这 4 个数据表分别为“图书信息表”（book）、“读者信息表”（reader）、“图书借阅表”（borrow）与“罚款记录表”（penalty）。

表 4-8 “图书信息表”（book）结构定义表

字段名	数据类型	约束	注释
bID	char(20)	主键，非空	图书编号
bName	char(20)	非空	图书名称
author	char(20)		作者姓名
pubComp	char(20)		出版社
pubDate	datetime		出版日期
bCount	int(11)		现存数量
price	Float(6,2)		单价

表 4-9 “读者信息表”（reader）结构定义表

字段名	数据类型	约束	注释
rID	char(20)	主键，非空	读者编号
rName	char(20)	非空	读者姓名
lendNum	int(4)		已借书数量
rAddress	char(20)		联系地址

表 4-10 “图书借阅表”（borrow）结构定义表

字段名	数据类型	约束	注释
rID	char(20)	复合主键，非空，与“读者信息表”中的 rID 字段主外键约束	读者编号
bID	char(20)	复合主键，非空，与“图书信息表”中的 bID 字段主外键约束	图书编号
lendDate	Date	复合主键，非空	借阅日期
willDate	Date		应归还日期
returnDate	Date		实际归还日期

表 4-11　“罚款记录表”（penalty）结构定义表

字　段　名	数据类型	约　　束	注　　释
rID	char(20)	复合主键，非空，与“读者信息表”中的 rID 字段主外键约束	读者编号
bID	char(20)	复合主键，非空，与“图书信息表”中的 bID 字段主外键约束	图书编号
pDATE	date	复合主键，非空	罚款日期
pType	int(11)		罚款类型（1：逾期；2：损坏；3：遗失）
amount	Float(6,2)		罚款金额

2. 删除“图书借阅表”（borrow）中的复合主键，新增一个字段“borrowID”，数据类型为 INT (11)，约束为自动递增。

3. 修改“图书借阅表”（borrow）中的“willDate”字段及“returnDate”字段的数据类型为 DateTime。

4. 修改“罚款记录表”（penalty）中的“amount”字段，设置其默认值为 0.00。

4.6　思考与练习

一、选择题

1. 如果要删除数据库中已存在的数据表 AAA，则可使用（　　）指令。

A. DELETE TABLE AAA　　B. DELETE AAA

C. DROP AAA　　D. DROP TABLE AAA

2. 以下指令中，可以查看数据表结构的是（　　）。

A. FIND　　B. SELETE　　C. ALTER　　D. DESC

3. 修改数据库表结构使用（　　）指令。

A. UPDATE　　B. CREATE　　C. ALTER　　D. UPDATED

4. 定义外键约束的关键字是（　　）。

A. DEFAULT　　B. Foreign Key　　C. Primary key　　D. UNIQUE

5. 将一个列设置为主键的方法是在列的定义中使用（　　）指令。

A. DEFAULT　　B. Foreign Key　　C. Primary key　　D. UNIQUE

6. 在数据表中不能为空值的是（　　）。

A. 外键约束　　B. 默认约束　　C. 主键约束　　D. 唯一约束

7. 查看数据库中所有的数据表使用的指令是（　　）。

A. SHOW DATABASE　　B. SHOW TABLES

C. SHOW DATABASES　　D. SHOW TABLE

8. 关于主键和外键的描述，下列选项中正确的是（　　）。

A. 在一个数据表中只能有一个外键，但可以定义多个主键

B. 在一个数据表中只能定义一个主键，不过可以定义多个外键

C. 在定义主键和外键约束时，应该先定义主键后定义外键

D. 在定义主键和外键约束时，应该先定义外键后定义主键

二、判断题

(　　) 1. 无论要删除主键约束，还是要删除外键约束，都统一通过 ALTER 指令中的 DROP 关键字进行。

(　　) 2. 因为各种约束都是针对字段的，所以删除数据表后，约束并不会被删除。

三、简答题

1. 什么是数据表？数据表包括哪几个部分？

2. 为什么需要建立数据表约束机制？常见的数据表约束有哪些？

第 5 章　操作数据记录

知识目标

1. 理解 INSERT 指令不同形式的语法格式与用法；
2. 理解 UPDATE 指令的语法格式与用法；
3. 理解 DELETE 指令的语法格式与使用注意事项。

能力目标

1. 根据需求，熟练选择合适形式的 INSERT 指令进行记录添加；
2. 熟练应用 UPDATE 指令进行数据更新操作；
3. 熟练应用 DELETE 指令进行数据的删除操作。

素质目标

1. 掌握谨慎、严格、安全的数据操作规范；
2. 养成对数据安全的重视意识；
3. 培养分析问题与解决问题的能力；
4. 培养理解知识、灵活应用知识的能力。

知识导图

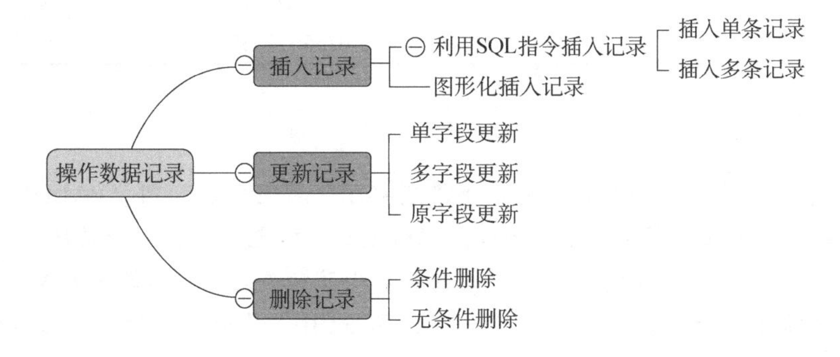

5.1 插入记录

数据表创建完成后，即可向数据表中添加数据，也称插入数据。在数据表中添加数据时以记录（行）为单位进行。

5.1.1 利用 SQL 指令插入记录

扫一扫，看微课

5-1 插入记录（1）

在 MySQL 中，使用“INSERT INTO”指令向数据表中插入记录。可一次只插入单条记录，也可一次插入多条记录。

1. 插入单条记录

在数据表中插入单条记录的 SQL 指令语法格式如下：

```
INSERT INTO 表名 [(字段 1,字段 2,…)] VALUES (值 1,值 2,…);
```

其中，

- [(字段 1,字段 2,…)]是可选项，如果省略，则“VALUES”后面括号中的值，按照数据表中的字段顺序添入所有字段，否则，则按照指令定义的字段顺序进行添加；
- “VALUES”后面的“值”列表（值 1,值 2,…），必须与前面的“字段名列表”（字段 1,字段 2,…）中的字段顺序依次对应；
- 字段名与字段名之间、值与值之间用英文逗号隔开；
- 需注意，当值所对应的字段的数据类型为字符串类型或日期/时间类型时，需用英文引号引括。

【例 5.1】在“hospital”数据库的“department”数据表中插入一条记录，所需添加的各字段数据如表 5-1 所示。

表 5-1 新添记录数据

dep_id	dep_name	dep_phone	dep_address
HC001	儿科	0755****655	一楼三诊室

注：

在给数据表中所有字段添加数据时，如果省略了字段名列表，则“VALUES”后面跟的“值”列表必须与数据表中字段的顺序一致，以避免出现张冠李戴、数据混乱的情况。

在插入记录前，应当了解清楚各字段的数据类型及相关约束，以避免在插入数据时因违反了数据结构的设计而出错。可以首先使用“DESCRIBE”指令查看数据表的结构定义。

（1）在 MySQL Workbench 的【Query1】窗格中，输入“DESCRIBE department;”指令查看“department”数据表的数据结构，执行结果如图 5-1 所示。

（2）在 MySQL Workbench 的【Query1】窗格中，按表 5-1 的数据记录内容及图 5-1 中的字段顺序，输入以下插入记录的指令：

```
INSERT INTO department VALUES('HC001','儿科','0755****655','一楼三诊室');
```

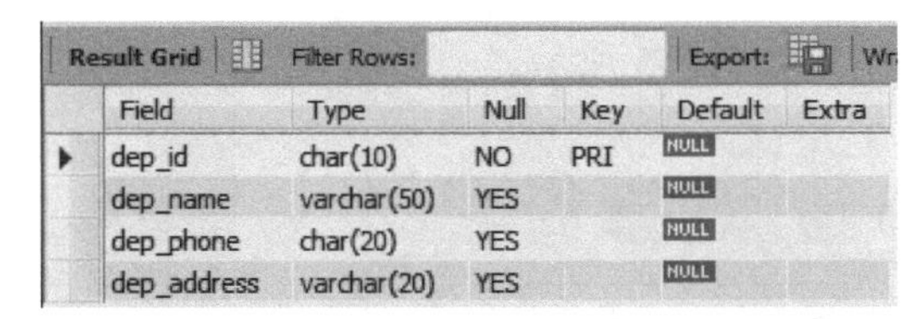

图 5-1　查看“department”数据表的数据结构

（3）执行以上指令，结果如图 5-2 所示。

图 5-2　执行插入记录指令

（4）在【Schemas】选项卡中，右键单击“department”数据表，在弹出的列表中选择【Select Rows-Limit 1000】选项，如图 5-3 所示。

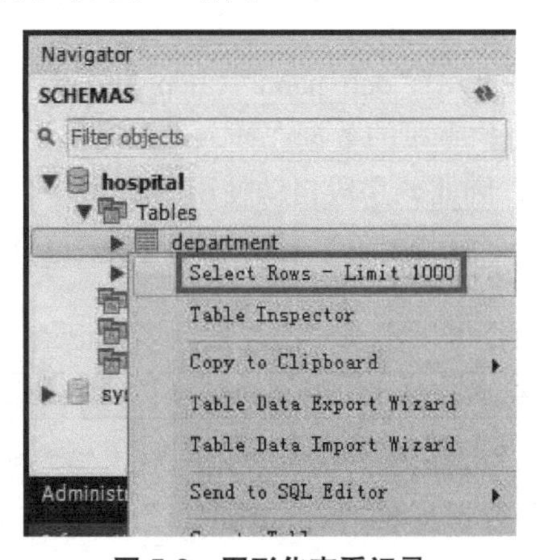

图 5-3　图形化查看记录

（5）可以看到一条记录插入成功，如图 5-4 所示。

图 5-4　查看插入记录结果

【例 5.2】在“hospital”数据库的“department”数据表中插入如表 5-2 所示的记录数据。

表 5-2　新添记录数据

dep_id	dep_name	dep_phone
HC002	内科	0752****833

（1）在 MySQL Workbench 的【Query1】窗格中，输入以下 SQL 指令：

```
INSERT INTO department(dep_id,dep_name,dep_phone) VALUES ('HC002','内科','0752****833');
```

（2）执行以上指令，结果如图 5-5 所示。

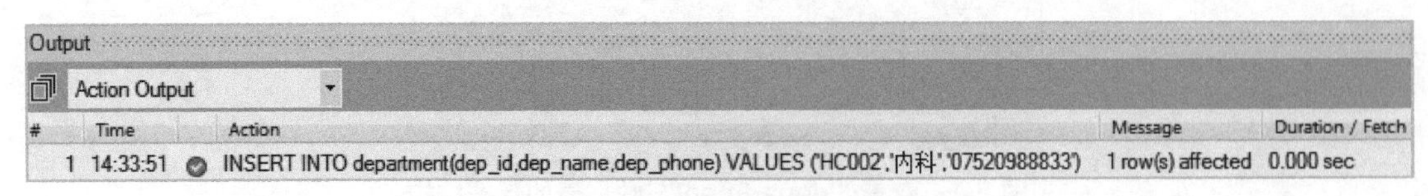

图 5-5　执行插入第二条记录指令

（3）在【Schemas】选项卡中，右键单击“department”数据表，在弹出的列表中选择【Select Rows-Limit 1000】选项以查看记录情况，结果如图 5-6 所示。

dep_id	dep_name	dep_phone	dep_address
HC001	儿科	0755****655	一楼三诊室
HC002	内科	0752****833	综合楼
NULL	NULL	NULL	NULL

图 5-6　在“department”数据表中插入第二条记录

由图 5-6 可见，指定的“dep_id”“dep_name”“dep_phone”三个字段已经成功插入了 SQL 指令给定的数据，“dep_address”字段的数据在插入记录时虽然未指定，但由于该字段存在默认约束，约束值为“综合楼”，因此该字段自动使用了默认值“综合楼”。

2. 插入多条记录

使用“INSERT INTO”指令可以实现一次性插入多条记录，语法格式如下：

```
INSERT INTO 表名 [(字段名列表)] VALUES (值列表 1), (值列表 2),…,(值列表 n);
```

一次性插入多条记录时，每条记录的值列表用一对“()”标注，中间用逗号分隔。

【例 5.3】在“hospital”数据库的“department”数据表中插入如表 5-3 所示的 3 条记录。

表 5-3　新添记录数据

dep_id	dep_name	dep_phone	dep_address
HC003	骨科	0752****834	二楼一诊室
HC004	外科	0752****835	三楼四诊室
HC005	耳鼻喉科	0752****836	三楼五诊室

（1）在 MySQL Workbench 的【Query1】窗格中，输入以下 SQL 指令：

```
INSERT INTO department
VALUES
('HC003','骨科','0752****834','二楼一诊室'),
('HC004','外科','0752****835','三楼四诊室'),
('HC005','耳鼻喉科','0752****836','三楼五诊室');
```

（2）执行以上指令，结果如图 5-7 所示。

图 5-7　执行插入多条记录指令

（3）在【Schemas】选项卡中，右键单击“department”数据表，在弹出的列表中选择【Select Rows-Limit 1000】选项以查看记录情况，结果如图 5-8 所示。

dep_id	dep_name	dep_phone	dep_address
HC001	儿科	0755****655	一楼三诊室
HC002	内科	0752****833	综合楼
HC003	骨科	0752****834	二楼一诊室
HC004	外科	0752****835	三楼四诊室
HC005	耳鼻喉科	0752****836	三楼五诊室
NULL	NULL	NULL	NULL

图 5-8　在“department”表中一次性成功添加多条记录

5.1.2　图形化插入记录

扫一扫，看微课

5-2　插入记录（2）

在 MySQL Workbench 中，也可直接使用图形化界面进行数据的添加工作。

【例 5.4】在“hospital”数据库的“doctor”数据表中插入表 5-4 中的全部记录。

表 5-4　新添记录数据

d_id	d_name	d_sex	d_title	dep_id
1234	章琳	女	主治医师	HC001
1352	刘斌	男	副主任医师	HC001
1489	赵武	男	主治医师	HC001
2375	张柳	女	主任医师	HC002
2567	林希	女	主任医师	HC002
3624	李莉	女	主治医师	HC003
4085	鲁昊霖	男	副主任医师	HC004
4579	刘尼尼	女	副主任医师	HC004
5334	林立	男	主任医师	HC005
5666	周蜜	女	主治医师	HC001
6553	刘东黎	女	主任医师	HC002

（1）在 MySQL Workbench 左侧的【Schemas】选项卡中右键单击“doctor”数据表，在弹出的列表中选择【Select Rows-Limit 1000】选项，如图 5-9 所示。

（2）在弹出的插入记录面板中双击字段名下面的列表单元格，使其处于可输入状态，如图 5-10 所示。

（3）将表 5-4 中的记录内容逐条输入列表单元格后，单击【Apply】按钮，如图 5-11 所示。

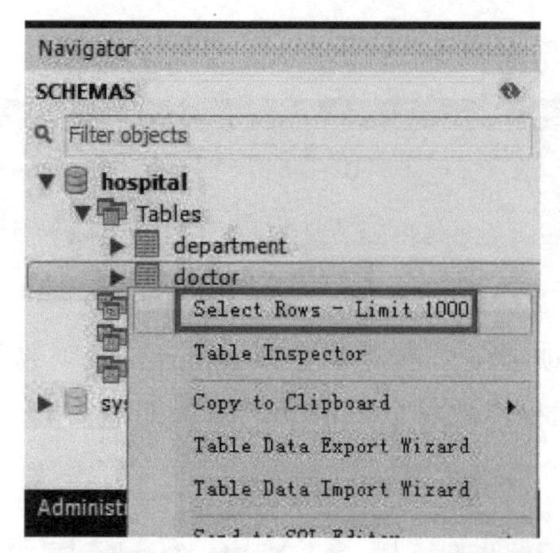

图 5-9　选择【Select Rows-Limit 1000】选项

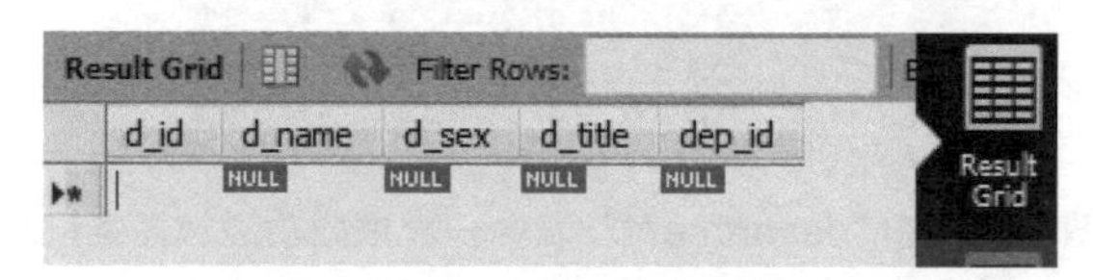

图 5-10　插入记录面板

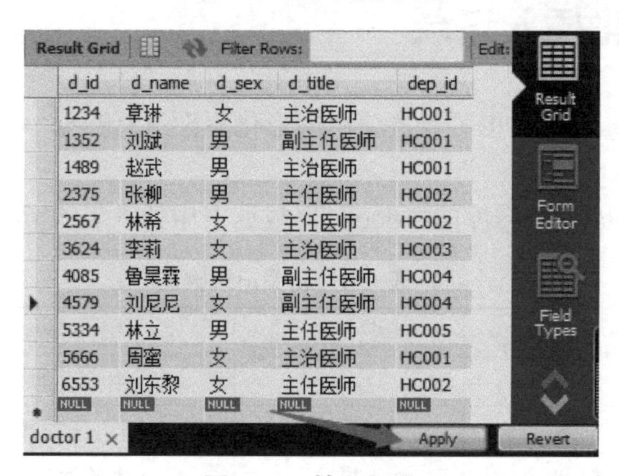

d_id	d_name	d_sex	d_title	dep_id
1234	章琳	女	主治医师	HC001
1352	刘斌	男	副主任医师	HC001
1489	赵武	男	主治医师	HC001
2375	张柳	男	主任医师	HC002
2567	林希	女	主任医师	HC002
3624	李莉	女	主治医师	HC003
4085	鲁昊霖	男	副主任医师	HC004
4579	刘尼尼	女	副主任医师	HC004
5334	林立	男	主任医师	HC005
5666	周蜜	女	主治医师	HC001
6553	刘东黎	女	主任医师	HC002
NULL	NULL	NULL	NULL	NULL

图 5-11　输入记录

（4）在弹出的脚本面板中，检查并确认新添加的数据无误后，单击窗口右下角的【Apply】按钮，如图 5-12 所示。

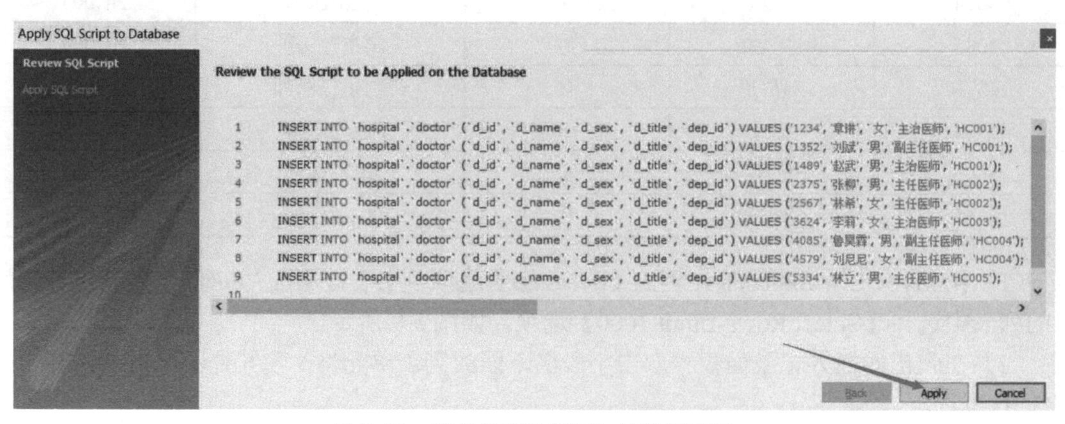


```
1  INSERT INTO `hospital`.`doctor` (`d_id`, `d_name`, `d_sex`, `d_title`, `dep_id`) VALUES ('1234', '章琳', '女', '主治医师', 'HC001');
2  INSERT INTO `hospital`.`doctor` (`d_id`, `d_name`, `d_sex`, `d_title`, `dep_id`) VALUES ('1352', '刘斌', '男', '副主任医师', 'HC001');
3  INSERT INTO `hospital`.`doctor` (`d_id`, `d_name`, `d_sex`, `d_title`, `dep_id`) VALUES ('1489', '赵武', '男', '主治医师', 'HC001');
4  INSERT INTO `hospital`.`doctor` (`d_id`, `d_name`, `d_sex`, `d_title`, `dep_id`) VALUES ('2375', '张柳', '男', '主任医师', 'HC002');
5  INSERT INTO `hospital`.`doctor` (`d_id`, `d_name`, `d_sex`, `d_title`, `dep_id`) VALUES ('2567', '林希', '女', '主任医师', 'HC002');
6  INSERT INTO `hospital`.`doctor` (`d_id`, `d_name`, `d_sex`, `d_title`, `dep_id`) VALUES ('3624', '李莉', '女', '主治医师', 'HC003');
7  INSERT INTO `hospital`.`doctor` (`d_id`, `d_name`, `d_sex`, `d_title`, `dep_id`) VALUES ('4085', '鲁昊霖', '男', '副主任医师', 'HC004');
8  INSERT INTO `hospital`.`doctor` (`d_id`, `d_name`, `d_sex`, `d_title`, `dep_id`) VALUES ('4579', '刘尼尼', '女', '副主任医师', 'HC004');
9  INSERT INTO `hospital`.`doctor` (`d_id`, `d_name`, `d_sex`, `d_title`, `dep_id`) VALUES ('5334', '林立', '男', '主任医师', 'HC005');
```

图 5-12　检查并确认新添加的数据无误

（5）在弹出的 SQL 指令完成的脚本面板中单击【Finish】按钮，完成数据的添加操作，如图 5-13 所示。

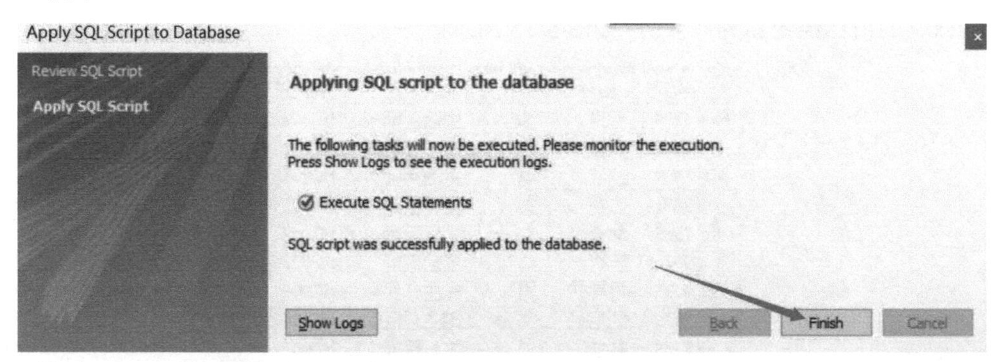

图 5-13　完成数据添加操作

5.2　更新记录

扫一扫，
看微课

5-3　更新记录

更新记录也称修改记录，是指对数据表中已有的记录进行数据修改。可以一次只修改一个字段的数据，也可一次修改多个字段的数据。

1. 单字段更新

使用 SQL 语言的“UPDATE”指令更新记录，其语法格式如下：

```
UPDATE 表名 SET 字段名=更新值 [WHERE 更新条件];
```

其中，

[WHERE 更新条件]是可选项，又称“WHERE”条件子句，设置了[WHERE 更新条件]的语句，只对符合条件的记录更新。未设置[WHERE 更新条件]的语句，表示“无条件更新”，将对数据表中该字段的全部记录进行更新操作。

【例 5.5】在“hospital”数据库的“doctor”数据表中，将“医生工作证号”为“2375”记录的“医生性别”修改为“女”。

（1）根据需求可知，需要更新的字段名是“医生性别”（d_sex），更新值为“女”，但仅更新“医生工作证号”（d_id）为“2375”的记录。因此需要加上“WHERE”条件子句，其 SQL 指令如下：

```
UPDATE doctor SET d_sex='女' WHERE d_id='2375';
```

（2）在 MySQL Workbench 的【Query1】窗格中，输入以上指令并执行，结果如图 5-14 所示。

图 5-14　更新记录执行结果

（3）在【Schemas】选项卡中右键单击“doctor”数据表，在弹出的列表中选择【Select Rows-Limit 1000】选项，以查看此时“doctor”数据表中的记录，可以看到“d_id”为“2375”的“d_sex”的值已经更新为“女”，如图 5-15 所示。

d_id	d_name	d_sex	d_title	dep_id
1234	章琳	女	主治医师	HC001
1352	刘斌	男	副主任医师	HC001
1489	赵武	男	主治医师	HC001
2375	张柳	女	主任医师	HC002
2567	林希	女	主任医师	HC002
3624	李莉	女	主治医师	HC003
4085	鲁昊霖	男	副主任医师	HC004
4579	刘尼尼	女	副主任医师	HC004
5334	林立	男	主任医师	HC005
5666	周蜜	女	主治医师	HC001
6553	刘东黎	女	主任医师	HC002
NULL	NULL	NULL	NULL	NULL

图 5-15　更新记录结果

【例 5.6】在“hospital”数据库的“department”数据表中，“外科”的“科室地址”在录入时出错了，应修改为“二楼二诊室”。

（1）分析需求可知，需要更新的字段是“dep_address”，更新值为“二楼二诊室”，但条件是只更新“dep_name”为“外科”的记录。因此需要加上“WHERE”子句，其 SQL 指令如下：

```
UPDATE department SET dep_address='二楼二诊室' WHERE dep_name='外科';
```

（2）在 MySQL Workbench 的【Query1】窗格中，输入上述 SQL 指令，执行指令后，可以发现执行结果出错，如图 5-16 所示。

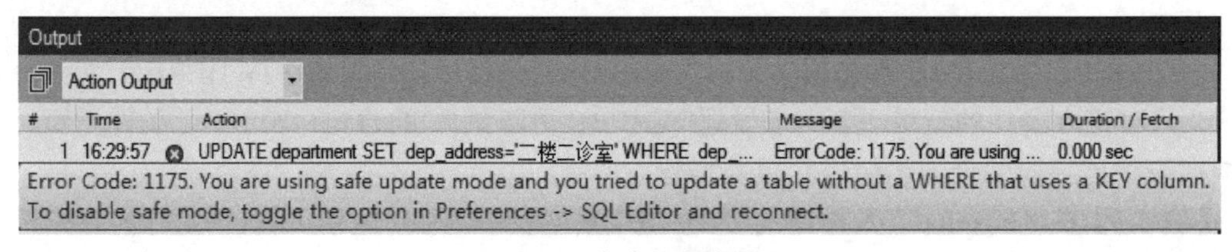

图 5-16　指令执行失败

执行结果显示的“错误代码：1175”，表示当前数据库使用的是“safe update mode”(安全更新模式)，并且在更新（UPDATE）记录时“WHERE”子句中没有把主键当作更新条件。

注：

MySQL Workbench 默认为安全更新模式，该模式下无法对非主键的条件执行 UPDATE 或 DELETE 指令。解决方案参考下文。

（3）在【Query1】窗格中输入以下指令并执行，以更改 MySQL 数据库安全更新模式，执行结果如图 5-17 所示。

```
SET SQL_SAFE_UPDATES=0;
```

图 5-17　更改 MySQL 数据库安全更新模式

（4）再次执行步骤（1）的指令，执行结果如图 5-18 所示。

图 5-18　指令执行成功

（5）在【Schemas】选项卡中右键单击“department”数据表，在弹出的列表中选择【Select Rows-Limit 1000】选项，以查看此时“department”数据表中的记录，可以看到“外科”的地址已经成功更新为“二楼二诊室”，如图 5-19 所示。

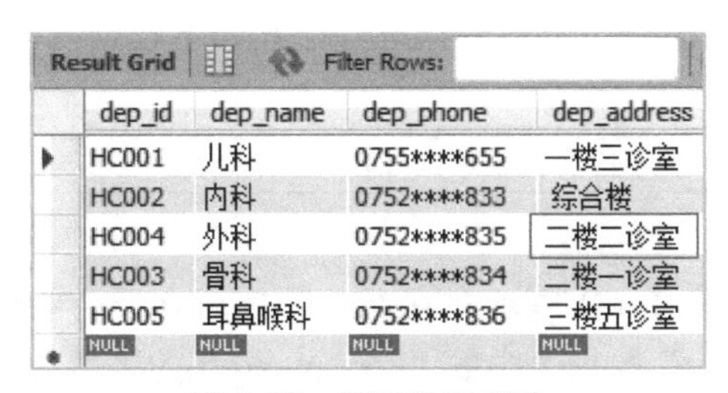

dep_id	dep_name	dep_phone	dep_address
HC001	儿科	0755****655	一楼三诊室
HC002	内科	0752****833	综合楼
HC004	外科	0752****835	二楼二诊室
HC003	骨科	0752****834	二楼一诊室
HC005	耳鼻喉科	0752****836	三楼五诊室
NULL	NULL	NULL	NULL

图 5-19　更新地址成功

2. 多字段更新

如需同时修改数据表中多个字段的数据，只需把所有操作字段的“字段名=更新值”罗列在 SET 之后，中间用英文逗号分隔即可。其 SQL 指令的语法格式如下：

```
UPDATE 表名 SET 字段名 1=更新值 1,字段名 2=更新值 2,...[WHERE 更新条件];
```

【例 5.7】在“hospital”数据库的“department”数据表中，将“内科”的“科室电话”改为“0752****831”，“科室地址”改为“二楼四诊室”。

（1）根据需求可知，需要修改的是“dep_name”为“内科”的记录，需修改的字段是“dep_phone”与“dep_address”。

（2）根据分析，在 MySQL Workbench 的【Query1】窗格中输入以下 SQL 指令：

```
UPDATE department SET dep_phone='0752****831',dep_address = '二楼四诊室' WHERE dep_name='内科';
```

（3）执行以上指令，可以看到，指令一共影响了 1 行记录（1 row(s) affected），这是因为“department”数据表中符合“dep_name=‘内科’”条件的记录共有 1 条，结果如图 5-20 所示。

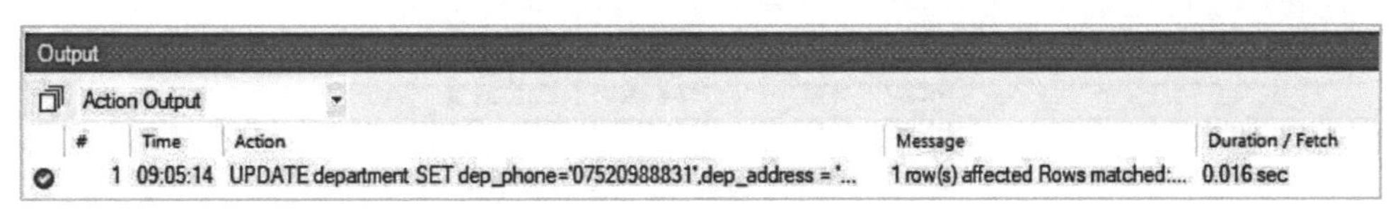

图 5-20　更新字段记录

（4）在【Schemas】选项卡中右键单击“department”数据表，在弹出的列表中选择【Select Rows-Limit 1000】选项，以查看此时“department”数据表中的记录，可以看到记录已更新成功，如图 5-21 所示。

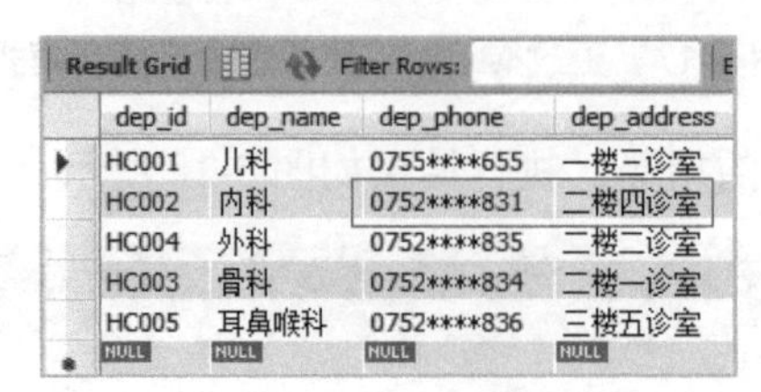

dep_id	dep_name	dep_phone	dep_address
HC001	儿科	0755****655	一楼三诊室
HC002	内科	0752****831	二楼四诊室
HC004	外科	0752****835	二楼二诊室
HC003	骨科	0752****834	二楼一诊室
HC005	耳鼻喉科	0752****836	三楼五诊室
NULL	NULL	NULL	NULL

图 5-21　记录更新成功

注：

也可使用 MySQL Workbench 的图形化界面进行数据记录的更新操作。

3. 原字段更新

原字段更新是指在修改某个字段的数据时，在其原本数据内容的基础上进行。相关 SQL 指令的语法格式如下：

```
UPDATE 表名 SET 字段名=字段变化表达式 [WHERE 更新条件];
```

其中，

“字段变化表达式”通常由 MYSQL 的函数、原字段名及一些运算符组成。

【例 5.8】将“department”数据表中的“dep_phone”的区号统一修改为“0752-”，号码本身不变。

（1）根据需求及“department”数据表中的数据可知，需要把“dep_phone”字段中所有数据的前 4 个字符替换为“0752-”，其余部分不变。因此相应的 SQL 指令如下：

```
UPDATE department SET dep_phone = CONCAT('0752-',RIGHT(dep_phone,LENGTH(dep_phone)-4));
```

（2）在【Query1】窗格中输入并执行以上指令，执行结果如图 5-22 所示。

#	Time	Action	Message	Duration / Fetch
1	20:15:51	UPDATE department SET dep_phone = CONCAT('0752-...	5 row(s) affected Rows match...	0.000 sec

图 5-22　执行原字段更新指令

（3）在【Schemas】选项卡中右键单击“department”数据表，在弹出的列表中选择【Select Rows-Limit 1000】选项，以查看此时“department”数据表中的记录，可以看到“dep_phone”字段中所有记录已更新成功，如图 5-23 所示。

dep_id	dep_name	dep_phone	dep_address
HC001	儿科	0752-****655	一楼三诊室
HC002	内科	0752-****831	二楼四诊室
HC004	外科	0752-****835	二楼二诊室
HC003	骨科	0752-****834	二楼一诊室
HC005	耳鼻喉科	0752-****836	三楼五诊室
NULL	NULL	NULL	NULL

图 5-23　原字段更新成功

5.3　删除记录

扫一扫，
看微课

5-4　删除记录

在 MySQL 中，使用 SQL 中的“DELETE”指令删除记录，其语法格式如下：

```
DELETE FROM 表名 [WHERE 条件表达式];
```

其中，

[WHERE 条件表达式]是可选项，用于限制删除操作的过滤条件，如果未指定[WHERE 条件表达式]，则将无条件删除数据表中的全部记录，即清空数据表。

1. 条件删除

【例 5.9】删除“department”数据表中“dep_id”为“HC003”的记录。

（1）在 MySQL Workbench 的【Query1】窗格中输入 SQL 语句如下：

```
DELETE FROM department WHERE dep_id='HC003';
```

（2）执行以上指令，可以看到指令影响了 1 行记录（1 row(s) affected），说明 1 条记录符合条件并已被删除，结果如图 5-24 所示。

Output

Action Output

#	Time	Action	Message	Duration / Fetch
1	20:23:38	DELETE FROM department WHERE dep_id='HC003'	1 row(s) affected	0.000 sec

图 5-24　条件删除记录

（3）在【Schemas】选项卡中右键单击“department”数据表，在弹出的列表中选择【Select Rows-Limit 1000】选项，以查看此时“department”数据表中的记录，可以看到“dep_id”为“HC003”的记录已被删除，如图 5-25 所示。

dep_id	dep_name	dep_phone	dep_address
HC001	儿科	0752-****655	一楼三诊室
HC002	内科	0752-****831	二楼四诊室
HC004	外科	0752-****835	二楼二诊室
HC005	耳鼻喉科	0752-****836	三楼五诊室
NULL	NULL	NULL	NULL

图 5-25　“dep_id”为“HC003”的记录已被删除

2. 无条件删除

如果需要清空某个数据表，只需省略 DELETE 语句中的[WHERE 条件表达式]即可。其语法格式如下：

```
DELETE FROM 表名;
```

【例 5.10】创建一个“department”数据表的副表，并将其命名为“department_copy”，然后删除“department_copy”数据表的全部记录。

（1）执行“CREATE TABLE department_copy (select*from department);”指令以创建一

个“department”数据表的副表“department_copy”。在【Schemas】选项卡中右键单击“department_copy”数据表，在弹出的列表中选择【Select Rows-Limit 1000】选项，以查看此时“department_copy”数据表中的所有记录，如图 5-26 所示。

dep_id	dep_name	dep_phone	dep_address
HC001	儿科	0752-****655	一楼三诊室
HC002	内科	0752-****831	二楼四诊室
HC004	外科	0752-****835	二楼二诊室
HC005	耳鼻喉科	0752-****836	三楼五诊室

图 5-26　查看“department_copy”数据表中的所有记录

由图 5-26 可以看到，“department_copy”数据表中一共有 4 条记录。

（2）在 MySQL Workbench 的【Query1】窗格中输入以下 SQL 指令：

```
DELETE FROM department_copy;
```

（3）执行以上指令，可以看到指令删除了 4 行记录（4 row(s) affected），如图 5-27 所示。

图 5-27　删除“department_copy”数据表所有记录

（4）在【Schemas】选项卡中右键单击“department_copy”数据表，在弹出的列表中选择【Select Rows-Limit 1000】选项，以查看此时“department_copy”数据表中的所有记录，可以看到“department_copy”数据表的所有记录已被全部删除，如图 5-28 所示。

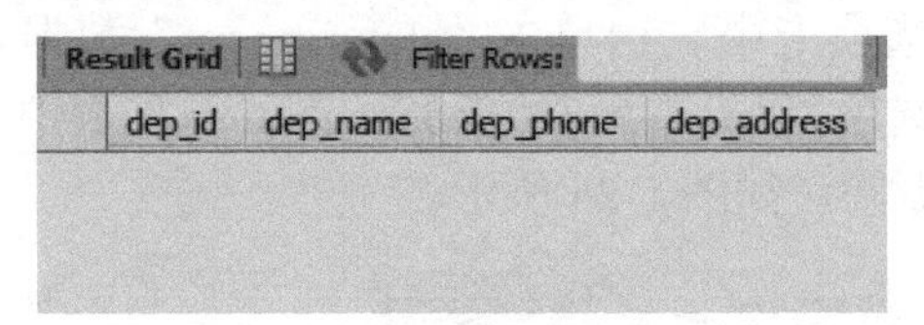

图 5-28　“department_copy”数据表的所有记录已被全部删除

注：

“DELETE FROM 表名”指令只是删除数据表中的记录，并不会将该数据表删除，也就是说，该数据表依然是存在于数据库中的，只是删除数据后，其成为了一个空表。

“DELETE”删除数据操作属于不可逆的操作，所以删除数据之前务必确认待删除的数据是否确实不需要了，以免因为误删除造成无法恢复的严重后果。

5.4　应用实践

1. 用 SQL 语句给“4.5 应用实践”中的“library”数据库中的 4 个数据表分别插入表 5-5～表 5-8 中的数据记录（请注意各表的主外键约束与录入数据表的顺序之间的关系）。

表 5-5　“图书信息表”（book）

bID	bName	author	pubComp*	pubDate	bCount	price
A30038	人工智能导论	肖斌	计算机读物出版社	2020-12-26	30	50
A30223	机器学习实践应用	刘麟	电子工业出版社	2021-6-18	43	65
A30987	网络爬虫实例教程	钟森	电子工业出版社	2019-6-20	53	50
C01002	儿童文学	张民	儿童教育出版社	2021-4-20	50	39
C01025	伊索寓言	林欧沛	儿童教育出版社	2018-3-16	90	29
C01039	格林童话	周西铜	儿童教育出版社	2018-1-29	120	30
C01198	唐诗三百首	林文	成长出版社	2020-11-20	100	40

表 5-6　“图书借阅表”（borrow）

rID	bID	lendDate	willDate	returnDate
10001	A30038	2021-6-18	2021-7-18	2021-6-30
10001	A30223	2021-5-7	2021-6-7	2021-6-5
10002	A30038	2021-4-10	2021-5-10	2021-4-30
10002	A30223	2021-6-12	2021-7-12	2021-6-30
10002	A30987	2021-4-14	2021-5-14	2021-5-13
10003	C01002	2021-7-30	2021-8-30	2021-9-3
10003	C01198	2021-3-3	2021-4-3	2021-4-1
10005	C01025	2021-3-12	2021-4-12	2021-5-15

表 5-7　“罚款记录表”（penalty）

rID	bID	pDATE	PType	amount
10001	A30223	2021-6-15	2	20
10003	C01002	2021-9-3	1	5
10004	C01025	2021-4-10	0	0
10005	C01025	2021-4-12	3	58

表 5-8　“读者信息表”（reader）

rID	rName	lendNum	rAddress
10001	李麟	2	竹园 303
10002	Linda	3	兴园 408
10003	刘锡	3	桃园 605
10004	周星星	2	兴园 502
10005	王沛均	1	桃园 402
10006	SANDY	2	兴园 106

2. 数据表操作。

（1）将“book”数据表中“图书编号”为“C01002”的“图书名称”更新为“儿童文学精品”。

* 本书推供的信息均为虚构。

（2）将“borrow”数据表中读者编号为“10002”的全部“应归还日期”修改为“2021-07-08”。

（3）将“reader”数据表中“读者姓名”为“刘锡”的“已借书数量”更改为“2”，“联系地址”改为“桃园 503”。

（4）修改“reader”数据表的“联系地址”字段内容，要求在园区名称与房间号之间增加一个“-”。

（5）删除“penalty”数据表中“读者编号”为“10004”的记录。

5.5 思考与练习

一、选择题

1. 下列说法中正确的是（　　）。

A. 主键的值可以重复

B. 删除数据表的指令是“DELETE”

C. 不能一次向数据表中添加多条记录

D. 更新数据表记录的关键字是“UPDATE”

2. “DELETE FROM employee”指令实现的是（　　）。

A. 删除“employee”数据表的数据结构

B. 删除“employee”数据表内的所有记录

C. 不删除任何数据

D. 删除“employee”数据表内的第一行记录

3. 以下删除记录的 SQL 指令中，正确的是（　　）。

A. DELETE FROM student WHERE name='dony';

B. Delete * FROM student WHERE name='dony';

C. Drop FROM student WHERE name='dony';

D. Drop FROM student WHERE name='dony';

4. 用来插入记录的指令是（　　），用于更新数据表的指令是（　　）。

A. INSERT　UPDATE　　B. CREATE　INSERT INTO

C. DELETE　UPDATE　　D. UPDATE　INSERT

5. 如果要在“student”数据表中插入一条记录，下列 SQL 指令中正确的是（　　）。

A. INSERT INTO student (s_name,s_id,s_sex) VALUES (valuel,value2,value3);

B. INSERT INTO student (s_name,s_id)VALUES(valuel,value2,value3);

C. INSERT INTO student (s_name)VALUES(valuel,value2,value3);

D. INSERT INTO student (s_name,s_id,s_sex)VALUES(valuel,value2);

二、填空题

1. 在数据表中一次插入多条记录时，VALUES 后的多个值列表之间使用________分隔。

2. 删除记录的关键字是__________。

3. 当更新指令中不使用__________条件语句时，会将数据表中所有数据的指定字段全部更新。

第 6 章　数据基础查询

知识目标

1. 理解 SELECT 指令的基本语法格式与执行结果；
2. 理解查询条件的作用与[WHERE 表达式]的基本语法；
3. 理解排序查询的效果与基本语法；
4. 理解分组查询的含义与语法格式；
5. 掌握聚合函数的用法；
6. 理解分页查询的语法含义与好处。

能力目标

1. 熟练应用 SELECT 指令，并可结合 WHERE 条件获取所需的数据；
2. 熟练应用 ORDER BY、GROUP BY、LIMIT 等关键字对查询结果进行相应的处理；
3. 能够使用 SUM、AVG、MIN、MAX、COUNT 等聚合函数对查询结果进行统计汇总。

素质目标

1. 培养对数据查询等数据库技术能力和专业素养；
2. 养成严谨的科学精神和学习态度。

知识导图

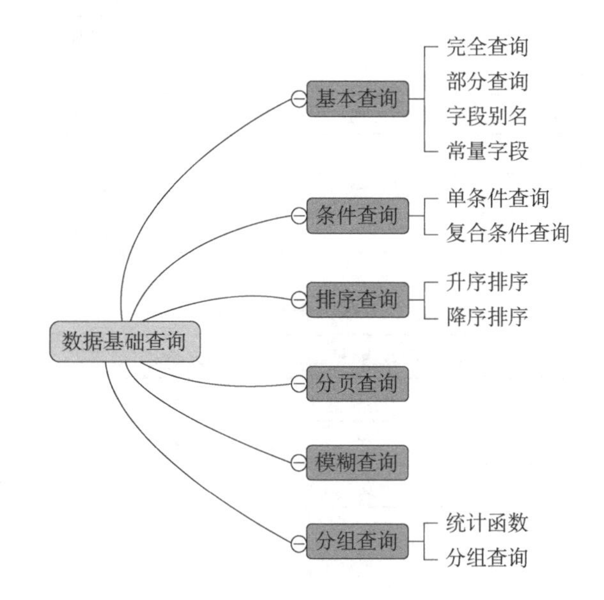

6.1 数据准备

数据查询也称数据筛选或数据搜索，是指在数据库众多的数据中筛选出符合条件的数据。数据查询是数据库操作中最重要的一环，也是数据库操作中最常见的一种。数据查询是其他数据操作的基础。

本章以“hospital”数据库为素材，讲述数据库基础查询的知识点。该数据库包含 5 个数据表，分别为“医生信息表”（doctor）、“病人信息表”（patient）、“科室信息表”（department）、“病房信息表”（ward）、“医疗费用表”（cost）。各数据表的具体记录如表 6-1～表 6-5 所示。

表 6-1 “医生信息表”（doctor）

d_id	d_name	d_sex	d_title	dep_id
1234	章琳	女	主治医师	HC001
1352	刘斌	男	副主任医师	HC001
1489	赵武	男	主治医师	HC001
1666	周蜜	女	主任医师	HC001
2375	张柳	女	主任医师	HC002
2553	刘东黎	女	主任医师	HC002
2567	林希	女	主任医师	HC002
2588	吴群	男	副主任医师	HC002
2828	林麟棋	男	主治医师	HC002
2956	邹洋洋	女	副主任医师	HC002
3221	林多多	女	副主任医师	HC003
3520	崔燕	女	主治医师	HC003
3624	李莉	女	主治医师	HC003
3698	林家露	女	主治医师	HC003
4085	鲁昊霖	男	副主任医师	HC004
4579	刘尼尼	女	副主任医师	HC004
4675	李秀	女	主治医师	HC004
4965	言旭	男	主任医师	HC004
5334	林立	男	主任医师	HC005
5826	李佳佳	男	副主任医师	HC005
5987	吴少龙	男	主治医师	HC005

表 6-2 “病人信息表”（patient）

p_id	p_name	p_sex	p_age	d_id	w_id
P1234	李民	男	5	1234	W11
P1369	杨希言	女	8	1352	W11
P1432	张叁	女	12	1489	W13

续表

p_id	p_name	p_sex	p_age	d_id	w_id
P1457	刘津津	男	10	1234	W12
P1564	吴斌斌	男	9	1489	W12
P1568	言子杨	女	6	1352	W11
P2008	胡言杨	男	29	2588	W22
P2255	周忠	男	15	2567	W23
P2468	贾夕	女	50	2553	W24
P2565	柳林	男	45	2553	W23
P2998	赵敏敏	女	55	2375	W24
P3235	周杨言	女	36	3624	W33
P3334	陈意	女	48	3624	W34
P3349	刘咪	女	36	3698	W34
P3432	张苏	女	22	3624	W35
P3995	林麟	女	32	3698	W33
P4045	林品红	男	68	4579	W44
P4345	林阔	男	62	4085	W44
P4567	颜姗姗	女	46	4579	W45
P4673	杨浩言	男	50	4085	W45

表 6-3 “科室信息表”（department）

dep_id	dep_name	dep_phone	dep_address
HC001	儿科	0752-0987655	一楼三诊室
HC002	内科	0752-0988831	二楼四诊室
HC003	妇科	0752-0988837	三楼三诊室
HC004	外科	0752-0988835	二楼二诊室
HC005	耳鼻喉科	0752-0988836	三楼五诊室
HC006	产科	NULL	综合楼
HC007	骨科	NULL	综合楼

表 6-4 “病房信息表”（ward）

w_id	w_name
W11	儿科病房 1
W12	儿科病房 2
W13	儿科病房 3
W22	内科病房 2
W23	内科病房 3
W24	内科病房 4
W44	外科病房 4
W45	外科病房 5

续表

w_id	w_name
W46	外科病房 6
W33	妇科病房 3
W34	妇科病房 4
W35	妇科病房 5

表 6-5 “医疗费用表”（cost）

c_id	p_id	c_item	c_fee	dep_id	c_date
C001	P1234	挂号费	10	HC001	2021/8/9
C002	P1234	诊疗费	20	HC001	2021/8/9
C003	P1234	药费	88	HC001	2021/8/9
C004	P1457	挂号费	10	HC001	2021/8/9
C005	P1457	诊疗费	25	HC001	2021/8/9
C006	P1457	注射费	10	HC001	2021/8/9
C007	P1457	药费	239	HC001	2021/8/9
C008	P2008	挂号费	15	HC002	2021/8/9
C009	P2008	注射费	10	HC002	2021/8/9
C010	P2255	输液费	15	HC002	2021/8/9
C011	P2468	挂号费	20	HC002	2021/8/10
C012	P2468	诊疗费	25	HC002	2021/8/10
C013	P2468	药费	124	HC002	2021/8/10
C014	P3349	输液费	15	HC003	2021/8/10
C015	P3349	药费	245	HC003	2021/8/10
C016	P4673	挂号费	15	HC004	2021/8/11
C017	P4673	诊疗费	20	HC004	2021/8/11
C018	P4673	药费	398	HC004	2021/8/11
C019	P4673	注射费	10	HC004	2021/8/11
C020	P3995	挂号费	10	HC003	2021/8/11
C021	P3995	诊疗费	15	HC003	2021/8/11
C022	P3995	药费	58	HC003	2021/8/11
C023	P4345	注射费	10	HC004	2021/8/12
C024	P4345	输液费	15	HC004	2021/8/12
C025	P2565	挂号费	20	HC002	2021/8/12
C026	P2565	诊疗费	10	HC002	2021/8/12
C027	P1457	挂号费	10	HC001	2021/8/13
C028	P1457	诊疗费	15	HC001	2021/8/13
C029	P1457	药费	234	HC001	2021/8/13

6.2 基本查询

扫一扫，
看微课

6-1 基本查询

6.2.1 完全查询

完全查询是指在单张数据表中查询所有字段的全部记录，是数据查询中最简单的形式，也是查询操作最基础的一种。其效果相当于浏览整张数据表的全部数据。完全查询可以使用 SQL 语言中的“SELECT”指令实现，其语法格式如下：

```
SELECT * FROM 表名;
```

其中，

“*”表示数据表的全部字段，查询结果按照数据表中原本的字段顺序显示。

【例 6.1】查询“hospital”数据库中“科室信息表”（department）中的全部记录。

（1）在 MySQL Workbench 的【Query1】窗格中输入如下指令：

```
SELECT * FROM department;
```

（2）执行以上指令，在【Result Grid】面板中显示的查询结果如图 6-1 所示。

dep_id	dep_name	dep_phone	dep_address
HC001	儿科	0752-0987655	一楼三诊室
HC002	内科	0752-0988831	二楼四诊室
HC003	妇科	0752-0988837	三楼三诊室
HC004	外科	0752-0988835	二楼二诊室
HC005	耳鼻喉科	0752-0988836	三楼五诊室
HC006	产科	NULL	综合楼
HC007	骨科	NULL	综合楼

图 6-1 查询“department”数据表中的全部记录

6.2.2 部分查询

在查询数据时，只筛选部分字段的数据称为部分查询。编写部分查询的 SQL 指令时，只需用查询的字段名列表替换完全查询语句中的“*”即可。其语法基本格式如下：

```
SELECT 字段 1,字段 2,…,字段 n FROM 表名;
```

其中，

字段名列表(字段 1,字段 2,…,字段 n)中的顺序，不必遵守数据表中的字段顺序，指令执行后，查询结果按指令定义的字段列表顺序进行显示。

【例 6.2】查询“hospital”数据库中“医生信息表”（doctor）中的所有“医生姓名”（d_name）、“职称”（d_title）及“科室编号”（dep_id）。

（1）根据需求可知，只需要查看“医生信息表”（doctor）中的“医生姓名”“职称”“科室编号”三个字段的数据，因此查询操作只需对“d_name”“d_title”“dep_id”三个字段名进行查询。

（2）在 MySQL Workbench 的【Query1】窗格中输入以下指令：

```
SELECT d_name,d_title,dep_id FROM doctor;
```

（3）在【Result Grid】面板中显示的查询结果如图 6-2 所示。

d_name	d_title	dep_id
章琳	主治医师	HC001
刘斌	副主任医师	HC001
赵武	主治医师	HC001
周蜜	主任医师	HC001
张柳	主任医师	HC002
刘东黎	主任医师	HC002
林希	主任医师	HC002
吴群	副主任医师	HC002
林麟棋	主治医师	HC002
邹洋洋	副主任医师	HC002
林多多	副主任医师	HC003
崔燕	主治医师	HC003
李莉	主治医师	HC003
林家露	主治医师	HC003
鲁昊霖	副主任医师	HC004
刘尼尼	副主任医师	HC004
李秀	主治医师	HC004
言旭	主任医师	HC004
林立	主任医师	HC005
李佳佳	副主任医师	HC005
吴少龙	主治医师	HC005

图 6-2　查询部分字段信息

6.2.3　字段别名

在【例 6.2】中，查询结果中显示的字段名是数据表的原始字段名“d_name”“d_title”“dep_id”，为了方便浏览、理解查询结果中的数据，或者方便对查询结果进行其他业务操作，也可在查询结果中用别的字段名称来显示，称为字段别名。

字段别名在 SQL 指令中用关键字“AS”或用空格来指定。其基本的 SQL 指令语法格式如下：

```
SELECT 原字段名 1 AS 字段别名 1,原字段名 2 AS 字段别名 2,… FROM 数据表名;
```

例如，若要用“医生姓名”“职称”与“科室编号”三个字段别名显示【例 6.2】的查询结果，则在【Query1】窗格中输入以下指令：

```
SELECT d_name AS 医生姓名,d_title AS 职称, dep_id 科室编号 FROM doctor;
```

执行以上指令，查询结果的数据显示如图 6-3 所示。

医生姓名	职称	科室编号
章琳	主治医师	HC001
刘斌	副主任医师	HC001
赵武	主治医师	HC001
周蜜	主任医师	HC001
张柳	主任医师	HC002
刘东黎	主任医师	HC002
林希	主任医师	HC002
吴群	副主任医师	HC002
林麟棋	主治医师	HC002
邹洋洋	副主任医师	HC002
林多多	副主任医师	HC003
崔燕	主治医师	HC003
李莉	主治医师	HC003
林家露	主治医师	HC003
鲁昊霖	副主任医师	HC004
刘尼尼	副主任医师	HC004
李秀	主治医师	HC004
言旭	主任医师	HC004
林立	主任医师	HC005
李佳佳	副主任医师	HC005
吴少龙	主治医师	HC005

图 6-3　使用字段别名显示查询结果

注：

在一条查询指令中，可以只为部分字段指定字段别名，无须要求全部字段都指定字段别名。

6.2.4　常量字段

如果某列数据在数据表中原本不存在，但在查询结果中，需要将其显示出来，则可以用“常量字段”的方式将其临时添加到查询指令中。

添加常量字段的 SQL 查询指令语法格式如下：

```
SELECT ‘常量值’AS 常量字段名 [FROM 数据表名];
```

其中，

- 如果查询指令中只有常量字段，则[FROM 数据表名]可以省略；
- 如果查询指令中在常量字段以外还有其他普通字段名，则必须保留[FROM 数据表名]；
- 常量值必须使用英文引号。

【例 6.3】在“科室信息表”（department）中以“科室名称”和“科室地址”作为字段别名，查询相关字段所有的数据，并在查询结果中添加一列“医院名称”，内容为“爱民医院”。

（1）由需求可知，“科室名称”和“科室地址”相关的字段分别是“dep_name”与“dep_address”，此外，“department”数据表中没有“医院名称”这一字段，因此“爱民医院”必须使用常量字段。

（2）在 MySQL Workbench 的【Query1】窗格中输入以下 SQL 指令：

```
SELECT dep_name AS 科室名称,dep_address AS 科室地址,'爱民医院' AS 医院名称 FROM department;
```

（3）执行以上指令，常量字段显示结果如图 6-4 所示。

科室名称	科室地址	医院名称
儿科	一楼三诊室	爱民医院
内科	二楼四诊室	爱民医院
妇科	三楼三诊室	爱民医院
外科	二楼二诊室	爱民医院
耳鼻喉科	三楼五诊室	爱民医院
产科	综合楼	爱民医院
骨科	综合楼	爱民医院

图 6-4　常量字段显示结果

由图 6-4 可见，查询输出结果中多了一列“医院名称”，该列的数据内容均为“爱民医院”。

6.3　条件查询

扫一扫，看微课

6-2　条件查询

查询的本质就是在浩大的数据库中，根据某些条件挑选出少数，甚至极少数符合需要的数据。因此，带有过滤条件的查询才是数据查询中最常见的操作。

条件查询主要通过在基本查询语句的基础上，增加 WHERE 子句（WHERE 查询条件）来实现。其语法格式如下：

```
SELECT 字段列表 FROM 表名 WHERE 查询条件;
```

其中，

查询条件可以只有一个，也可以有多个。如有多个查询条件，则查询条件之间用 AND 或 OR 连接。

只有一个查询条件的查询称为单条件查询，有多个查询条件的查询称为复合条件查询。

6.3.1 单条件查询

【例 6.4】查询“医生信息表”（doctor）中所有男医生的信息。

（1）分析需求可知，在查询所有医生信息的前提下添加了一个“医生性别”的限定条件，即“d_sex='男'”。

（2）在 MySQL Workbench 的【Query1】窗格中输入 SQL 指令如下：

```
SELECT * FROM doctor WHERE d_sex='男';
```

（3）执行指令，查询结果如图 6-5 所示。

d_id	d_name	d_sex	d_title	dep_id
1352	刘斌	男	副主任医师	HC001
1489	赵武	男	主治医师	HC001
2588	吴群	男	副主任医师	HC002
2828	林麟祺	男	主治医师	HC002
4085	鲁昊霖	男	副主任医师	HC004
4965	言旭	男	主任医师	HC004
5334	林立	男	主任医师	HC005
5826	李佳佳	男	副主任医师	HC005
5987	吴少龙	男	主治医师	HC005

图 6-5　查询所有男医生的信息

6.3.2 复合条件查询

【例 6.5】查询“医生信息表”（doctor）中“科室编号”为“HC002”的女医生的所有记录。

（1）需求中涉及的查询条件有两个，一个条件是“dep_id”（科室编号）为“HC002”，另一个条件是“d_sex”（医生性别）为女，因此需要使用“AND”，以表示必须同时满足“AND”两端的条件。

（2）根据以上分析，在 MySQL Workbench 的【Query1】窗格中输入 SQL 指令如下：

```
SELECT * FROM doctor WHERE dep_id='HC002' AND d_sex='女';
```

（3）执行指令，查询结果如图 6-6 所示。

d_id	d_name	d_sex	d_title	dep_id
2375	张柳	女	主任医师	HC002
2553	刘东黎	女	主任医师	HC002
2567	林希	女	主任医师	HC002
2956	邹洋洋	女	副主任医师	HC002

图 6-6　“AND”复合条件查询结果

【例 6.6】在“病人信息表”（patient）中查询年龄小于 12 岁或大于 60 岁的病人记录。

（1）需求中涉及的查询条件有两个，一个条件是“p_age”（病人年龄）小于 12 岁，另一个条件是“p_age”（病人年龄）大于 60 岁，因此需要使用“OR”，以表示满足两个条件中任意一个条件的记录均需查询出来。

（2）根据需求分析，在 MySQL Workbench 的【Query1】窗格中输入 SQL 指令如下：

```
SELECT * FROM patient WHERE p_age<12 OR p_age>60;
```

（3）执行指令，查询结果如图 6-7 所示。

p_id	p_name	p_sex	p_age	d_id	w_id
P1234	李民	男	5	1234	W11
P1369	杨希言	女	8	1352	W11
P1457	刘津津	男	10	1234	W12
P1564	吴斌斌	男	9	1489	W12
P1568	言子杨	女	6	1352	W11
P4045	林品红	男	68	4579	W44
P4345	林阔	男	62	4085	W44

图 6-7　“OR”复合条件查询结果

扫一扫，看微课

6-3　排序查询

6.4　排序查询

在数据查询操作中，根据某些字段的内容，按一定的顺序显示查询结果，称为排序查询。排序的类型可以是升序或降序。排序查询通过增加 ORDER BY 子句来完成，其 SQL 语法格式如下：

```
SELECT 字段列表 FROM 表名 [WHERE 查询条件] ORDER BY 字段名 [ASC | DESC];
```

其中，

WHERE 子句（[WHERE 查询条件]）是可选项，ASC 表示升序排序，DESC 表示降序排序。如果没有指定是升序排序还是降序排序，则默认为升序排序。

6.4.1　升序排序

【例 6.7】查询“医生信息表”（doctor）中“职称”（d_title）为“主任医师”的“医生工作证号”（d_id）、“医生姓名”（d_name）、“医生性别”（d_sex）、“职称”（d_title），并按“医生工作证号”升序排序。

（1）分析需求可知，需要查询的字段包括“d_id”“d_name”“d_sex”“d_title”，过滤的条件是“职称”为“主任医师”，并在查询结果基础上根据“医生工作证号”（d_id）进行排序，排序类型为升序。

（2）根据以上分析，在 MySQL Workbench 的【Query1】窗格中输入 SQL 指令如下：

```
SELECT d_id,d_name,d_sex,d_title
FROM doctor
WHERE d_title='主任医师'
ORDER BY d_id    ASC;
```

（3）执行指令，查询结果如图 6-8 所示。

d_id	d_name	d_sex	d_title
1666	周蜜	女	主任医师
2375	张柳	女	主任医师
2553	刘东黎	女	主任医师
2567	林希	女	主任医师
4965	言旭	男	主任医师
5334	林立	男	主任医师

图 6-8　按升序排序的查询结果

由图 6-8 所示的查询结果可见，查询结果按“医生工作证号”从小到大的顺序进行了排序。

6.4.2 降序排序

【例 6.8】在“病人信息表”（patient）中查询所有男病人的“病人姓名”（p_name）、“病人性别”（p_sex）、“病人年龄”（p_age）及“医生工作证号”（d_id），并按“病人年龄”（p_age）降序排序。

（1）根据需求分析可知，所需查询的字段包括“p_name”“p_sex”“p_age”与“d_id”，限制条件是病人性别为“男”，在查询结果基础上再根据病人的“p_age”（病人年龄）进行降序排序显示。

（2）根据以上分析，在 MySQL Workbench 的【Query1】窗格中输入 SQL 指令如下：

```
SELECT p_name,p_sex,p_age,d_id
FROM patient
WHERE p_sex='男'
ORDER BY p_age DESC;
```

（3）执行指令，查询结果如图 6-9 所示。

p_name	p_age	d_id
林品红	68	4579
林阔	62	4085
杨浩言	50	4085
柳林	45	2553
胡言杨	29	2588
周忠	15	2567
刘津津	10	1234
吴斌斌	9	1489
李民	5	1234

图 6-9　按降序排序的查询结果

由图 6-9 所示的查询结果可见，数据表查询结果按年龄从长到幼的顺序进行了排序。

6.5 分页查询

扫一扫，
看微课

6-4 分页查询

如果符合查询条件的数据很多，且并不需要返回全部符合条件的数据行时，则可以在 SELECT 指令的最后增加 LIMIT 子句，使查询操作只返回部分记录行。LIMIT 子句可以避免对全数据库进行扫描，从而提高查询效率。

由于 LIMIT 子句的作用，是把所有符合查询条件的记录分割成若干部分，每次只返回其中一部分，类似分页的效果，因此 LIMIT 查询也称“分页查询”。

LIMIT 子句的语法格式如下：

```
LIMIT [位置偏移量,] 行数;
```

其中，

[位置偏移量,]是可选项，表示返回查询结果中的起始行，如果不指定该可选项，则默认位置偏移量的值为 0，即从查询结果的第 1 条记录开始显示。

"行数"表示最后返回的记录行数。

注:

第一条记录的位置偏移量为 0，第二条记录的位置偏移量为 1，第三条记录的位置偏移量为 2……以此类推。当位置偏移量为 0 时，【位置偏移量】可省略。

【例 6.9】查询年龄最小的 3 位男病人的信息。

（1）根据需求可知，要得到所需的数据，可首先在"病人信息表"（patient）中筛选出"病人性别"（p_sex）为"男"的所有记录，然后对其进行升序排序，最后选出最前面的 3 条记录即可。

（2）根据以上分析，其 SQL 指令如下：

```
SELECT*FROM patient WHERE p_sex='男' ORDER BY p_age LIMIT 3;
```

（3）在 MySQL Workbench 的【Query1】窗格中输入以上指令，执行结果如图 6-10 所示。

p_id	p_name	p_sex	p_age	d_id	w_id
P1234	李民	男	5	1234	W11
P1564	吴斌斌	男	9	1489	W12
P1457	刘津津	男	10	1234	W12

图 6-10 查询年龄最小的 3 位男病人信息

【例 6.10】在"病人信息表"（patient）中，按"病人编号"（p_id）从大到小的序号排序，查询第 3 条到第 8 条记录。

（1）根据需求，按"p_id"从大到小排序，即排序的类型为降序；要求查询的是第 3 条到第 8 条记录，即查询结果从第 3 条记录开始显示，共显示 6 行记录。注意，第 3 条记录的位置偏移量为 2。

（2）根据以上分析，其 SQL 指令如下：

```
SELECT*FROM patient
ORDER BY p_id DESC
LIMIT 2,6;
```

（3）在 MySQL Workbench 的【Query1】窗格中输入以上指令，执行结果如图 6-11 所示。

p_id	p_name	p_sex	p_age	d_id	w_id
P4345	林阔	男	62	4085	W44
P4045	林品红	男	68	4579	W44
P3995	林麟	女	32	3698	W33
P3432	张苏	女	22	3624	W35
P3349	刘咪	女	36	3698	W34
P3334	陈意	女	48	3624	W34

图 6-11 按"p_id"降序查询第 3 条到第 8 条记录

6.6 模糊查询

扫一扫，看微课

6-5 模糊查询

在上面的学习范例中，所有的查询条件都对条件中的字段设置了一个精确的过滤条件值，称为"精确查询"。

但是，通常在业务场景中无法对查询条件进行精确设定。例如，在"图书管理系统数据库”中，要查询某本图书的信息，但完整的书名无法确定，只知道书名中包含一个关键字“中国”，此时就只能把书名中含有“中国”的图书信息全部都查询出来。

像这样根据部分条件值进行查询的操作称为“模糊查询”。

在 MySQL 中，模糊查询使用 LIKE 子句及通配符“%”和“_”实现。

“%”表示任意长度的任意字符。例如，“N%A”表示以字母“N”开头、字母“A”结尾的任意长度的字符串，它可以是“N1234567A”，可以是“NBA”或“N 中华 aM12icA”，也可以就是“NA”。

“_”表示任意的单个字符。例如，“张_”表示以“张”字开头，后面为任意一个字符的字符串，它可以是“张三”，但不可以是“张三丰”，也不能只是“张”，因为一个“_”必须也只能匹配一个字符。

模糊查询指令的语法格式为：

```
SELECT 字段列表 FROM 表名 WHERE 字段名 LIKE 匹配表达式;
```

【例 6.11】在“医生信息表”（doctor）中查询所有姓“林”的医生的信息。

（1）因为要查询医生的信息，所以要在“医生信息表”（doctor）中进行查询；查询姓“林”的医生，即查询的条件字段是“d_name”，且条件值是模糊的，要求以“林”字开头，对后面的字符无要求。因此可以使用 LIKE 子句搭配通配符“%”的 SQL 指令。

（2）在 MySQL Workbench 的【Query1】窗格中输入以下 SQL 指令：

```
SELECT * FROM doctor WHERE d_name LIKE '林%';
```

（3）执行指令，查询结果如图 6-12 所示。

d_id	d_name	d_sex	d_title	dep_id
2567	林希	女	主任医师	HC002
2828	林麟棋	男	主治医师	HC002
3221	林多多	女	副主任医师	HC003
3698	林家露	女	主治医师	HC003
5334	林立	男	主任医师	HC005

图 6-12 姓“林”的医生的信息查询结果

【例 6.12】查询姓名中既包含“杨”字又包含“言”字的病人信息。

（1）因为要查询病人的信息，所以要在“病人信息表”（patient）中进行查询；查询的是“p_name”字段中含有“杨”字与“言”字的记录，但因为无法确定“杨”字与“言”字的位置，因此在关键字的前后都需要使用通配符“%”；又因为查询中涉及的查询条件有两个，因此需要用“AND”连接两个查询条件。

（2）在 MySQL Workbench 的【Query1】窗格中，输入 SQL 指令如下：

```
SELECT*FROM patient WHERE p_name LIKE '%杨%'   AND   p_name LIKE '%言%';
```

（3）执行指令，查询结果如图 6-13 所示。

p_id	p_name	p_sex	p_age	d_id	w_id
P1369	杨希言	女	8	1352	W11
P1568	言子杨	女	6	1352	W11
P2008	胡言杨	男	29	2588	W22
P3235	周杨言	女	36	3624	W33
P4673	杨浩言	男	50	4085	W45

图 6-13 病人信息模糊查询结果

6.7　分组查询

扫一扫，
看微课

6-6　分组查询

6.7.1　统计函数

统计函数也称聚合函数，其功能是对查询结果中的某个字段的数据进行相应的计算处理，并返回处理结果值。MySQL 中的统计函数及其功能如表 6-6 所示。

表 6-6　MySQL 中的统计函数及其功能

统计函数名称	函数功能
SUM()	计算某字段的和
AVG()	计算某字段的平均值
MAX()	获取某字段的最大值
MIN()	获取某字段的最小值
COUNT()	统计某字段的记录行数

使用统计函数时，在函数的括号里填入需要统计的字段名，除计数函数“COUNT()”可以在括号中填入“*”外，其他函数的括号中都只能填写具体的字段名。例如，要查询病人的平均年龄时，可使用“AVG()”函数实现查询，语法格式为“AVG(p_age)”；如果查询病人的最大年龄，则使用“MAX()”函数，语法格式为“MAX(p_age)”；查询病人的最小年龄则用“MIN()”函数，语法格式为“MIN(p_age)”；如果要统计病人的总人数，则可用“COUNT()”函数实现，语法格式为“COUNT(*)”。

在查询时，可以单独只使用统计函数，并且还可以给统计结果指定“字段别名”，但在实际的业务应用中，通常会结合 GROUP BY 子句一起应用。

6.7.2　分组查询

分组查询 GROUP BY 子句的作用是根据一定的规则，将指定字段的数据分成多个类别，然后针对每个类别进行数据统计。分组查询通常配合统计函数使用，以达到分类汇总统计数据的目的。其 SQL 语法结构如下：

```
SELECT 字段列表 FROM 表名 [WHERE 查询条件] GROUP BY 字段名 [HAVING 筛选条件];
```

其中，

WHERE 条件子句（[WHERE 查询条件]）只能对分组前的数据进行筛选，如果要对分组后的数据进行条件筛选，则需使用 HAVING 子句（[HAVING 筛选条件]）。

【例 6.13】查询每个病房的入住人数。

（1）要查询每个病房分别入住了多少病人，就需要首先在“病人信息表”中将所有病人按照“病房号”（w_id）进行分组，然后再统计每组的人数。

（2）在 MySQL Workbench 的【Query1】窗格中输入 SQL 指令如下：

```
SELECT  w_id  AS 病房号,COUNT(*) AS 人数 FROM patient GROUP BY w_id;
```

（3）执行指令，查询结果如图 6-14 所示。

病房号	人数
W11	3
W12	2
W13	1
W22	1
W23	2
W24	2
W33	2
W34	2
W35	1
W44	2
W45	2

图 6-14　查询每个病房的入住人数

【例 6.14】查询入住人数为 2 人以上（含 2 人）的病房号。

（1）通过分析需求可知，要查询入住人数为 2 人以上（含 2 人）的病房号，就必须首先统计每个病房的入住人数，然后再根据统计结果筛选符合条件的记录。由于是对分组后的数据进行筛选，因此需要使用 HAVING 子句。

（2）在 MySQL Workbench 的【Query1】窗格中输入 SQL 指令如下：

```
SELECT w_id AS 病房号,COUNT(*) AS  人数
FROM patient
GROUP BY w_id
HAVING COUNT(w_id)>=2;
```

（3）执行指令，查询结果如图 6-15 所示。

病房号	人数
W11	3
W12	2
W23	2
W24	2
W33	2
W34	2
W44	2
W45	2

图 6-15　查询入住人数为 2 人以上（含 2 人）的病房号

【例 6.15】查询截至 2021 年 08 月 09 日，医疗项目的总费用超过 200 元的病人编号及总费用。

（1）在“医疗费用表”（cost）中按“病人编号”（p_id）字段进行分组，使用 SUM()函数将每个组的费用进行求和，分组前首先使用 WHERE 子句根据日期条件进行筛选，在筛选结果的基础上，再使用 HAVING 子句将总费用超过 200 元的记录筛选出来。

（2）根据以上分析，在 MySQL Workbench 的【Query1】窗格中输入 SQL 指令如下：

```
SELECT p_id AS  病人编号, SUM(c_fee) AS  总费用  FROM cost
WHERE c_date='2021-08-09'
GROUP BY p_id
HAVING SUM(c_fee)>200;
```

（3）执行指令，查询结果如图 6-16 所示。

病人编号	总费用
P1234	218.00
P1457	284.00

图 6-16　【例 6.15】查询结果

【例 6.16】查询每种医疗项目的最高费用、最低费用及平均费用。

（1）在“医疗费用表”（cost）中按“医疗项目”（c_item）进行分组，分别使用 MAX()函数、MIN()函数及 AVG()函数计算每种医疗项目的最高费用、最低费用及平均费用。

（2）根据以上分析，在 MySQL Workbench 的【Query1】窗格中输入 SQL 指令如下：

```
SELECT  c_item  AS 医疗项目,MAX(c_fee)  AS 最高费用,
MIN(c_fee)  AS 最低费用,AVG(c_fee)  AS 平均费用
FROM cost
GROUP BY c_item;
```

（3）执行指令，查询结果如图 6-17 所示。

医疗项目	最高费用	最低费用	平均费用
挂号费	20.00	10.00	13.750000
注射费	10.00	10.00	10.000000
药费	398.00	58.00	212.285714
诊疗费	25.00	10.00	18.571429
输液费	15.00	15.00	15.000000

图 6-17　【例 6.16】查询结果

6.8　应用实践

使用“5.4 应用实践”中准备好的“library”数据库及其数据，编写 SQL 指令，实现以下业务需求。

1. 查询所有图书的图书名称、出版社及单价。
2. 查询所有罚款记录。
3. 查询图书单价大于 30 且小于 60 的图书记录。
4. 查询“儿童教育出版社”或“成长出版社”出版的图书记录。
5. 按图书数量降序排序，要求显示图书名称、出版社、单价、现存数量。
6. 查询现存数量最少的图书记录。
7. 查询读者的联系地址中含有“兴园”的读者记录。
8. 查询图书馆中“电子工业出版社”出版的图书的现存数量。
9. 查询“儿童教育出版社”出版的图书平均单价是多少。

6.9　思考与练习

一、选择题

1. 以下 WHERE 子句中可以实现“查询姓名不是 NULL 的记录”的是（　　）。

A. WHERE NAME ! NULL　　B. WHERE NAME NOT NULL

C. WHERE NAME IS NOT NULL　　D. WHERE NAME!=NULL

2. 以下用来求数据总和的聚合函数的是（　　）。

A. MAX ( )　　B. SUM ( )　　C. COUNT ( )　　D. AVG ( )

3. 以下用于分组查询的子句是（　　）。

A. ORDER BY　　B. ORDERED BY

C. GROUP BY　　D. GROUPED BY

4. 以下表示“按照姓名降序排序”的是（　　）。

A. ORDER BY DESC NAME　　B. ORDER BY NAME DESC

C. ORDER BY NAME ASC　　D. ORDER BY ASC NAME

5. 以下用于求平均数的聚合函数是（　　）。

A. COUNT ( )　　B. MAX ( )　　C. AVG ( )　　D. SUM ( )

6. 以下表示降序排序的是（　　）。

A. ASC　　B. ESC　　C. DESC　　D. DSC

7. 在 GROUP BY 分组的结果集中进行条件筛选要使用（　　）子句。

A. FROM　　B. ORDER BY　　C. HAVING　　D. WHERE

8. 以下可以表示“按照班级进行分组”的是（　　）。

A. ORDER BY CLASSES　　B. DORDER CLASSES

C. GROUP BY CLASSES　　D. GROUP CLASSES

9. 以下可以表示“按照姓名升序排序”的是（　　）。

A. ORDER BY NAME ASC　　B. ORDER BY ASC NAME

C. ORDER BY NAME DESC　　D. ORDER BY DESC NAME

10. “SELECT*FROM worker WHRE age IN(20,30,40);”表示查询“worker”数据表中（　　）的工人信息。

A. 年龄在 20 到 40　　B. 年龄在 20 到 30

C. 年龄是 20、30 或 40　　D. 年龄在 30 到 40

二、简答题

1. 常用的聚合函数包括哪些?

2. WHERE 子句和 HAVING 子句的区别是什么?

3. COUNT(字段名)和 COUNT(*)的区别是什么?

第 7 章　数据复合查询

知识目标

1. 理解内连接查询、外连接查询、带条件连接查询的语法格式与用法；
2. 理解主查询、子查询之间连接关键字的含义与功能的区别。

能力目标

1. 能够熟练应用多表连接查询以获取所需的数据；
2. 能够熟练根据不同需求，应用不同子查询进行数据筛选。

素质目标

1. 培养对数据查询等数据库技术能力和专业素养；
2. 养成严谨、细致的科学精神、工匠精神。

知识导图

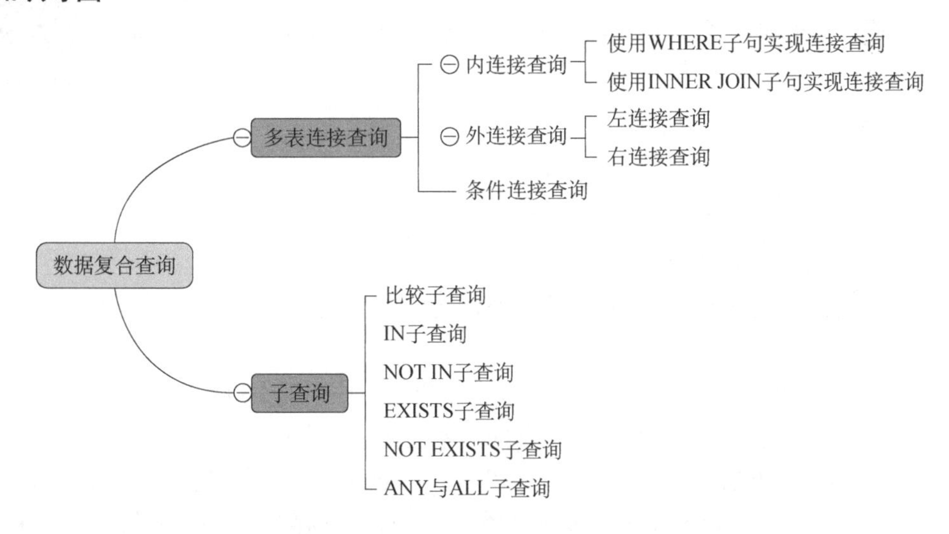

7.1　多表连接查询

在前面章节中，所有的查询都是在单一的数据表中完成的。但在数据库中，数据表之间往往是存在关联的，因此，对数据进行操作时，就可能涉及多张数据表中的数据。

使用多张数据表进行查询称为多表查询，也称连接查询。

多表查询分为内连接查询和外连接查询。

本章以“hospital”数据库为素材讲述多表连接查询。该数据库的各数据表的具体记录可见第 6 章中的表 6-1～表 6-5，各数据表之间的关系架构如图 7-1 所示。

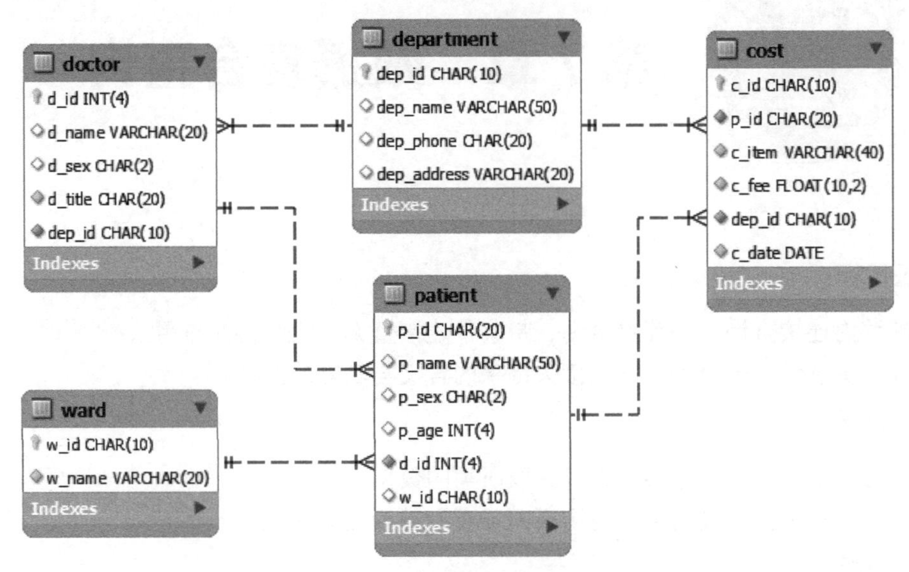

图 7-1　“hospital”数据库中各数据表之间的关系架构

7.1.1　内连接查询

扫一扫，看微课

7-1　内连接查询

内连接查询是指通过多张表之间的字段关系建立内连接条件，并根据这个条件进行数据筛选。

1. 使用 WHERE 子句实现连接查询

其 SQL 语法格式为：

```
SELECT 表 1.字段 [AS 字段别名] 列表，表 2.字段 [AS 字段别名] 列表
FROM 表 1 [表别名],表 2 [表别名]
WHERE 表 1.字段名=表 2.字段名 [AND|OR 条件 2]
```

其中，

WHERE 子句中的“表 1.字段名”与“表 2.字段名”应当有关联性，这样查询才有意义。

【例 7.1】查询所有医生的姓名及其所在的科室名称及科室地址。

（1）根据数据库的结构可知，“科室名称”（dep_name）与“科室地址”（dep_address）属于“科室信息表”（department），而“医生姓名”（d_name）存在于“医生信息表”（doctor）中，两张数据表通过共同的字段“科室编号”（dep_id）关联。因此，要得到需求中的数据，必须连接两张数据表以进行查询操作。

（2）用 AS 指定数据表的别名，在字段列表中用“表名.列”来区分字段所属数据表，“doctor AS D”表示给“doctor”数据表取了一个别名“D”，“D.d_name”表示“D”数据表即是“doctor”数据表的“d_name”字段。

(3)“department”数据表中的主键“dep_id”字段与“doctor”数据表中“dep_id”字段存在主外键约束，使用 WHERE 子句将“dep_id”字段指定为连接条件。

(4) 根据以上分析，在 MySQL Workbench 的【Query1】窗格中输入 SQL 指令如下：

```
SELECT D.d_name AS 医生姓名，B.dep_name AS 科室名称，B.dep_address AS 科室地址
FROM department AS B，doctor AS D
WHERE B.dep_id=D.dep_id;
```

(5) 执行指令，查询结果如图 7-2 所示。

医生姓名	科室名称	科室地址
章琳	儿科	一楼三诊室
刘斌	儿科	一楼三诊室
赵武	儿科	一楼三诊室
周蜜	儿科	一楼三诊室
张柳	内科	二楼四诊室
刘东黎	内科	二楼四诊室
林希	内科	二楼四诊室
吴群	内科	二楼四诊室
林麟棋	内科	二楼四诊室
邹洋洋	内科	二楼四诊室
林多多	妇科	三楼三诊室
崔燕	妇科	三楼三诊室
李莉	妇科	三楼三诊室
林家露	妇科	三楼三诊室
鲁昊霖	外科	二楼二诊室
刘尼尼	外科	二楼二诊室
李秀	外科	二楼二诊室
言旭	外科	二楼二诊室
林立	耳鼻喉科	三楼五诊室
李佳佳	耳鼻喉科	三楼五诊室
吴少龙	耳鼻喉科	三楼五诊室

图 7-2　使用 WHERE 子句实现连接查询

对比原始表和结果表可以发现，关于“科室信息表”(department) 中的“产科”与“骨科”的记录被过滤掉了，原因是“医生信息表”(doctor) 中没有任何一个医生的部门属于“产科”或“骨科”。

2. 使用 INNER JOIN 子句实现连接查询

其语法格式为：

```
SELECT 表 1.字段列表，表 2.字段列表
FROM 表 1 [INNER] JOIN 表 2
ON 表 1.字段名 1=表 2.字段名 2;
```

其中，

表 1 的字段名 1 和表 2 的字段名 2 应当有关联性；[INNER]是默认选项，可省略。

【例 7.2】使用 INNER JOIN 子句实现【例 7.1】。

SQL 指令如下：

```
SELECT D.d_name AS 医生姓名,B.dep_name AS 科室名称,B.dep_address AS 科室地址
FROM department AS B JOIN doctor AS D
ON B.dep_id=D.dep_id;
```

在 MySQL Workbench 的【Query1】窗格中输入以上指令，执行结果如图 7-3 所示。

医生姓名	科室名称	科室地址
章琳	儿科	一楼三诊室
刘斌	儿科	一楼三诊室
赵武	儿科	一楼三诊室
周蜜	儿科	一楼三诊室
张柳	内科	二楼四诊室
刘东黎	内科	二楼四诊室
林希	内科	二楼四诊室
吴群	内科	二楼四诊室
林麟棋	内科	二楼四诊室
邹洋洋	内科	二楼四诊室
林多多	妇科	三楼三诊室
崔燕	妇科	三楼三诊室
李莉	妇科	三楼三诊室
林家露	妇科	三楼三诊室
鲁昊霖	外科	二楼二诊室
刘尼尼	外科	二楼二诊室
李秀	外科	二楼二诊室
言旭	外科	二楼二诊室
林立	耳鼻喉科	三楼五诊室
李佳佳	耳鼻喉科	三楼五诊室
吴少龙	耳鼻喉科	三楼五诊室

图 7-3　使用 INNER JOIN 子句实现连接查询

注：

使用上述两用方法进行内连接，可以得到内容一致的查询结果。但推荐使用 INNER JOIN 子句进行多表连接查询。

MySQL 还支持三张甚至更多的数据表连接查询。以下使用内连接查询实现三表连接查询。

【例 7.3】查询所有病人的姓名、主管医生姓名及所属科室名称。

（1）由图 7-1 所示的数据表之间的关系架构可知，“病人信息表”（patient）与“医生信息表”（doctor）之间存在主外键“d_id”，“医生信息表”（doctor）与“科室信息表”（department）之间存在主外键“dep_id”，而“patient”数据表与“department”数据表之间不存在任何关联字段。因此实现三表连接的思路应该是：首先将“patient”数据表与“doctor”数据表通过各自的“d_id”字段实现连接，然后再将连接的结果作为一个整体，通过“dep_id”字段与“department”数据表进行关联。

（2）根据以上分析，在 MySQL Workbench 的【Query1】窗格中输入查询的 SQL 指令如下：

```
SELECT P. p_name 病人姓名,D.d_name 主管医生姓名,dep.dep_name 所属科室名称
FROM patient AS P
JOIN doctor AS D
ON P.d_id=D.d_id
JOIN department AS dep
ON dep.dep_id=D.dep_id;
```

（3）执行指令，查询结果如图 7-4 所示。

病人姓名	主管医生姓名	所属科室名称
李民	章琳	儿科
杨希言	刘斌	儿科
张叁	赵武	儿科
刘津津	章琳	儿科
吴斌斌	赵武	儿科
言子杨	刘斌	儿科
胡言杨	吴群	内科
周忠	林希	内科
贾夕	刘东黎	内科
柳林	刘东黎	内科
赵敏敏	张柳	内科
周杨言	李莉	妇科
陈意	李莉	妇科
刘咪	林家露	妇科
张苏	李莉	妇科
林麟	林家露	妇科
林品红	刘尼尼	外科
林阔	鲁昊霖	外科
颜姗姗	刘尼尼	外科
杨浩言	鲁昊霖	外科

图 7-4　三表连接查询结果

扫一扫，
看微课

7-2　外连接查询

7.1.2　外连接查询

在内连接查询中，查询结果显示的是多张数据表中符合连接条件的记录，而不匹配条件的记录则会被过滤掉，参与内连接查询的数据表之间的关系是平等的，不存在主从之分。

外连接查询与内连接查询的不同之处在于，外连接查询的两个表分为主表和从表，外连接查询不会过滤掉不匹配连接条件的记录，而是将这些记录以空值（NULL）的形式显示出来。

MySQL 中外连接包括左连接（LEFT）查询和右连接（RIGHT）查询两种。

外连接查询的语法格式如下：

```
SELECT 字段名列表
FROM 表 1 [AS 别名 1] LEFT | RIGHT   JOIN 表 2 [AS 别名 2]
ON 连接条件
```

其中，

LEFT 与 RIGHT 二选一，连接条件由表 1 与表 2 共同的字段组成。

1. 左连接查询

左连接查询就是在查询时以左表作为主表，所有的记录全部显示；右表作为从表，只显示符合连接条件的记录，不符合连接条件的记录显示为 NULL。左连接查询的原理如图 7-5 所示。

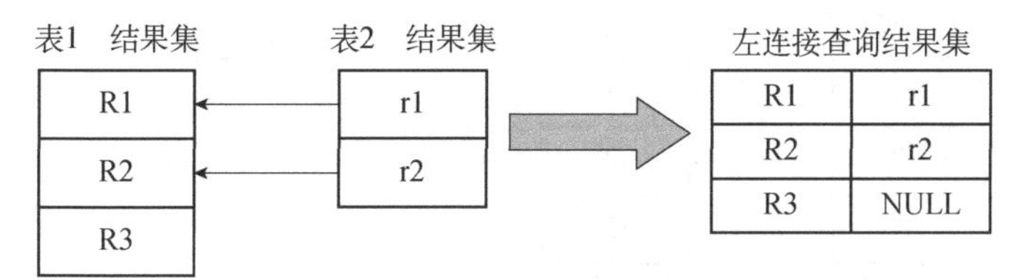

图 7-5　左连接查询的原理

【例 7.4】查询并显示所有科室的“科室名称”“科室地址”及每个科室中所有医生的姓名。

（1）“d_name”（医生姓名）字段属于“医生信息表”（doctor），而“dep_name”与“dep_address”字段均属于“科室信息表”（department），两表以“dep_id”字段进行关联。

（2）根据需求可知，要求显示全部科室的信息，所以“科室信息表”属于主表，如果使用左连接查询，应将“科室信息表”作为主表。

（3）根据分析，在 MySQL Workbench 的【Query1】窗格中输入 SQL 指令如下：

```
SELECT L.dep_name AS 科室名称, L.dep_address AS 科室地址, R.d_name AS 医生姓名
FROM department AS L LEFT OUTER JOIN doctor AS R
ON L.dep_id=R.dep_id;
```

（4）执行指令，查询结果如图 7-6 所示。

科室名称	科室地址	医生姓名
内科	二楼四诊室	林希
内科	二楼四诊室	吴群
内科	二楼四诊室	林麟棋
内科	二楼四诊室	邹洋洋
妇科	三楼三诊室	林多多
妇科	三楼三诊室	崔燕
妇科	三楼三诊室	李莉
妇科	三楼三诊室	林家露
外科	二楼二诊室	鲁昊霖
外科	二楼二诊室	刘尼尼
外科	二楼二诊室	李秀
外科	二楼二诊室	言旭
耳鼻喉科	三楼五诊室	林立
耳鼻喉科	三楼五诊室	李佳佳
耳鼻喉科	三楼五诊室	吴少龙
产科	综合楼	NULL
骨科	综合楼	NULL

图 7-6 左连接查询结果

因为【例 7.4】中左表（department）的“产科”和“骨科”在右表（doctor）中没有匹配值，所以在查询结果中，右表“产科”和“骨科”对应的“医生姓名”为空值（NULL）。

2. 右连接查询

右连接查询是左连接查询的反向操作，在查询时以右表作为主表，以左表作为从表。因此，查询结果中显示右表中的全部记录，但只显示左表中符合连接条件的记录。右连接查询的原理如图 7-7 所示。

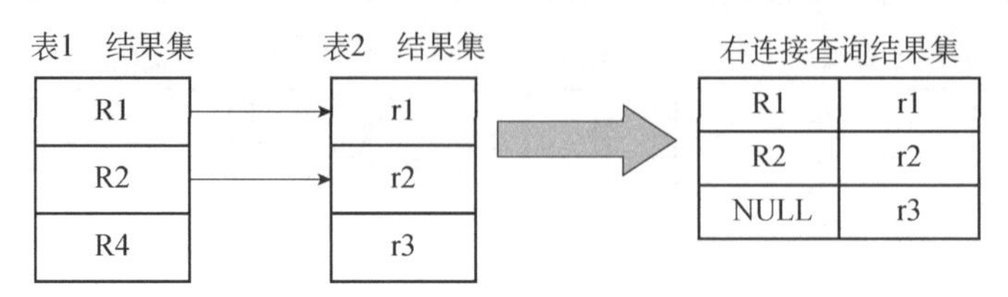

图 7-7 右连接查询的原理

【例 7.5】查询所有医生与其病人的对应信息，在查询结果中显示医生姓名、其病人的姓名及病房号，如果该医生没有对应的病人，也需要显示医生姓名。

（1）“医生姓名”（d_name）属于“医生信息表”（doctor），而“病人姓名”（p_name）与“病房号”（w_id）则属于“病人信息表”（patient），两表以“d_id”为关联字段。

（2）根据需求及数据分析可知，每位病人都有相应的主管医生，但未必每位医生都有病人。因此要显示全部医生的病人，应当把“医生信息表”作为主表，使用右连接进行查询操作时，应当将“医生信息表”作为右表。

（3）在 MySQL Workbench 的【Query1】窗格中输入 SQL 指令如下：

```
SELECT D.d_name AS 医生姓名, P.p_name AS 病人姓名, P.w_id AS 病房号
FROM patient AS P RIGHT JOIN doctor AS D
ON D.d_id=P.d_id;
```

（4）执行以上指令，部分查询结果如图 7-8 所示。

医生姓名	病人姓名	病房号
章琳	李民	W11
章琳	刘津津	W12
刘斌	杨希言	W11
刘斌	言子杨	W11
赵武	张叁	W13
赵武	吴斌斌	W12
周蜜	NULL	NULL
张柳	赵敏敏	W24
刘东黎	贾夕	W24
刘东黎	柳林	W23
林希	周忠	W23
吴群	胡言杨	W22
林麟棋	NULL	NULL
邹洋洋	NULL	NULL
林多多	NULL	NULL
崔燕	NULL	NULL
李莉	周杨言	W33
李莉	陈意	W34
李莉	张苏	W35
林家露	刘味	W34

图 7-8　右连接部分查询结果

由执行结果可见，使用右连接实现查询操作时，当从表（patient）中没有与主表[右表（doctor）]匹配的记录时，均显示为 NULL。

7.1.3　条件连接查询

扫一扫，
看微课

7-3　条件连接查询

在连接查询中，也可以通过“WHERE”子句首先对相关记录进行筛选，然后在筛选的结果中进行连接查询，这种方法称为条件连接查询。

【例 7.6】查询儿科病人的“病人姓名”“病人年龄”及其对应的医生，并按照病人的年龄降序排序显示。

（1）需求中涉及的字段包括“科室信息表”（department）中的“dep_name”（科室名称）字段，“病人信息表”（patient）中的“p_name”（病人姓名）字段与“p_age”（病人年龄）字段，“医生信息表”（doctor）中的“d_name”（医生姓名）字段。因此，需要将“department”数据表、“doctor”数据表及“patient”数据表进行三表连接查询。

（2）使用“WHERE”子句筛选出“dep_name”（科室名称）值为“儿科”的记录；使用“ORDER BY”子句对查询结果根据“p_age”（病人年龄）进行降序排序。

（3）根据以上分析，在 MySQL Workbench 的【Query1】窗格中输入实现 SQL 指令如下：

```
SELECT DEP.dep_name 科室名称,P.p_name 病人姓名,P.p_age 病人年龄,D.d_name 医生姓名
FROM doctor AS D JOIN patient AS P
ON D.d_id=P.d_id
JOIN department AS DEP
ON DEP.dep_id=D.dep_id
WHERE DEP.dep_name='儿科'
ORDER BY P.p_age DESC;
```

（4）执行以上指令，查询结果如图 7-9 所示。

科室名称	病人姓名	病人年龄	医生姓名
儿科	张叁	12	赵武
儿科	刘津津	10	章琳
儿科	吴斌斌	9	赵武
儿科	杨希言	8	刘斌
儿科	言子杨	6	刘斌
儿科	李民	5	章琳

图 7-9　带条件的三表连接查询结果（1）

【例 7.7】每位医生都负责若干位病人，查询儿科医生中负责病人的数量大于 1 的记录，显示医生姓名、负责的病人人数。

（1）需求中涉及的字段包括“科室信息表”（department）中的“dep_name”（科室名称）字段，“医生信息表”（doctor）中的“d_name”（医生姓名）字段，计算病人数量则需要统计“patient”数据表中的数据。

（2）使用“WHERE”子句筛选出“科室名称”为“儿科”的记录。

（3）以“医生姓名”作为关键字，使用“GROUP BY”进行分类汇总，然后使用“COUNT()”函数统计病人数量。

（4）用“HAVING”条件子句筛选出“COUNT( )”结果大于 1 的记录。

（5）根据以上分析，在 MySQL Workbench 的【Query1】窗格中输入 SQL 指令如下：

```
SELECT D.d_name 医生姓名, COUNT(*) 主管病人人数
FROM doctor AS D JOIN patient AS P
ON D.d_id=P.d_id
JOIN department AS DEP
ON DEP.dep_id=D.dep_id
WHERE DEP.dep_name='儿科'
GROUP BY D.d_name
HAVING   COUNT(*) >1;
```

（6）执行指令，查询结果如图 7-10 所示。

医生姓名	主管病人人数
刘斌	2
章琳	2
赵武	2

图 7-10　带条件的三表连接查询结果（2）

7.2　子查询

子查询也称“嵌套查询”，即将一个查询语句嵌套在另一个查询语句中，以作为其查询条件的一部分。为了便于表述，我们将包含子查询的查询称为外查询。

外查询一般通过“IN”和“NOT IN”、“EXISTS”和“NOT EXISIS”、“ANY”和“ALL”等关键字来引入子查询，也可以通过比较运算符引入子查询。

执行查询操作时，MySQL 首先执行子查询操作，然后将执行结果作为外查询的条件的一部分，继续完成外查询操作。

7.2.1　比较子查询

扫一扫，
看微课

7-4　比较子查询

比较子查询是指外查询语句通过比较运算符引入子查询。

其基本的 SQL 语法格式如下：

```
SELECT 字段列表 1 FROM 表名 WHERE 条件字段 opt (SELECT 字段列表 2 FROM 表名 WHERE 查询条件)
```

其中，

括号中的查询指令是子查询。opt 表示比较运算符，可以是=、>、>=、<、<=、<>中的任意一个。

【例 7.8】查询病人年龄大于平均年龄的“病人编号”“病人姓名”及其“病房号”。

（1）根据需求与数据库结构可知，平均年龄在数据库中是不存在的，只能通过 SQL 的统计函数计算获得，因此应首先使用以下 SQL 指令计算病人的“平均年龄”：

```
SELECT  AVG(p_age)  FROM  patient;
```

（2）尝试执行以上指令，可以得到病人的平均年龄是 32.2，如图 7-11 所示。

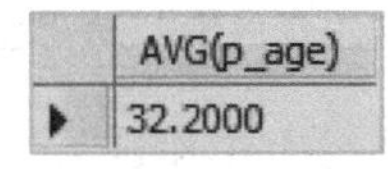

AVG(p_age)
32.2000

图 7-11　计算病人的“平均年龄”

（3）得到病人的平均年龄以后，就可以将该数值作为查询条件，筛选出符合需求的记录。又由于平均年龄是通过步骤（1）中的 SQL 指令得到的，因此，我们可以将步骤（1）中的 SQL 指令的执行结果等同于病人的平均年龄这一条件写入筛选语句的查询条件中。

（4）根据以上分析，在 MySQL Workbench 的【Query1】窗格中输入实现需求的查询指令如下：

```
SELECT p_id,p_name,w_id FROM patient
WHERE p_age>(SELECT AVG(p_age)FROM patient);
```

（5）执行以上指令，查询结果如图 7-12 所示。

p_id	p_name	w_id
P2468	贾夕	W24
P2565	柳林	W23
P2998	赵敏敏	W24
P3235	周杨言	W33
P3334	陈意	W34
P3349	刘咪	W34
P4045	林品红	W44
P4345	林阔	W44
P4567	颜姗姗	W45
P4673	杨浩言	W45

图 7-12 【例 7.8】查询结果

注：

单独使用比较运算符引入子查询时，子查询的结果必须是一个单一的值，否则会报错。

【例 7.9】查询所有主任医师所负责的病人的“病人姓名”及其“病房号”。

（1）根据“hospital”数据库的结构与需求可知，要获取医生所负责的病人信息，只能通过“病人信息表”（patient）中的“d_id”（医生工作证号）字段来查询，但题目中要求的是“主任医师”的病人信息，因此要首先对“医生工作证号”进行一次过滤，只保留“d_title”（职称）为“主任医师”的“医生工作证号”。

（2）根据以上分析，首先使用以下 SQL 语句，筛选出“职称”为“主任医师”的“医生工作证号”：

```
SELECT d_id FROM doctor WHERE d_title='主任医师';
```

（3）通过执行以上指令得到的结果可知，该语句的查询结果有多条记录，如图 7-13 所示。

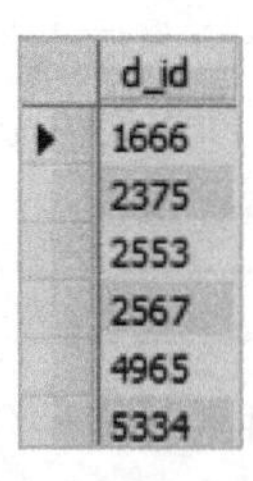

d_id
1666
2375
2553
2567
4965
5334

图 7-13 所有“主任医师”的“医生工作证号”

（4）题目中要求的就是查询以上“医生工作证号”的医生所负责的病人信息。因此将以上结果作为条件，查询其中每位医生的“医生工作证号”负责的病人的“病人姓名”及其“病房号”。

此时，如果按照【例 7.8】使用比较运算符来引入子查询，则 SQL 指令如下：

```
SELECT d_id 医生工作证号, p_name 病人姓名,w_id 病房号 FROM patient
WHERE d_id=(SELECT d_id FROM doctor WHERE d_title='主任医师');
```

执行以上 SQL 指令后，结果如图 7-14 所示。

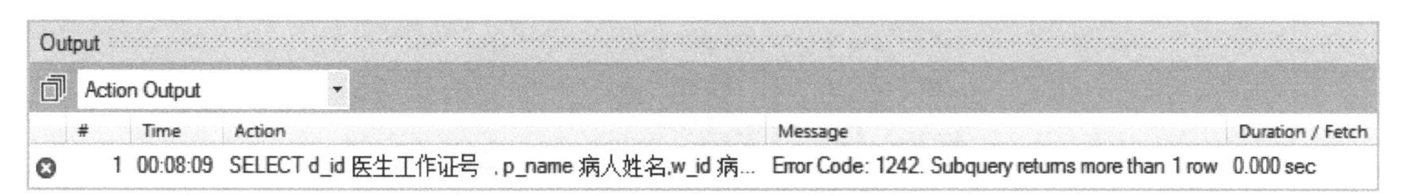

图 7-14　执行结果报错

由图 7-14 可见，执行结果报错“Error Code:1242. Subquery returns more than 1row”，表示子查询部分的返回值不只一个。也就是说，当子查询部分返回值不唯一时，不能使用比较运算符，而需要使用其他的方法进行查询。

扫一扫，
看微课

7-5　IN 与 NOT IN 子查询

7.2.2　IN 子查询

从【例 7.9】已知，使用比较运算符引入子查询的 SQL 指令，并不能解决子查询结果为多条记录的情况。在这种情况下，应当使用“IN”或“NOT IN”关键字。

IN 子查询是把一个查询结果中的全部数据集（多条）作为外查询的条件数据。其基本的 SQL 语法格式如下：

```
SELECT 字段列表 FROM 表名 WHERE 条件字段 IN (SELECT 字段列表 FROM 表名 WHERE 查询条件)
```

以解决【例 7.9】的需求为例，在得到所有“主任医师”的“医生工作证号”后，正确、完整的 SQL 指令应当如下：

```
SELECT d_id 医生工作证号, p_name 病人姓名,w_id 病房号 FROM patient
WHERE d_id IN (SELECT d_id FROM doctor WHERE d_title='主任医师');
```

在 MySQL Workbench 的【Query1】窗格中执行以上指令后，查询结果如图 7-15 所示。

医生工作证号	病人姓名	病房号
2375	赵敏敏	W24
2553	贾夕	W24
2553	柳林	W23
2567	周忠	W23

图 7-15　IN 子查询结果

7.2.3　NOT IN 子查询

与 IN 子查询的作用刚好相反，NOT IN 子查询把不在子查询结果中的数据作为外查询的条件数据。

例如，将【例 7.9】的题目改为“查询所有非主任医师负责的病人的病人姓名及其病房号”，则其 SQL 指令如下：

```
SELECT d_id 医生工作证号, p_name 病人姓名,w_id 病房号 FROM patient
WHERE d_id NOT IN (SELECT d_id FROM doctor WHERE d_title='主任医师');
```

在 MySQL Workbench 的【Query1】窗格中输入以上指令，执行结果如图 7-16 所示。

医生工作证号	病人姓名	病房号
1234	李民	W11
1352	杨希言	W11
1489	张叁	W13
1234	刘津津	W12
1489	吴斌斌	W12
1352	言子杨	W11
2588	胡言杨	W22
3624	周杨言	W33
3624	陈意	W34
3698	刘咪	W34
3624	张苏	W35
3698	林麟	W33
4579	林品红	W44
4085	林阔	W44
4579	颜姗姗	W45
4085	杨浩言	W45

图 7-16　NOT IN 子查询结果

扫一扫，看微课

7-6　EXISTS 与 NOT EXISTS 子查询

7.2.4　EXISTS 子查询

在子查询中使用“EXISTS”关键字时，子查询指令实际上不返回任何数据，其返回的是一个逻辑上的“真”或“假”，即“TRUE”或“FALSE”。如果返回值是“TRUE”，则继续进行外查询，反之则停止外查询。其语法格式如下：

```
SELECT 字段列表 FROM 表名 WHERE EXISTS(子查询);
```

【例 7.10】查询“科室编号”为“HC001”的科室是否有主任医师，如果有，则显示该科室所有医生的“医生姓名”及其“职称”。

（1）根据需求可知，必须首先判断“科室编号”为“HC001”的科室是否有主任医师”，SQL 指令如下：

```
SELECT * FROM doctor WHERE dep_id='HC001'   AND d_title='主任医师';
```

执行以上 SQL 指令，得到的可能是一个空记录集（没有主任医师），也可能是一条或若干条记录。

（2）执行以上 SQL 指令可以发现，该查询是有返回值的，结果如图 7-17 所示，这表示应该继续进行外查询。

d_id	d_name	d_sex	d_title	dep_id
1666	周蜜	女	主任医师	HC001

图 7-17　EXISTS 子查询的返回记录

（3）实现题目的完整 SQL 指令如下：

```
SELECT d_name 医生姓名,d_title 职称 FROM doctor
WHERE EXISTS(SELECT*FROM doctor WHERE dep_id='HC001'AND d_title='主任医师')
AND dep_id='HC001';
```

（4）在 MySQL Workbench 的【Query1】窗格中输入以上指令，其执行结果如图 7-18 所示。

医生姓名	职称
章琳	主治医师
刘斌	副主任医师
赵武	主治医师
周蜜	主任医师

图 7-18　“EXISTS”子查询部分为“TRUE”时的执行结果

将【例 7.10】中的“科室编号”“HC001”改为“HC003”后，再次进行查询，其 SQL 指令如下：

```
SELECT d_name 医生姓名,d_title 职称 FROM doctor
WHERE EXISTS(SELECT*FROM doctor WHERE dep_id='HC003'AND d_title='主任医师')
AND dep_id='HC003';
```

在 MySQL Workbench 的【Query1】窗格中输入以上指令，执行结果如图 7-19 所示。

医生姓名	职称

图 7-19　执行结果

由图 7-19 的执行结果可见，以上查询并没有返回值。分析原因，是因为其中的子查询部分“SELECT*FROM doctor WHERE dep_id='HC003'AND d_title='主任医师'”没有返回值，即子查询的返回值为“FALSE”，因此终止外查询，故该查询的执行结果中没有返回任何记录。

7.2.5　NOT EXISTS 子查询

“EXISTS”和“IN”一样，都可以在其前面添加“NOT”关键字以实现取反操作。

【例 7.11】如果“科室编号”为“HC003”的科室没有主任医师，就将科室编号为“HC001”的主治医师的所有信息查询显示出来。

（1）根据前面例题的分析，该查询完整的 SQL 指令如下：

```
SELECT * FROM doctor
WHERE NOT EXISTS(SELECT*FROM doctor WHERE dep_id='HC003'AND d_title='主任医师')
AND  d_title='主治医师'  AND  dep_id='HC001';
```

（2）由前面例题的查询可知，子查询部分“SELECT*FROM doctor WHERE dep_id='HC003'AND d_title='主任医师'”的执行结果是没有返回任何记录的，说明其满足了“NOT EXISTS”子查询的逻辑条件，即返回子查询部分返回“TRUE”，所以进一步执行外查询。

（3）在 MySQL Workbench 的【Query1】窗格中输入以上指令，执行结果如图 7-20 所示。

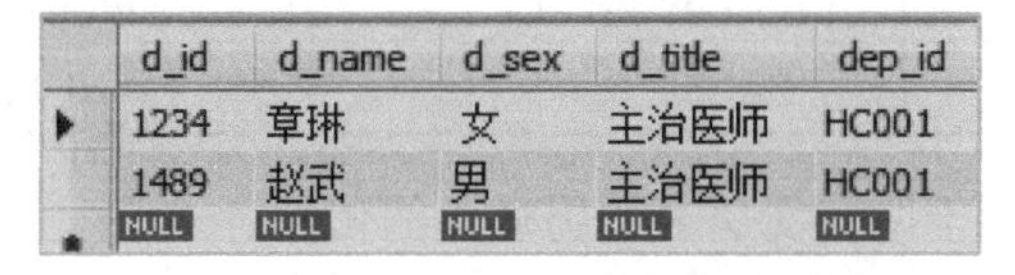

d_id	d_name	d_sex	d_title	dep_id
1234	章琳	女	主治医师	HC001
1489	赵武	男	主治医师	HC001
NULL	NULL	NULL	NULL	NULL

图 7-20　NOT EXISTS 子查询结果

注：

使用“EXISTS”和“NOT EXISTS”子查询时，只关心子查询部分是返回“TRUE”还是“FALSE”，而无须关心返回的具体记录。

7.2.6 ANY 与 ALL 子查询

扫一扫，
看微课

7-7 ANY 与 ALL 子查询

如果子查询语句返回的结果中有多条记录值，而外查询的条件字段又需要逐一与子查询的结果中的数据进行比较运算时，应当使用比较运算符，即结合“ANY”与“ALL”两个关键字进行。

“ANY”与“ALL”关键字引入子查询语句的基本语法格式如下：

```
SELECT 字段列表 FROM 表名 WHERE 条件字段 opt ANY（子查询语句）
```

或

```
SELECT 字段列表 FROM 表名 WHERE 条件字段 opt ALL（子查询语句）
```

其中，opt 表示比较运算符，可以是=、>、>=、<、<=、<>中的任意一个，比较运算的结果为“TRUE”或“FALSE”，当结果为“TRUE”时，执行外查询，否则不执行。

“ANY”表示任意，“ALL”表示全部。

下面以“SELECT f1 FROM T1 WHERE >ANY(SELECT f2 FROM T2)”查询语句为例，结合“>”运算符，说明两个关键字的功能含义。

（1）“>ANY”表示只要比子查询结果中的一条记录值大就条件成立，其运算范例如表 7-1 所示。

表 7-1 “>ANY”运算范例表

f1 例值	f2 结果例值集	f1>ANY(f2)	说　明
11	10，12，20	TRUE	11>10 为 TRUE
11	12，20	FALSE	11>12 为 FALSE；11>20 为 FALSE
11	空集	FALSE	11>NULL 为 FALSE

（2）“>ALL”表示比子查询结果中所有记录值都大，条件才成立，其运算范例如表 7-2 所示。

表 7-2 “>ALL”运算范例表

f1 例值	f2 结果例值集	f1>ALL(f2)	说　明
21	12，20	TRUE	21>12 为 TRUE；21>20 为 TRUE
14	12，20	FALSE	14>20 为 FALSE
14	空集	FALSE	14>NULL 为 FALSE

【例 7.12】查询年龄小于所有女病人的男病人的信息。

（1）根据需求可知，必须首先查出全部女病人的年龄，SQL 指令如下：

```
SELECT p_age FROM patient WHERE p_sex='女';
```

尝试首先执行以上指令，可得到全部女病人的年龄，结果如图 7-21 所示。

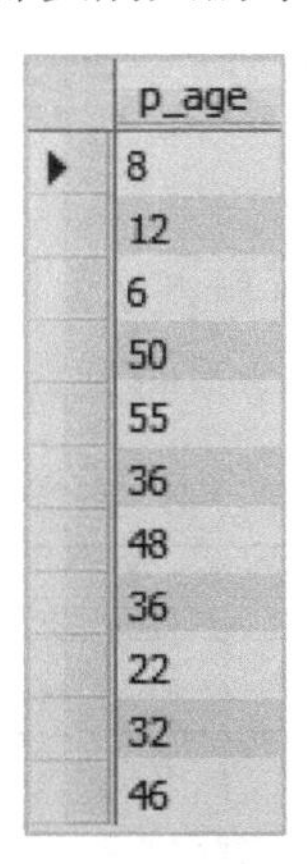

p_age
8
12
6
50
55
36
48
36
22
32
46

图 7-21　全部女病人的年龄

（2）使用“<ALL”返回年龄比以上数据记录都小的男病人记录，完整的 SQL 指令如下：

```
SELECT * FROM patient
WHERE p_age<ALL(SELECT p_age FROM patient WHERE p_sex='女') AND p_sex='男';
```

（3）在 MySQL Workbench 的【Query1】窗格中输入并执行以上指令，查询结果如图 7-22 所示。

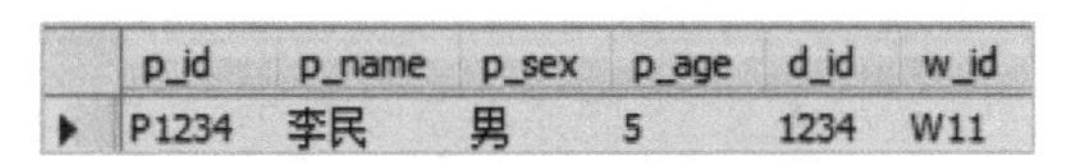

p_id	p_name	p_sex	p_age	d_id	w_id
P1234	李民	男	5	1234	W11

图 7-22　【例 7.14】子查询结果

7.3　应用实践

使用“5.4 应用实践”中准备好的“library”数据库及其数据，编写 SQL 指令，实现以下业务需求。

1. 查询借阅“人工智能导论”这本书的读者的“读者姓名”及其“联系地址”。
2. 查询“刘锡”借阅的图书的“图书名称”和“借阅日期”。
3. 以“图书信息表”（book）作为主表，以“图书借阅表”（borrow）作为从表，使用左连接查询的方法查询图书借阅情况，要求显示“读者编号”（rID）与“图书名称”（bName）。
4. 查询与“伊索寓言”同一个出版社的图书的“图书名称”“出版日期”和“单价”。
5. 按出版日期的降序排序显示图书的以下信息：“图书名称”“出版社”“出版日期”“作者姓名”，并且只显示排序后的前三条记录。
6. 查询被处遗失罚款（“罚款类型”为 3）的“读者姓名”“图书名称”“单价”及“罚款金额”。
7. 查询价格比“电子工业出版社”的所有图书的“单价”都高的“图书名称”及其“单价”。
8. 查询是否存在“少儿成长出版社”出版的图书，如果不存在则将“成长出版社”出版的图书的所有记录显示出来。

7.4 思考与练习

1. 数据表 t1 与数据表 t2 的记录分别如表 7-3 与表 7-4 所示。执行“SELECT t1.f1,t2.f2, t1.f3 FROM t1 JOIN t2 ON t1.f3=t2.f4”指令后得到的结果是什么？请用表格表述。

表 7-3 数据表 t1

f1	f3
A	1
B	2
C	3

表 7-4 数据表 t2

f2	f4
甲	3
乙	2
丙	5

2. 数据表 S、数据表 C、数据表 SC 的记录分别如表 7-5、表 7-6 及表 7-7 所示，其中 Sid 是学号；Sname 是学生姓名；Cid 是课程号；Cname 是课程名称；Score 是课程成绩。

写出查询“在 MySQL 课程考试中课程成绩大于或等于 80 分的全部学生的学生姓名”的 SQL 指令。

表 7-5 数据表 S

Sid	Sname
s01	甲
s02	乙
s03	丙
s04	丁

表 7-6 数据表 C

Cid	Cname
1	MySQL
2	HTML
3	PHP

表 7-7　数据表 SC

Sid	Cid	Score
s01	1	80
s02	1	75
s02	2	76
s03	2	85
s01	3	73
s03	3	90

第 8 章　MySQL 索引与视图

知识目标

1. 理解索引和视图的概念和作用；
2. 掌握创建和删除索引的方法；
3. 掌握创建与管理视图的方法。

能力目标

1. 能够根据业务需求，熟练创建和删除索引；
2. 能够根据业务需求，熟练创建、查看、修改、删除视图。

素质目标

1. 培养对数据的管理意识；
2. 养成务实解决问题的习惯。

知识导图

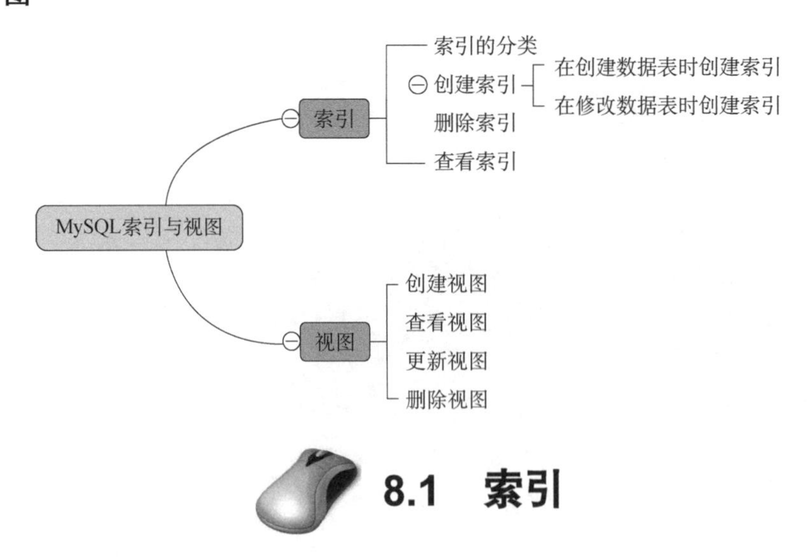

8.1　索引

什么是索引？举一个简单的例子，当我们要从一本书中查找内容时，可以首先利用目录快速找内容所在的页面，然后在该页面中获得所需的内容，而不必翻阅整本书。

数据库索引就类似书籍的目录。由于数据库中最频繁的操作就是数据查询，当数据库中的数据达到一定的规模时，如果没有索引，MySQL 在进行每一次查询操作时，都必须从第一行开始逐条遍历整张数据表中的记录，以这样的方式查找符合条件的记录，速度会大打折扣。在使用了索引的数据库中查询数据时，MySQL 能够快速定位到符合查询条件的记录的位置，而不必对整张数据表进行扫描遍历，从而节省了响应时间。

8.1.1　索引的分类

根据索引应用范围和查询需求的不同，MySQL 索引主要分为以下 6 类。

（1）普通索引，是 MySQL 中最基本的索引，它没有任何限制，允许在定义索引的列中插入重复值和空值。

（2）主键索引，关键字是“PRIMARY”，是一种特殊的索引类型，数据库为数据表定义主键时就已经自动创建主键索引。主键索引要求主键中的每一个值都是非空且唯一的。

（3）唯一索引，关键字是“UNIQUE”，表示该索引列的值必须唯一，不允许有相同的索引值。与主键索引不同的是，它允许有空值。

（4）组合索引，将多个字段组合以作为索引。只有在查询中使用了创建组合索引时的第一个字段时，该索引才会被使用。

（5）全文索引，关键字是“FULLTEXT”，本类索引可以提高全文搜索的查询效率，它的作用是在定义索引的列上支持值的全文查找，允许在这些索引列中插入重复值和空值。

（6）空间索引，关键字是“SPATIAL”，是对空间数据类型的列建立的索引，创建空间索引的列必须被声明为“NOT NULL”。MySQL 中只有 MyISAM 存储引擎支持空间索引。

8.1.2　创建索引

扫一扫，
看微课

8-1　创建索引

通常，在创建数据表时就可以直接创建索引，这是最简便的方式；也可以通过修改数据表来创建索引。下面分别介绍这两种创建索引的方法。

1. 在创建数据表时创建索引

MySQL 数据库中，在使用“CREATE TABLE”指令创建数据表的同时创建索引的语法格式如下：

```
CREATE TABLE 表名
(
字段 1  数据类型[约束条件],
字段 2  数据类型[约束条件],
...
字段 n  数据类型[约束条件]
[UNIQUE | FULLTEXT | SPATIAL] INDEX | KEY[索引名](字段名  [(长度)] [ASC|DESC])
);
```

其中，

- [UNIQUE|FULLTEXT|SPATIAL]是可选项，分别表示唯一索引、全文索引和空间

索引；

- INDEX 和 KEY 的作用都是用来创建索引；
- [索引名]是可选项，指所创建的索引名称；
- [(长度)]是可选项，表示索引的长度；
- [ASC|DESC]指定索引的排序方式是升序或降序，是可选项。

【例 8.1】在“hospital”数据库中，创建一张“药品信息表”（medicine），并为其 m_name（药品名称）字段创建唯一索引。具体数据表结构如表 8-1 所示。

表 8-1 “药品信息表”（medicine）结构

字 段 名	说 明	数据类型	约 束	索 引
m_id	药品编号	INT	非空	主键
m_name	药品名称	VARCHAR(20)	非空	唯一

（1）根据需求，在 MySQL Workbench 的【Query1】窗格中输入 SQL 指令如下：

```
CREATE TABLE medicine (
  m_id INT NOT NULL PRIMARY KEY,
  m_name VARCHAR(20) NOT NULL,
  UNIQUE INDEX un_m_name(m_name)
);
```

（2）执行指令，结果如图 8-1 所示。

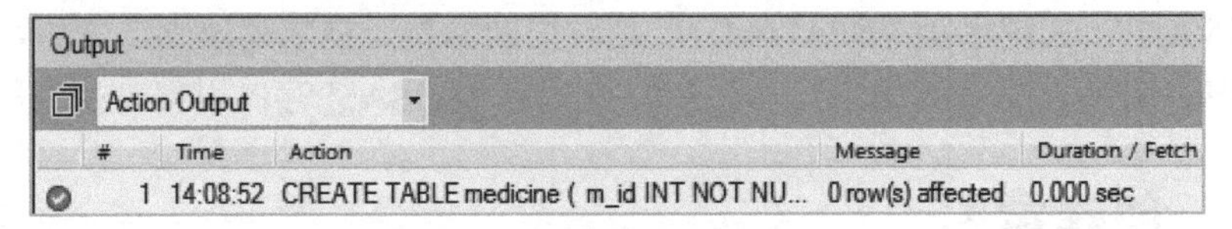

图 8-1 创建索引指令执行结果

（3）在【Schemas】选项卡右上角单击刷新按钮，可以看到“hospital”数据库中多了一个“medicine”数据表，单击打开其子项目，可以看到在索引【Indexes】中包含了两个索引，分别为定义主键时自动创建的主键索引“PRIMARY”，以及新创建的唯一索引“un_m_name”，结果如图 8-2 所示。

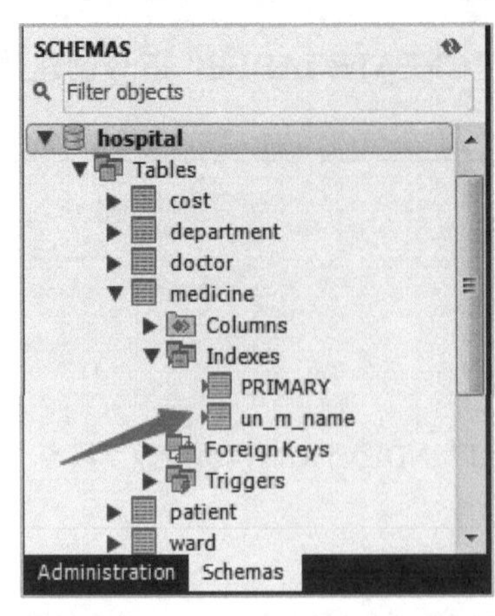

图 8-2 在【Schemas】选项卡中查看数据表的索引

2. 在修改数据表时创建索引

使用“ALTER TABLE”指令修改数据表时，也可同时为其中的字段创建索引，其语法格式如下：

```
ALTER TABLE 表名 ADD[UNIQUE|FULLTEXT|SPATIAL]INDEX|KEY[索引名](字段名 [(长度)] [ASC | DESC]);
```

【例 8.2】在“hospital”数据库中，为“医生信息表”（doctor）中的“d_name”（医生姓名）字段创建一个唯一索引。

（1）在 MySQL Workbench 的【Query1】窗格中输入 SQL 指令如下：

```
ALTER TABLE doctor ADD UNIQUE INDEX un_d_name(d_name);
```

（2）执行以上指令，结果如图 8-3 所示。

图 8-3 在修改数据表时创建索引结果

（3）刷新【Schemas】选项卡，可以看到“doctor”数据表的索引【Indexes】中新创建了一个唯一索引项“un_d_name”，结果如图 8-4 所示。

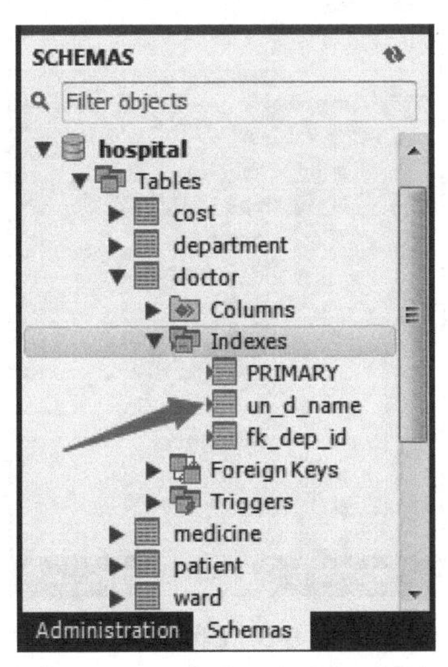

图 8-4 在【Schemas】选项卡中查看数据表的索引

8.1.3 删除索引

扫一扫，
看微课

8-2 索引的删除与查看

索引虽然有很多优点，但也有缺点，其中主要有以下两个缺点。

（1）索引需要占用磁盘空间。一般情况下，这个问题可以忽略不计。但是，如果是组合索引，索引的文件体积的增长速度将会超过数据文件本身。如果数据表的规模很大，索引文件的大小甚至会达到操作系统允许的最大文件的限制。

（2）利用索引会提高查询效率，但对于删除、更新及添加操作，索引却会降低这些操作的速度。这是因为 MySQL 不仅要把数据写入数据表，还要把这些改动写入索引文件。

因此，索引并非越多越好，不必要的索引反而会降低数据库的性能。

对于不必要的索引，可以将其删除。删除索引的 SQL 指令的语法格式如下：

```
DROP INDEX 索引名 ON 表名;
```

【例 8.3】删除【例 8.2】中为“doctor”数据表中创建的唯一索引“un_d_name”。

（1）在 MySQL Workbench 的【Query1】窗格中输入 SQL 指令如下：

```
DROP INDEX un_d_name ON doctor;
```

（2）执行指令，结果如图 8-5 所示。

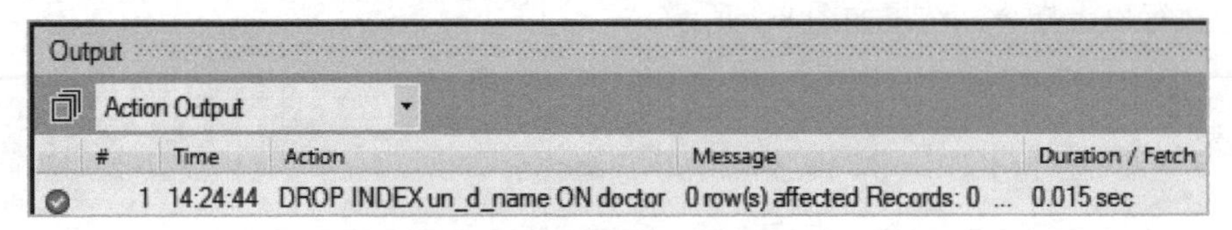

图 8-5　删除索引指令执行结果

（3）刷新【Schemas】选项卡，可以看到“doctor”数据表的索引【Indexes】中的唯一索引“un_d_name”已被删除，结果如图 8-6 所示。

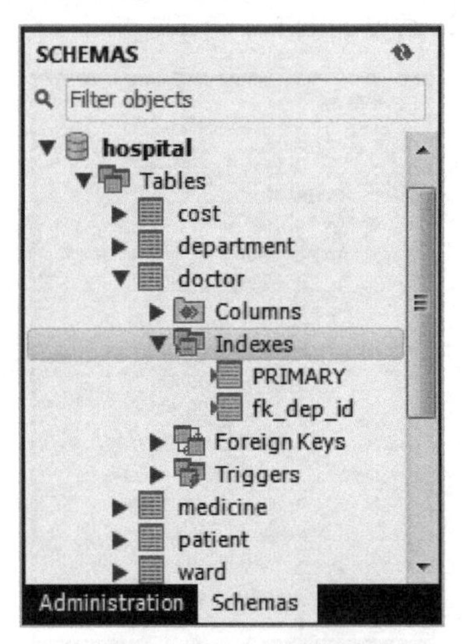

图 8-6　删除索引

8.1.4　查看索引

在上述的范例中，我们通过图形化工具查看索引创建或删除后的效果，这是查看索引的方法之一。

也可在指令操作模式下，通过“SHOW INDEX”指令查看数据表中的索引。其 SQL 指令的基本语法格式如下：

```
SHOW INDEX FROM 表名;
```

【例 8.4】查看“medicine”数据表中所有的索引。

（1）在 MySQL Workbench 的【Query1】窗格中输入 SQL 指令如下：

```
SHOW INDEX FROM medicine;
```

（2）执行以上指令，结果如图 8-7 所示。

Table	Non_unique	Key_name	Seq_in_index	Column_name	Collation	Cardinality	Sub_part	Packed	Null	Index_type	Commen	Index_comment
medicine	0	PRIMARY	1	m_id	A	0	NULL	NULL		BTREE		
medicine	0	un_m_name	1	m_name	A	0	NULL	NULL		BTREE		

图 8-7　“medicine”数据表中的索引列表

由图 8-7 可见，“medicine”数据表中现有两个索引：主键索引和唯一索引。图 8-7 中所示各主要参数的含义如下。

- Table：当前创建索引的数据表。
- Non_unique：索引是否唯一。0 代表唯一索引，1 代表非唯一索引。
- Key_name：索引的名称。
- Seq_in_index：该列在索引中的位置，1 代表索引是单列的，组合索引为每列在索引定义中的顺序。
- Column_name：定义索引的列字段。
- Sub_part：索引的长度。
- Null：该列是否能为空。
- Index_type：索引类型。

8.2　视图

视图（VIEW）是一种虚拟表，它是从一个或多个实体数据表中，通过查询得到的字段与记录组成的逻辑表。因此，视图本身并不存储数据，它的字段与记录均来自查询中所引用的实体数据表。当实体数据表中的数据发生变化时，视图中的数据也会发生变化，反之亦然。

可以把视图理解为一张或多张实体数据表的部分或全部数据的组合映射，如图 8-8 所示。

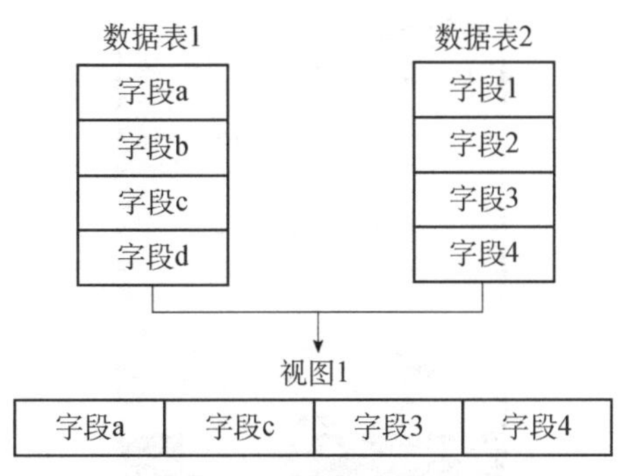

图 8-8　视图是实体数据表的组合映射

使用视图的好处有很多，如提高 SQL 查询指令的重用性、提高数据安全性等。在应用程序开发的过程中，视图最明显的好处是：允许开发用户根据数据浏览的需要，对数据库自由重构，而不影响数据库的原始结构。

视图的操作主要包括创建视图、查看视图、更新视图与删除视图。

8.2.1 创建视图

扫一扫，看微课

8-3 创建视图

在 MySQL 中，使用“CREATE VIEW”指令并结合“SELECT”指令来创建视图，其基本语法格式如下：

```
CREATE VIEW 视图名 AS SELECT 语句;
```

与创建数据表一样，不能在一个数据库中存在两个同名的视图。另外，按照 SQL 指令的命名规范，通常将视图命名为 view_×××或 v_×××格式。

【例 8.5】在“hospital”数据库中创建一个名为“view_address”的视图，要求该视图中包含“dep_name”（科室名称）与“dep_address”（科室地址）两个字段。

（1）视图所需的“dep_name”与“dep_address”字段都在“department”数据表中，创建视图“view_address”的 SQL 指令如下：

```
CREATE VIEW view_address AS select dep_name 科室名称,dep_address 科室地址 from department;
```

（2）在 MySQL Workbench 的【Query1】窗格中输入以上指令，并执行得到结果，如图 8-9 所示。

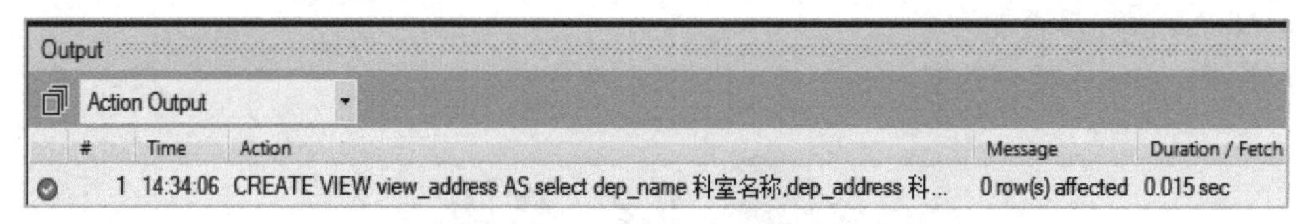

图 8-9 创建 “view_address”视图的指令执行结果

（3）刷新【Schemas】选项卡，可以看到“hospital”数据库中新增了一个“view_address”视图，如图 8-10 所示。

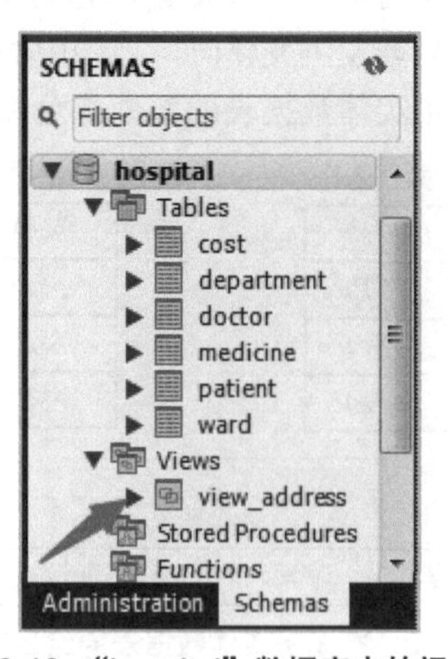

图 8-10 “hospital”数据库中的视图

视图虽然是一张虚拟表，但它允许像普通数据表一样，使用一切格式的“SELECT”指令进行数据查询。例如，查询“view_address”视图中全部数据的 SQL 指令如下：

```
SELECT *FROM view_address;
```

执行指令得到的查询结果如图 8-11 所示。

科室名称	科室地址
儿科	一楼三诊室
内科	二楼四诊室
妇科	三楼三诊室
外科	二楼二诊室
耳鼻喉科	三楼五诊室
产科	综合楼
骨科	综合楼

图 8-11　查询视图“view_address”的全部数据

注：

视图中的数据能否符合业务需求，完全依赖于创建指令中的“SELECT”查询指令。因此在创建视图时，应当认真分析业务需求与数据库结构，根据相关数据表之间的关系，写好创建指令中的“SELECT”指令。

【例 8.5】是通过抽取单张数据表中的部分字段创建视图的，也可以从多张数据表中各抽取一部分字段来创建视图。

【例 8.6】在“hospital”数据库中创建一个“儿科病人信息”的视图，命名为“view_ped”，要求包含“p_name”（病人姓名）、“p_sex”（病人性别）、“p_age”（病人年龄）、“d_name”（医生姓名）、“w_id”（病房号）、“dep_name”（科室名称）字段。

（1）通过分析“hospital”数据库结构可知，视图所需的字段分别来自“病人信息表”（patient）、“医生信息表”（doctor）及“科室信息表”（department）。因此需要通过多表连接查询的方式，获得这些数据表的相关数据。

（2）医生与病人通过“d_id”字段关联，病人与“病房号”通过“w_id”字段关联。

（3）根据以上分析，在 MySQL Workbench 的【Query1】窗格中输入创建视图“view_ped”的 SQL 指令如下：

```
CREATE VIEW view_ped AS
SELECT P.p_name 病人姓名,P.p_sex 病人性别,P.p_age 病人年龄,D.d_name 医生姓名,w_id 病房号,dep_name 科室名称
FROM patient AS P JOIN doctor AS D
ON P.d_id=D.d_id
JOIN department AS DEP
ON DEP.dep_id=D.dep_id
WHERE dep_name='儿科';
```

（4）执行以上指令，结果如图 8-12 所示。

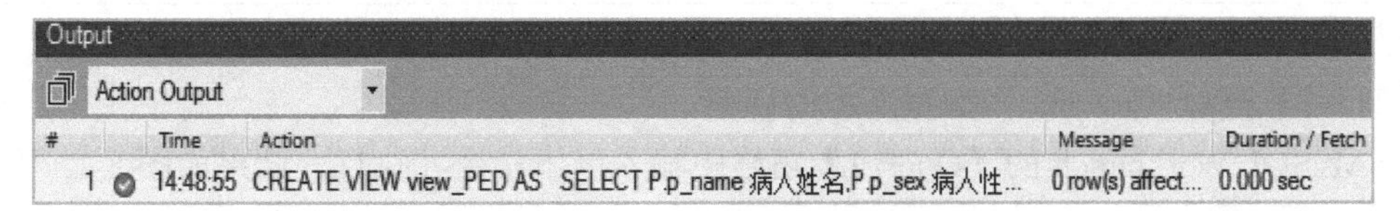

图 8-12　“view_ped”视图创建指令执行结果

（5）刷新【Schemas】选项卡，可以看到“hospital”数据库中新创建了一个“view_ped”视图，如图 8-13 所示。

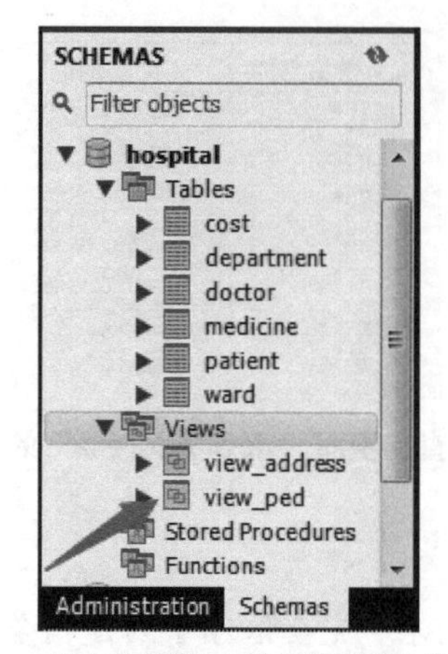

图 8-13　hospital 数据库中的新建视图“view_ped”

（6）在 MySQL Workbench 的【Query1】窗格中输入“SELECT *FROM view_ped;”指令，查看“view_ped”视图中的所有数据，结果如图 8-14 所示。

病人姓名	病人性别	病人年龄	医生姓名	病房号	科室名称
李民	男	5	章琳	W11	儿科
刘津津	男	10	章琳	W12	儿科
杨希言	女	8	刘斌	W11	儿科
言子杨	女	6	刘斌	W11	儿科
张叁	女	12	赵武	W13	儿科
吴斌斌	男	9	赵武	W12	儿科

图 8-14　查询“view_ped”视图中的数据

注：

根据以上内容可以看出，为了保证数据的完整性、独立性，不同性质、不同类别的数据会被分别存储到多张不同的数据表中。但这样分表存储的结果使现实生产生活中原本在一起的数据，变成了各自独立的数据，为浏览带来了不便。

通过视图可将这些被分割独立存储的数据又重新组织在一张“虚拟表”中，从而方便用户浏览。

8.2.2　查看视图

扫一扫，看微课

8-4　查看、更新、删除视图

在指令操作模式下，查看数据库中视图的 SQL 指令的语法格式如下：

```
SHOW FULL TABLES WHERE Table_type = 'VIEW';
```

【例 8.7】查看“hospital”数据库中的视图。

在 MySQL Workbench 的【Query1】窗格中输入以下指令并执行，结果如图 8-15 所示。

```
USE hospital;
SHOW FULL TABLES WHERE TABLE_type='VIEW';
```

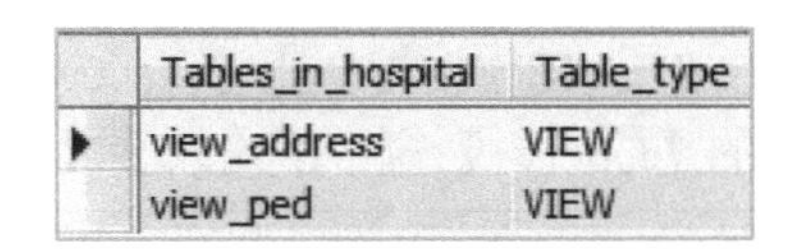

Tables_in_hospital	Table_type
view_address	VIEW
view_ped	VIEW

图 8-15　查询数据库中的视图

如图 8-15 所示，可以查看到数据库“hospital”中存在两个视图，分别为“view_ address”视图与“view_ped”视图。

如果需要查看视图的详细结构，有三个 SQL 指令可以使用。

1. “DESCRIBE”指令

该指令用来描述视图，其语法格式如下：

```
DESCRIBE 视图名;
```

2. “SHOW TABLE STATUS”指令

该指令用来显示数据表状态，其语法格式如下：

```
SHOW TABLE STATUS LIKE ‘视图名’;
```

3. “SHOW CREATE VIEW”指令

该指令用来显示视图创建语句，其语法格式如下：

```
SHOW CREATE VIEW  视图名;
```

【例 8.8】使用“DESCRIBE”指令查看“view_ped”视图的结构。

（1）在 MySQL Workbench 的【Query1】窗格中输入 SQL 指令如下：

```
DESCRIBE view_PED;
```

（2）执行以上指令，查看“view_ped”视图的结构如图 8-16 所示。

Field	Type	Null	Key	Default	Extra
病人姓名	varchar(50)	YES		NULL	
病人性别	char(2)	YES		NULL	
病人年龄	int(4)	YES		NULL	
医生姓名	varchar(20)	YES		NULL	
病房号	char(10)	YES		NULL	
科室名称	varchar(50)	YES		NULL	

图 8-16　执行“DESCRIBE”指令查看“view_ped”视图的结构

图 8-16 中各列的含义如下。

- Field：视图中各个字段的名称。
- Type：视图中各个字段的数据类型。
- Null：对应字段是否允许为空。
- Key：对应字段是否创建了主键索引。
- Default：对应字段是否有默认值。
- Extra：对应字段的附加信息。

【例 8.9】使用“SHOW CREATE VIEW”指令查看“view_ped”视图数据结构。

（1）在 MySQL Workbench 的【Query1】窗格中输入 SQL 指令如下：

```
SHOW CREATE VIEW view_PED;
```

（2）执行以上指令，查询结果如图 8-17 所示。

View	Create View	character_set_client	collation_connection
view_ped	CREATE ALGORITHM=UNDEFINED DEFINER=`root`@`loca...	utf8mb4	utf8mb4_general_ci

图 8-17　执行“SHOW CREATE VIEW”指令查看视图数据结构

8.2.3　更新视图

更新视图是指在视图中进行添加记录、修改记录、删除记录等操作。

由于视图只是其所对应的实体数据表的映射，因此对视图的数据更新实际上是对相应基础表的更新。

更新视图的 SQL 指令与更新数据表的 SQL 指令是一样的，只是操作对象换为视图而已。

【例 8.10】将“view_address”视图中“外科”的地址更新为“三楼二诊室”

（1）由图 8-11 可知，当前“外科”的地址为“二楼二诊室”，现要将该地址更新为“三楼二诊室”。

（2）在 MySQL Workbench 的【Query1】窗格中输入以下 SQL 指令：

```
UPDATE view_address SET 科室地址='三楼二诊室' where 科室名称='外科';
```

（3）执行以上指令，执行结果如图 8-18 所示。

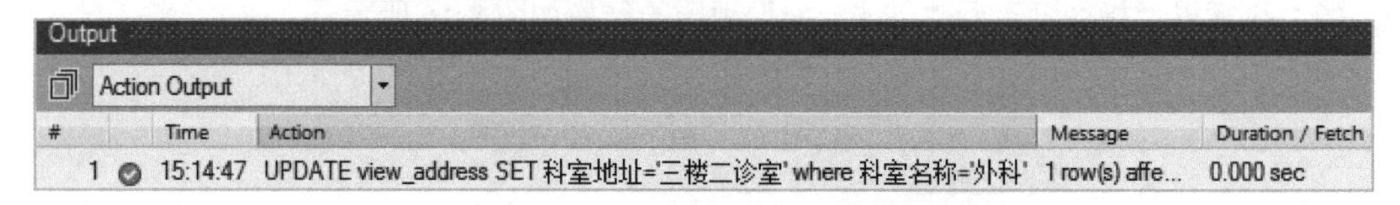

图 8-18　更新视图指令执行结果

（4）在 MySQL Workbench 的【Query1】窗格中输入并执行“SELECT * FROM view_address;”指令以查看视图中的数据，可见“外科”的地址已经成功更新为“三楼二诊室”，如图 8-19 所示。

科室名称	科室地址
儿科	一楼三诊室
内科	二楼四诊室
妇科	三楼三诊室
外科	三楼二诊室
耳鼻喉科	三楼五诊室
产科	综合楼
骨科	综合楼

图 8-19　视图数据更新成功

注：

并非所有的视图都是可更新的，视图的可更新性与创建视图的查询指令的定义有关。视图中的行与基表中的行之间必须具有严格的一对一关系，只有这样视图才具备可更新性；如果创建视图的查询指令中包含聚合函数、分组查询、子查询、多表连接查询，那么该视图是不可更新的。

【例 8.11】在“view_ped”视图中删除“病人姓名”为“张叁”的记录。

（1）根据题目需求，在 MySQL Workbench 的【Query1】窗格中输入 SQL 指令如下：

```
DELETE FROM view_PED WHERE 病人姓名='张叁';
```

（2）执行以上指令，可以看到将返回一个报错信息，如图 8-20 所示。

图 8-20　更新视图指令执行报错

由图 8-20 可见，在该视图更新操作中出现报错“Error Code: 1395. Can not delete from join view 'hospital.view_ped'”，表示无法在连接视图中删除数据，这是因为该视图中的数据是由一个多表连接查询创建而来，所以该视图不可更新。

注：

一般情况下，对视图只进行数据查询的操作，而不进行更新、删除、添加等操作。

8.2.4　删除视图

在 MySQL 中，在具备操作权限的前提下，通过“DROP VIEW”指令删除视图。

删除视图操作只是删除了视图的定义，而不会删除相应实体数据表中的数据。删除视图的 SQL 指令的基本语法格式如下：

```
DROP VIEW [IF EXISTS] 视图名;
```

【例 8.12】将“hospital”数据库中的“view_address”视图删除。

（1）在 MySQL Workbench 的【Query1】窗格中输入 SQL 指令如下：

```
DROP VIEW view_address;
```

（2）执行以上指令，结果如图 8-21 所示。

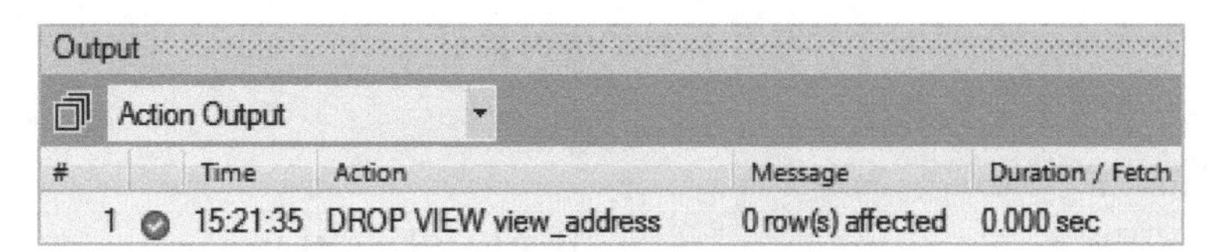

图 8-21　删除视图命令执行结果

（3）刷新【Schemas】选项卡，由图 8-22 可见，“view_address”视图已被成功删除。

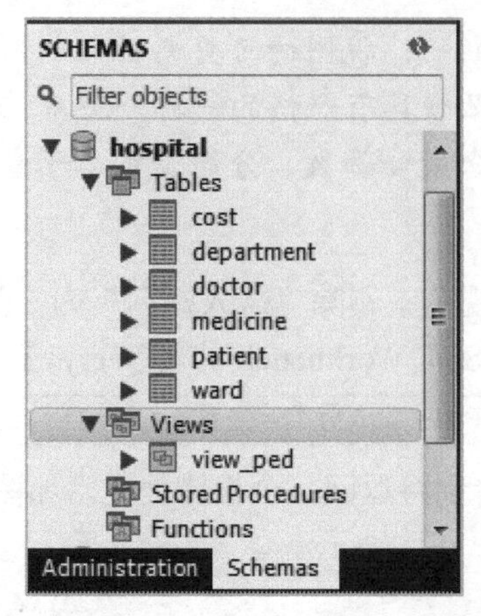

图 8-22 “view_address”视图已被成功删除

8.3 应用实践

使用“5.4 应用实践”中的“library”数据库，实现以下需求。

1. 在“library”数据库中，使用 SQL 指令为“reader”数据表的“rName”字段创建唯一索引，并使用 SQL 指令查看“reader”数据表中的索引。

2. 在“library”数据库中，创建一个“读者借阅详情”视图，命名为“v_borrowbook”，该视图包含以下字段：“rName”（读者姓名）、“bName”（图书名称）、“lendDate”（借阅日期）、“willDate”（应归还日期）；然后查询视图“v_borrowbook”中的全部记录。

8.4 思考与练习

一、选择题

1. 以下操作中，（　　）是不能在视图上完成的。

A. 查询　　B. 在视图上定义新的视图

C. 更新视图　　D. 在视图上定义新的表

2. 唯一索引的作用是（　　）。

A. 保证各行记录在该索引上的值都不得重复

B. 保证各行记录在该索引上的值不得为 NULL

C. 保证参加唯一索引的各列不得再参加其他的索引

D. 保证唯一索引不能被删除

3. 创建视图的指令是（　　）。

A. ALTER VIEW　　B. ALTER TABLE

C. CREATE TABLE　　D. CREATE VIEW

4. 为数据表创建索引的目的是（　　）。

A. 提高查询效率　B. 创建主键　C. 创建约束　D. 创建外键

5. 创建索引的指令是（　　）。

A. CREATE VIEW　B. CREATE TABLE

C. CREATE INDEX　D. CREATE DATABESE

二、判断题

（　　）1. 当实体数据表中的数据改变时，与其有关联的视图中的数据也同步改变。

（　　）2. 由于删除视图时其相关的实体数据表中的数据也会被同步删除，因此需要做好备份工作。

（　　）3. 数据量极少的数据表，不必建立索引。

（　　）4. 索引能够提高数据的查询效率，因此，应尽量给数据表创建索引，越多越好。

（　　）5. 由于索引中并没有数据，因此索引基本不占用存储空间。

第 9 章　存储过程与存储函数

知识目标

1. 了解存储过程；
2. 了解存储函数。

能力目标

1. 能够创建和使用存储过程；
2. 能够创建和使用存储函数。

素质目标

1. 养成务实解决问题的习惯；
2. 培养团队协作精神。

知识导图

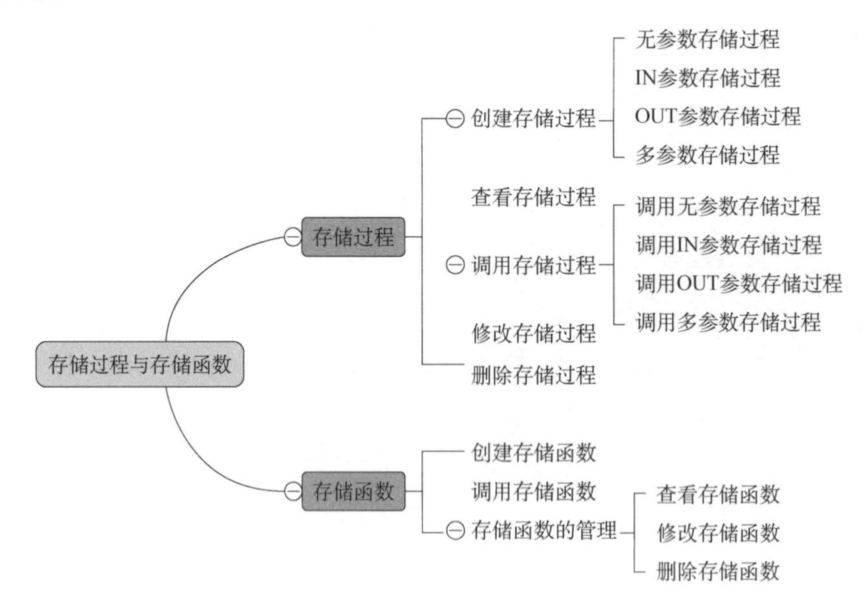

9.1　数据准备

本章使用的数据库素材为“校园管理系统数据库”，数据库名为“school”，其中包含 4 个数据表，各数据表的具体信息如表 9-1～表 9-4 所示。

表 9-1　“学生信息表”（student）

studentNO	studentName	sex	classID	phone	address
D20C1110	周宾	男	D20C11	133****7954	广东省广州市海珠区
D20C1111	张丽	女	D20C11	136****9562	广东省惠州市惠城区
D20C1112	刘敏娜	女	D20C11	135****3575	广东省惠州市大亚湾
D20C1213	李冬冬	男	D20C12	133****7823	广东省惠州市惠城区
D20C1214	林粦	男	D20C12	132****8712	广东省汕尾市陆丰
D20C1315	周楠	男	D20C13	189****3156	四川省成都市
D20C1316	谢冰冰	女	D20C13	187****0145	广东省珠海市拱北区
D20C1417	刘星	女	D20C14	188****9745	广东省惠州市惠城区
D20C1418	张彪	男	D20C14	132****7468	广东省广州市天河区
D20C1519	赵徐祥	男	D20C15	131****0235	河南省洛阳市
D20C1520	林翔	男	D20C15	138****8517	广东省惠州市大亚湾
D20C1521	谢诗诗	女	D20C15	135****5687	广东省汕尾市陆丰

表 9-2　“班级信息表”（class）

classID	classname
D20C11	移动应用开发班
D20C12	人工智能班
D20C13	大数据班
D20C14	计算机网络技术班
D20C15	电子商务班

表 9-3　“课程信息表”（course）

courseNO	courseName	classhour	classID
1001	PHP 程序设计	80	D20C11
1002	MySQL 数据库设计	80	D20C11
1003	Python 爬虫基础	120	D20C12
1004	人工智能导论	80	D20C12
1005	数据分析基础	60	D20C13
1006	数据算法	80	D20C13
1007	计算机网络基础	600	D20C14
1008	HTML5 静态网页设计	80	D20C14
1009	计算机网络基础	40	D20C15
1010	电子商务基础	40	D20C15
1011	UI 设计	120	D20C15

表 9-4 “成绩情况表”(score)

studentNO	courseNO	examdate	studentScore
D20C1110	1001	2022-1-14	82.00
D20C1110	1002	2022-1-13	84.00
D20C1111	1001	2022-1-14	90.00
D20C1111	1002	2022-1-13	88.00
D20C1112	1001	2022-1-14	75.00
D20C1112	1002	2022-1-13	72.00
D20C1213	1003	2022-1-14	80.00
D20C1213	1004	2022-1-15	78.00
D20C1214	1003	2022-1-14	65.00
D20C1214	1004	2022-1-15	75.00
D20C1315	1005	2022-1-15	70.00
D20C1315	1006	2022-1-13	79.00
D20C1316	1005	2022-1-15	80.00
D20C1316	1006	2022-1-13	83.00
D20C1417	1007	2022-1-13	60.00
D20C1417	1008	2022-1-14	68.00
D20C1418	1007	2022-1-13	58.00
D20C1418	1008	2022-1-14	70.00
D20C1519	1010	2022-1-14	90.00
D20C1519	1011	2022-1-12	82.00

“school”数据库中 4 个数据表的关系架构如图 9-1 所示。

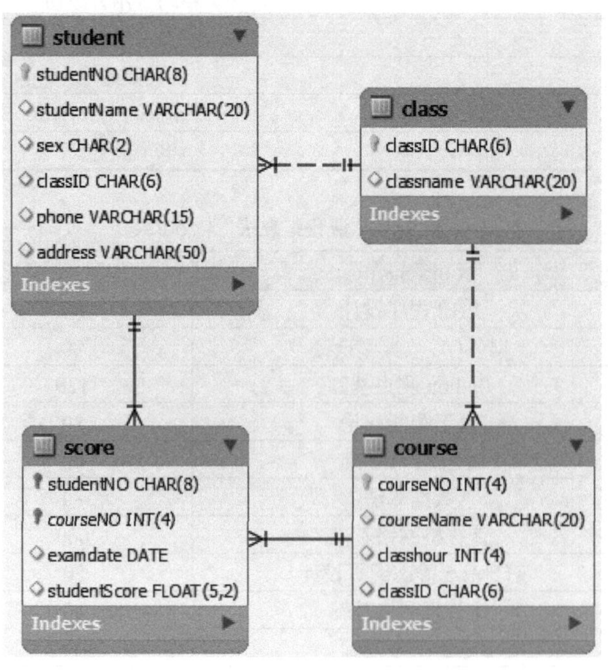

图 9-1 “school”数据库中 4 个数据表的关系架构

9.2　存储过程

在操作数据库的过程中，如果需要反复实现相同功能，则需要反复编写相同的一组 SQL 指令，工作效率就比较低下，且易出错。针对这种重复工作的情况，MySQL 引入了存储过程机制。

存储过程是一组 SQL 指令的组合，它把完成一个完整操作的一组 SQL 指令及相关指令封装起来，并用一个指定的名称将其存储在数据库中，在需要时直接调用而无须再重复编写这些指令，从而提高数据操作的执行效率。

存储过程的优点如下。

（1）执行效率高。存储过程经首次编译后就存储到数据库中，再次执行时无须重新编译，只需直接调用即可。

（2）降低网络流量。存储过程经过编译后存放在服务器的数据库中，用户在远程客户端调用该存储过程时，网络中传送的只是调用指令，而无须传输大量数据操作 SQL 指令，从而大大降低网络负载。

（3）安全性高。每一个存储过程均可设置调用权限，以避免非授权用户调用，从而保证数据的安全。

9.2.1　创建存储过程

存储过程在形式上分为带参数与不带参数两种。

参数是外部程序向存储过程传递数据的入口，如果实现某个存储过程的功能时，不需要使用外部数据，则应将存储过程定义为不带参数的形式。如果必须传入外部数据才能实现存储过程中定义的功能，则应将存储过程定义为带参数的形式。

创建存储过程的指令是“CREATE PROCEDURE”。创建一个存储过程的完整语法格式如下：

```
DELIMITER $$
CREATE PROCEDURE 存储过程名 ([参数])
BEGIN
    SQL 指令代码块
END $$
DELIMITER ;
```

（1）DELIMITER $$的作用是将指令语句的结束符号从默认的英文分号“;”临时改为“$$”（“$$”符号可以自定义为其他符号）。

由于 MYSQL 默认的指令结束符是“;”，但“SQL 指令代码块”通常是由多条 SQL 指令组成的，每一条 SQL 指令都以“;”结束，就会导致第 1 条 SQL 指令执行完后，整个存储过程就结束的情况，从而使存储过程后面的指令无法被继续执行。因此，在定义一个存储过

程时，通常会采用临时改变默认指令结束符的方式，如使用“$$”代替“;”作为结束指令，这样一来，在指令执行过程中遇到“;”时，MySQL 就能继续执行“;”后面的指令，直至遇到“$$”为止。

存储过程结束时，必须用 DELIMITER 重新将结束符定义回“;”，以免影响其他地方的指令操作。

（2）“参数”是可选项，存储过程的参数有以下几种类型。

① IN 参数：输入型参数，表示向存储过程传入参数，IN 参数的值必须在调用存储过程时指定，且不能在存储过程中改变该值。IN 参数是存储过程的默认参数类型，所以关键字“IN”可以省略。

② OUT 参数：输出型参数，参数的值可在存储过程内部被改变，并可传递给外部程序。

③ INOUT 参数：输入—输出型参数，调用存储过程时必须指定该参数的值，且该值可以被存储过程改变，并传递给外部程序。

定义存储过程的参数时，必须包含三部分：参数类型、参数名称、数据类型。其基本语法格式如下：

```
[IN|OUT|INOUT] 参数名称 数据类型
```

（3）参数的数据类型必须与该参数在数据表中对应字段的数据类型一致。

1. 无参数存储过程

【例 9.1】创建一个存储过程，命名为“proc_stu”，功能是从“school”数据库中查询“student”数据表中的“学生姓名”和“学号”。

（1）在【Schemas】选项卡中展开“school”数据库，右键单击【Stored Procedures】选项，在弹出的列表中选择【Create Stored Procedure】选项，如图 9-2 所示。

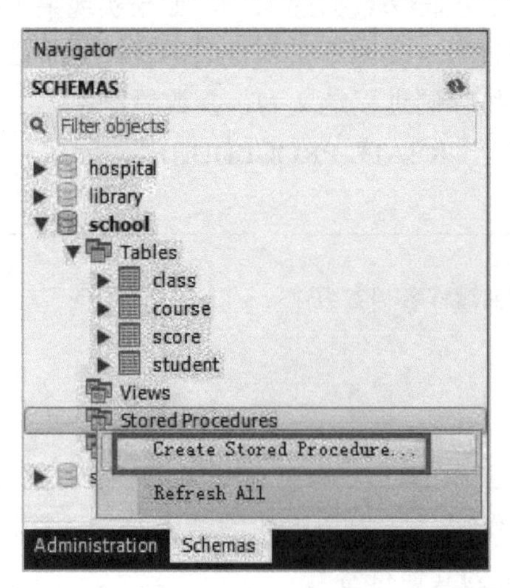

图 9-2 选择【Create Stored Procedure】选项

扫一扫，看微课

9-1 创建无参数存储过程

（2）进入 MySQL Workbench 创建存储过程的 SQL 编辑页面，如图 9-3 所示。

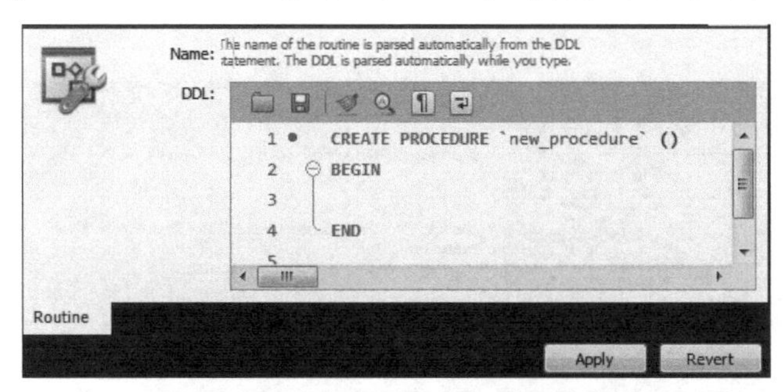

图 9-3　创建存储过程的 SQL 编辑页面

（3）将自动生成的指令代码块中的“new_procedure”改为所要创建的存储过程名称“proc_stu”，在“BEGIN”和“END”之间输入实现存储过程功能的相应 SQL 指令：

```
SELECT studentNO,studentName FROM student;
```

输入完成后单击【Apply】按钮，如图 9-4 所示。

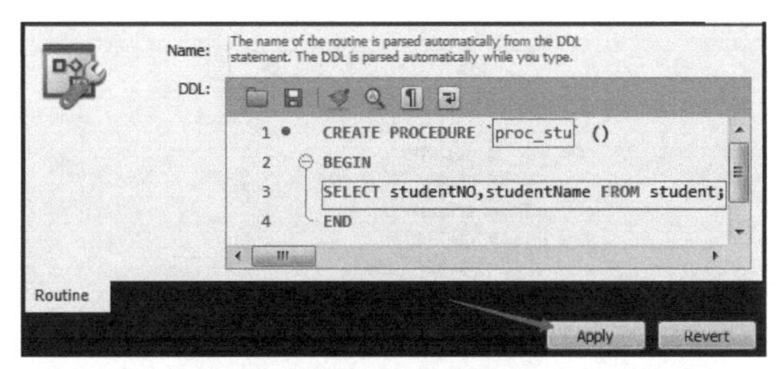

图 9-4　输入存储过程名称及存储过程的功能指令

（4）MySQL Workbench 自动生成完整的创建存储过程的 SQL 指令，如图 9-5 所示，并打开脚本面板。

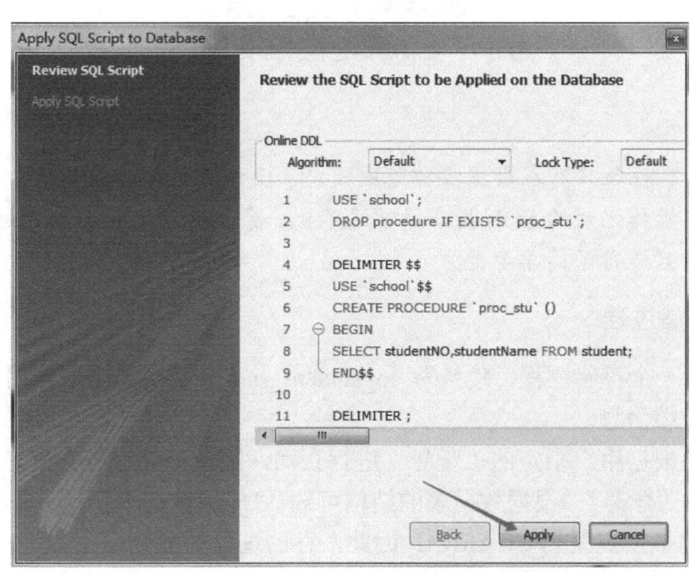

图 9-5　自动生成的存储过程创建 SQL 指令

（5）单击图 9-5 中的【Apply】按钮，执行指令脚本，成功创建不带参数的存储过程，如图 9-6 所示。

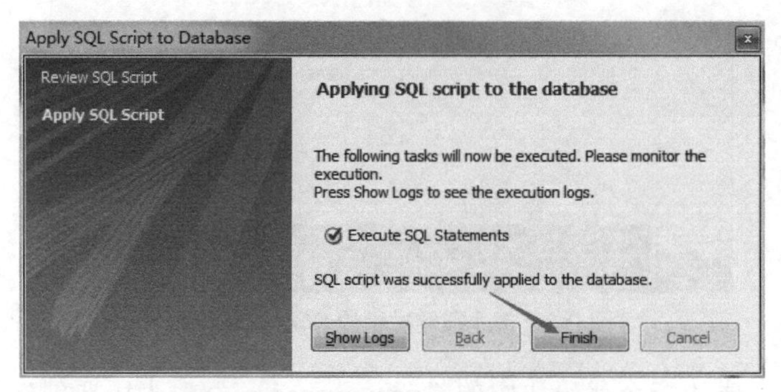

图 9-6　成功创建不带参数的存储过程

（6）单击图 9-6 中的【Finish】按钮，返回 MySQL Workbench 主窗口，可以看到【Schemas】选项卡中的“school”数据库的【Store Procedure】选项中已经创建了一个新的存储过程“proc_stu”，如图 9-7 所示。

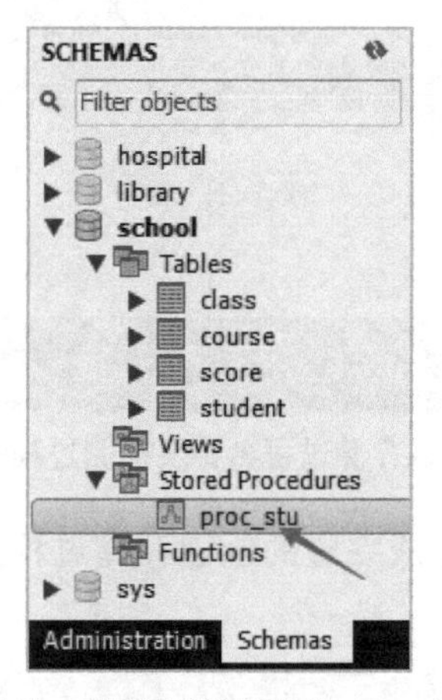

图 9-7　查看存储过程“proc_stu”

注：

在实际应用中，往往只有在数据操作范围较广、操作步骤相对较多时，才定义存储过程。因此，功能定义中操作记录的 SQL 指令通常远不止一条，涉及的数据表也通常不止一张，本书出于难度考虑，只进行了简单示范。

2. IN 参数存储过程

【例 9.2】创建一个存储过程，命名为“p_student_sno”，其功能是根据用户指定的“学号”查询相应学生的成绩信息。

（1）由于需要根据用户指定的“学号”进行查询，因此存储过程必须定义一个 IN 参数，以接收用户指定的“学号”。根据数据表的结构可知，“成绩情况表”（score）中的“学号”字段“studentNo”的数据类型为 CHAR(8)，因此，存储过程的参数定义如下：

```
IN sno CHAR(8);
```

（2）其他操作步骤与【例 9.1】相同，在此不再重复，完整的 SQL 指令如下：

```
USE 'school';
DROP procedure IF EXISTS 'p_student_sno';
DELIMITER $$
CREATE PROCEDURE p_student_sno (IN sno CHAR(8))
BEGIN
    SELECT*FROM score WHERE studentNo= sno;
END $$
DELIMITER ;
```

（3）执行以上指令，在【Schemas】选项卡中查看数据库的存储过程，结果如图 9-8 所示。

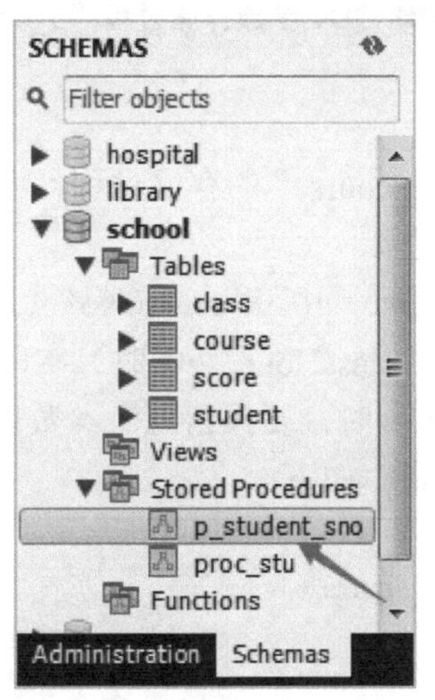

扫一扫，
看微课

9-2　创建带参数存储过程

图 9-8　成功创建 IN 参数存储过程“p_student_sno”

3. OUT 参数存储过程

【例 9.3】创建一个存储过程“p_course_name”，功能为从“课程信息表”（course）中查询课程名称“courseName”后，传递给调用程序。

（1）因为需要把存储过程的运行结果传递到外部，所以需要定义 OUT 参数，其完整的 SQL 指令如下：

```
USE 'school';
DROP procedure IF EXISTS 'p_course_name';
DELIMITER $$
USE 'school'$$
CREATE PROCEDURE p_course_name (OUT courseName VARCHAR(20))
BEGIN
SELECT courseName FROM course ;
END$$
DELIMITER ;
```

（2）参考【例 9.1】的步骤，创建并执行以上指令后，在【Schemas】选项卡中查看数据库中的存储过程，结果如图 9-9 所示。

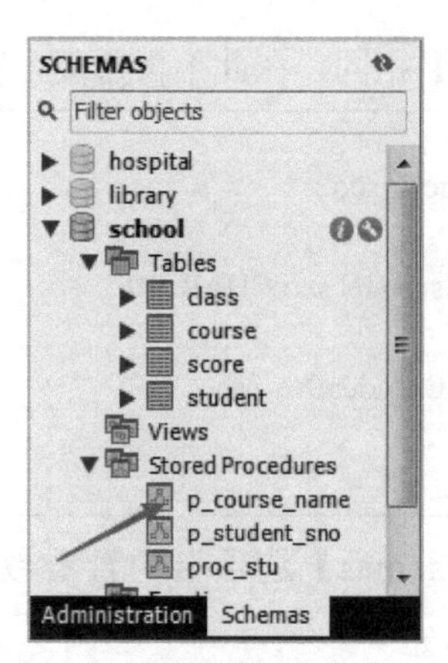

图 9-9　成功创建 OUT 参数存储过程“p_course _name”

4. 多参数存储过程

【例 9.4】创建一个名为“p_add_course”的存储过程，功能是根据用户传入的数据，在“课程信息表”（course）中添加新的记录。

（1）由于“课程信息表”（course）中，“courseNo”（课程编号）字段是自动编号的，且“courseName”（课程名称）字段、“classHour”（学时）字段与“classID”（班级编号）字段都需要具体数据，因此在创建存储过程时，要预留三个参数以接收用户传入的外部数据。

完整的创建存储过程的 SQL 指令如下：

```
USE 'school';
DROP procedure IF EXISTS 'p_add_course';
DELIMITER $$
USE 'school'$$
CREATE PROCEDURE   p_add_course(IN cName VARCHAR(20),IN cHour INT(4), IN cID CHAR(6))
BEGIN
INSERT INTO course(courseName,classHour,classID) VALUES(cName,cHour,cID);
END$$
DELIMITER ;
```

（2）参考【例 9.1】中的步骤，完成创建存储过程后，在【Schemas】选项卡中查看存储过程，结果如图 9-10 所示。

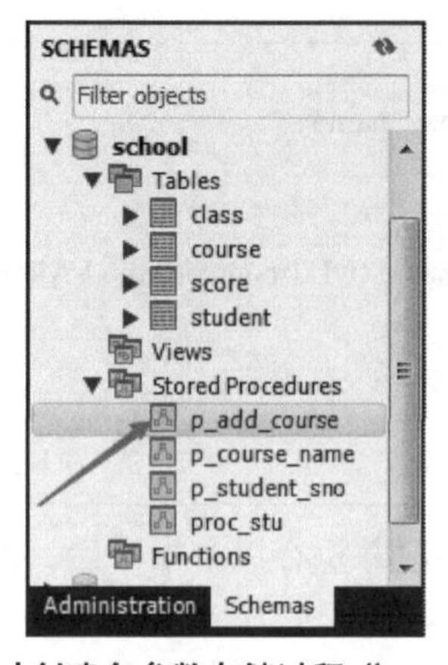

图 9-10　成功创建多参数存储过程“p_add_course”

9.2.2　查看存储过程

扫一扫，
看微课

9-3　查看存储过程

在 MySQL 中，通过“SELECT”指令查看数据库中已经创建好的存储过程，其基本语法格式如下：

```
SELECT  NAME  FROM  mysql.proc WHERE DB= '数据库名' AND TYPE = 'PROCEDURE';
```

【例 9.5】查看“school”数据库中已创建的存储过程。

（1）实现以上需求的 SQL 指令如下：

```
SELECT NAME FROM mysql.proc WHERE db = 'school' AND TYPE = 'PROCEDURE';
```

（2）在【Query1】窗格中输入以上指令并执行，结果如图 9-11 所示。

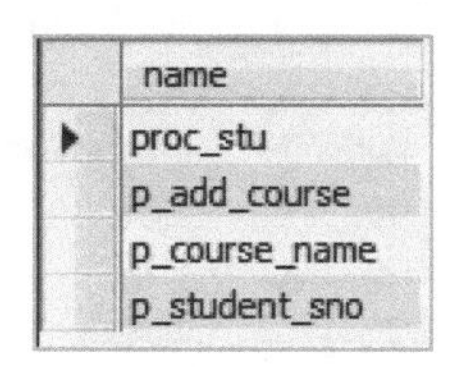

name
proc_stu
p_add_course
p_course_name
p_student_sno

图 9-11　查看已创建的存储过程

如果需要查看某个存储过程的具体信息，则可以通过以下指令来实现：

```
SHOW  CREATE  PROCEDURE 存储过程名;
```

【例 9.6】查看“school”数据库中的存储过程“p_add_course”的具体功能定义。

（1）在 MySQL Workbench 的【Query1】窗格中输入指令如下：

```
SHOW  CREATE  PROCEDURE p_add_course;
```

（2）在 MySQL Workbench 的【Query1】窗格中执行以上指令，执行结果如图 9-12 所示。

Procedure	sql_mode	Create Procedure	character_set_client	collation_connection	Database Collation
p_add_course	STRICT_TRAN...	CREATE DEFINER=`root`@`localhost` PROCEDURE `p...	utf8mb4	utf8mb4_general_ci	utf8_general_ci

```
CREATE DEFINER=`root`@`localhost` PROCEDURE `p_add_course`(IN cName varchar(20),IN cHour int(4), IN cID CHAR(6))
BEGIN
Insert into course(courseName,classHour,classID) values(cName,cHour,cID);
END
```

图 9-12　存储过程的具体信息

执行结果显示了所指定的存储过程的具体功能定义，主要参数如下。

- Procedure：存储过程名称。
- sql_mode：定义 MySQL 支持的基本语法及校验规则。
- Create Procedure：创建存储过程语句。
- character_set_client：字符集设置。
- collation_connection：字符集和字符列排序规则。
- Database Collation：数据库整理规则。

9.2.3　调用存储过程

扫一扫，
看微课

9-4　调用存储过程

以上创建了 4 个存储过程，在需要时可以调用这些存储过程来实现其功能。

在 MySQL 中，使用“CALL”指令来调用存储过程，其语法格式如下：

```
CALL 存储过程名 ([参数值]);
```

1. 调用无参数存储过程

【例 9.7】调用“school”数据库中的“proc_stu”存储过程。

（1）由【例 9.1】可知，“proc_stu”存储过程的功能是查询“school”数据库中“student”数据表中的“学生姓名”和“学号”。

（2）在 MySQL Workbench 的【Query1】窗格中输入调用该存储过程的指令如下：

```
CALL proc_stu( );
```

（3）由于该存储过程不带参数，因此在调用后可直接输出结果。执行以上指令，结果如图 9-13 所示。

studentNO	studentName
D20C1110	周宾
D20C1111	张丽
D20C1112	刘敏娜
D20C1213	李冬冬
D20C1214	林莽
D20C1315	周楠
D20C1316	谢冰冰
D20C1417	刘星
D20C1418	张彪
D20C1519	赵徐祥
D20C1520	林翔
D20C1521	谢诗诗

图 9-13　调用“proc_stu”存储过程输出的查询结果

2. 调用 IN 参数存储过程

【例 9.8】调用“school”数据库中的“p_student_sno”存储过程，查询“学号”为“D201519”的成绩信息。

（1）由【例 9.2】可知，“p_student_sno”存储过程实现的功能，是根据用户指定的“学号”查询学生的成绩信息。因此实现需求的指令如下：

```
CALL p_student_sno('D20C1519');
```

（2）在 MySQL Workbench 的【Query1】窗格中输入以上指令，执行结果如图 9-14 所示。

studentNO	courseNO	examdate	studentScore
D20C1519	1010	2022-01-14	90.00
D20C1519	1011	2022-01-12	82.00

图 9-14　调用“p_student_sno”存储过程查询学生的成绩信息

3. 调用 OUT 参数存储过程

【例 9.9】调用“school”数据库中的“p_course_name”存储过程。

（1）由【例 9.3】可知，“p_course_name”存储过程实现的功能是查询全部课程名称，并传递给调用程序。由于该存储过程有数据传出，因此外部的调用程序必须有一个“容器”用于接收这些数据，这个“容器”就是变量。

（2）在 MySQL Workbench 的【Query1】窗格中输入该存储过程的调用指令如下：

```
CALL p_course_name(@name);
```

（3）执行以上指令，结果如图 9-15 所示。

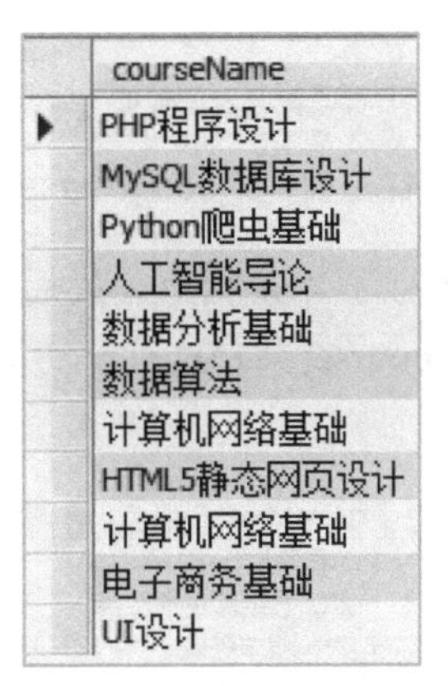

图 9-15　调用存储过程“p_course_name”返回的课程名称列表

注：

【例 9.8】与【例 9.9】虽然都有执行结果，但是属于两种不同的情况。

【例 9.8】执行结果中的数据是直接由存储过程中的 SQL 指令输出的，这些数据无法被外部程序调用。

【例 9.9】由存储过程中的 SQL 指令查询出结果后，返回给调用指令中的变量“@name”，执行的结果是变量“name”的值。

4. 调用多参数存储过程

【例 9.10】调用“school”数据库中的“p_add_course”存储过程，把表 9-5 中的待添加记录添加到数据表中。

表 9-5　待添加记录

课程名称	学　时	班级编号
Photoshop	80	D20C15

（1）根据【例 9.4】可知，“p_add_course”存储过程用于向“课程信息表”（course）中添加新的记录。

（2）在 MySQL Workbench 的【Query1】窗格中输入以下指令，并调用该存储过程：

```
Set @a='Photoshop';
Set @b='80';
Set @c='D20C15';
Call p_add_course(@a,@b,@c);
```

（3）执行以上指令，结果如图 9-16 所示。

Output

Action Output

	#	Time	Action	Message	Duration / Fetch
✔	1	20:09:13	Set @a='Photoshop'	0 row(s) affected	0.000 sec
✔	2	20:09:16	Set @b='80'	0 row(s) affected	0.000 sec
✔	3	20:09:19	Set @c='D20C15'	0 row(s) affected	0.000 sec
✔	4	20:09:24	Call p_add_course(@a,@b,@c)	1 row(s) affected	0.000 sec

图 9-16　存储过程“p_add_course”调用结果

（4）可以看到，MySQL 一共执行了 4 条指令，最后一条指令影响了一行。在【Query1】窗格中输入指令“SELECT*FROM course;”并执行，查看最新的“course”数据表，结果如图 9-17 所示。

courseNO	courseName	classhour	classID
1001	PHP程序设计	80	D20C11
1002	MySQL数据库设计	80	D20C11
1003	Python爬虫基础	120	D20C12
1004	人工智能导论	80	D20C12
1005	数据分析基础	60	D20C11
1006	数据算法	80	D20C11
1007	计算机网络基础	600	D20C11
1008	HTML5静态网页设计	80	D20C11
1009	计算机网络基础	40	D20C11
1010	电子商务基础	40	D20C11
1011	UI设计	120	D20C11
1012	Photoshop	80	D20C15

图 9-17　调用存储过程“p_add_course”后的“course”数据表记录

从图 9-17 的查询结果可见，调用存储过程“p_add_course”时所指定的数据已成功被添加到“course”数据表中。

9.2.4　修改存储过程

扫一扫，看微课

9-5　修改与删除存储过程

存储过程定义完成后，可以在必要时修改该存储过程的相关参数。

在 MySQL 中，修改存储过程通过“ALTER　PROCEDURE”指令来实现。其基本语法格式如下：

```
ALTER PROCEDURE 存储过程名 [修改内容];
```

其中，

修改内容可以是以下项目中的一个或多个，如果修改多个，则各项目以空格分开。

- CONTAINS SQL：存储过程包含 SQL 指令，但是，不包含读数据或写数据的指令。
- NO SQL：子程序中不包含 SQL 指令。
- READS SQL DATA：子程序中包含读数据的指令。
- MODIFIES DATA：子程序中包含写数据的指令。
- SQL SECURITY {DEFINER | INVOKER}：安全级别，指明哪些用户有权限执行。

- COMMENT ‘string’：注释信息。

【例 9.11】将存储过程“p_add_course”的安全级别修改为“调用者可执行”。

（1）在 MySQL Workbench 的【Query1】窗格中输入以下指令，以查看存储过程“p_add_course”原有的安全级别：

```
SHOW  PROCEDURE STATUS LIKE 'p_add_course';
```

（2）执行以上指令，结果如图 9-18 所示。

	Db	Name	Type	Definer	Modified	Created	Security_type	Comm	character_set_(	collation	Database Collation
▶	school	p_add_course	PROCEDURE	root@...	2021-07-19 ...	2021-07-19...	DEFINER		utf8mb4	utf8m...	utf8_uni...

图 9-18　查看“p_add_course”原有安全级别

由图 9-18 可见，存储过程“p_add_course”当前的安全级别“Security_type”是“DEFINER”，即“定义者可执行”。

（3）输入并执行修改存储过程的安全级别的指令如下：

```
ALTER  PROCEDURE p_add_course SQL SECURITY  INVOKER;
```

执行结果如图 9-19 所示。

Output

Action Output

	#	Time	Action	Message	Duration / Fetch
✓	1	20:45:20	Alter procedure p_add_course sql security invoker	0 row(s) affected	0.000 sec

图 9-19　修改存储过程“p_add_course”的安全级别

（4）再次输入并执行指令“SHOW PROCEDURE STATUS LIKE 'p_add_course';”，当前存储过程“p_add_course”的安全级别被修改为“INVOKER”，即“调用者可执行”，如图 9-20 所示。

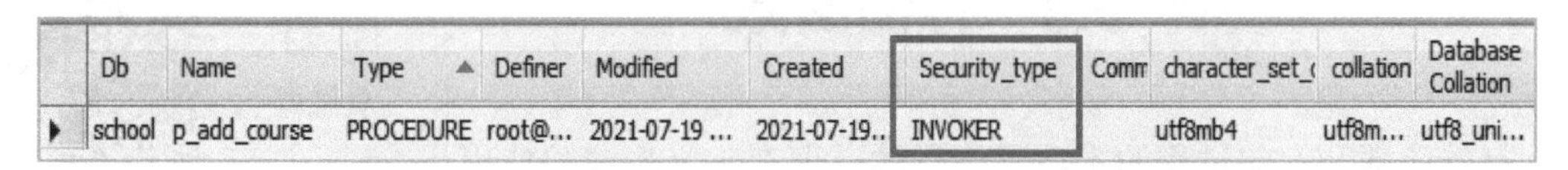

	Db	Name	Type	Definer	Modified	Created	Security_type	Comm	character_set_(	collation	Database Collation
▶	school	p_add_course	PROCEDURE	root@...	2021-07-19 ...	2021-07-19..	INVOKER		utf8mb4	utf8m...	utf8_uni...

图 9-20　存储过程“p_add_course”的安全级别修改成功

 注：

MySQL 不支持对存储过程中的功能代码（SQL 代码块）进行修改，如果需要修改存储过程的功能，只能首先删除该存储过程，然后再重新定义一个。

9.2.5　删除存储过程

在 MySQL 中，删除存储过程通过“DROP PROCEDURE”指令来实现。其基本语法格式如下：

```
DROP   PROCEDURE [IF EXISTS]  存储过程名;
```

进行删除存储过程操作之前，要首先确认该存储过程不存在依赖关系，以避免导致其他关联的存储过程无法运行。

【例 9.12】删除【例 9.2】中创建的存储过程“p_student_sno”。

（1）在 MySQL Workbench 的【Query1】窗格中输入删除存储过程“p_student_sno”的指令如下：

```
DROP PROCEDURE p_student_sno;
```

（2）执行以上指令，结果如图 9-21 所示。

图 9-21　删除存储过程“p_student_sno”

此时，使用“SHOW PROCEDURE STATUS LIKE ' p_student_sno';”指令查看“p_student_sno”存储过程。由图 9-22 可见，查询的结果为空，即存储过程“p_student_sno”已被删除。

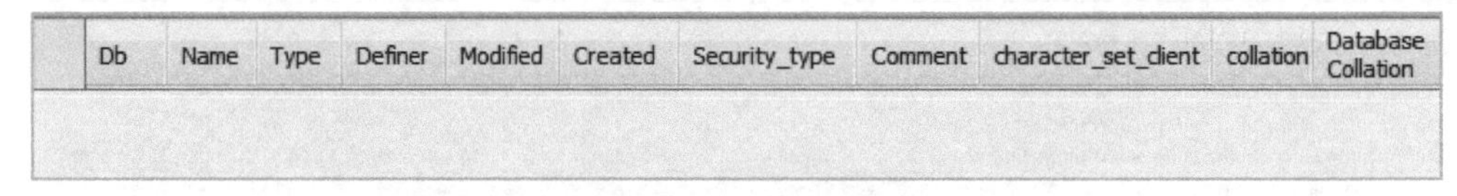

Db	Name	Type	Definer	Modified	Created	Security_type	Comment	character_set_client	collation	Database Collation

图 9-22　存储过程“p_student_sno”已被删除

注：

指令执行成功的标志是【Output】窗格中的绿色图标。执行结果中提示的“0 row(s) affected”的含义是该指令执行后，没有对任何一张数据表的记录产生影响。

9.3　存储函数

扫一扫，看微课

9-6　存储函数

存储函数和存储过程的本质是一样的，但在定义形式与使用形式上略有区别。

9.3.1　创建存储函数

在 MySQL 中，使用“CREATE FUNCTION”指令创建存储函数。其语法格式与创建存储过程的语法格式类似，语法格式如下：

```
DELIMITER $$
CREATE FUNCTION  存储函数名([参数列表]) RETURNS  返回类型
  BEGIN
      SQL 语句块
      RETURN (返回的数据)
END $$
DELIMITER;
```

对以上语法格式，需要注意以下几点。

（1）存储函数的名称不能雷同，也不能与存储过程的名字重复。

（2）存储函数中没有 OUT 参数和 INOUT 参数，所有的参数都是 IN 参数而且不能带 IN。因此，定义存储函数的参数的格式如下：

```
参数名 数据类型
```

（3）RETURNS 后面的“返回类型”的数据类型，必须与函数体中“(返回的数据)”的数据类型一致。

【例 9.13】创建一个存储函数，命名为“student_class()”，功能是根据“学生姓名”查询该学生所在班级的“班级名称”。

（1）在【Schemas】选项卡中展开“school”数据库，右键单击【Functions】选项，在弹出的列表中选择【Create Function】选项，如图 9-23 所示。

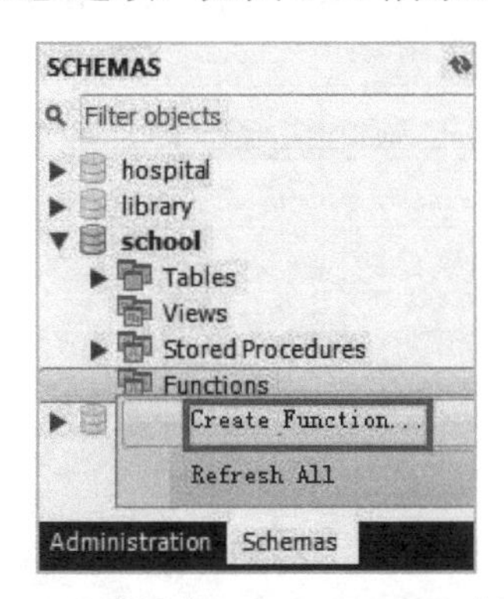

图 9-23 选择【Create Function】选项

（2）进入 MySQL Workbench 创建存储函数脚本的编辑页面，如图 9-24 所示。

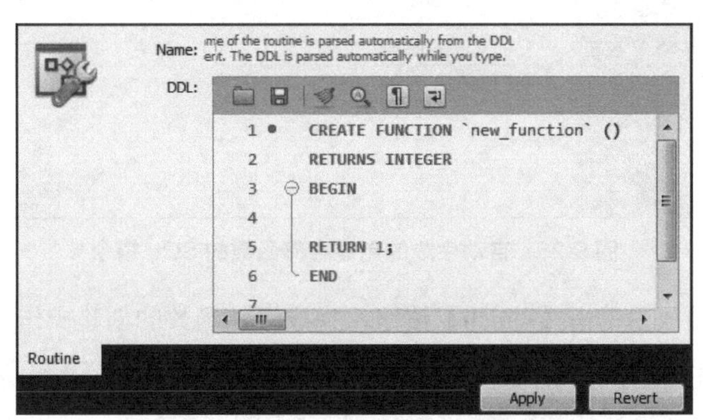

图 9-24 创建存储过程脚本的编辑页面

（3）将自动生成的指令中的“new_function”改为所要创建的函数名称“student_class”，并定义输入“学生姓名”的参数及数据类型（sname VARCHAR(20)），修改“RETURNS”后的返回类型(改为 VARCHAR(20))，把“BEGIN”与“END”之间的“RETURN”之后的“1”替换为以下实现查询功能的 SQL 指令：

```
SELECT className FROM class
WHERE classID=(SELECT classID FROM student WHERE studentName=sname);
```

（4）完成修改后的编辑存储函数的脚本面板如图 9-25 所示，单击【Apply】按钮。

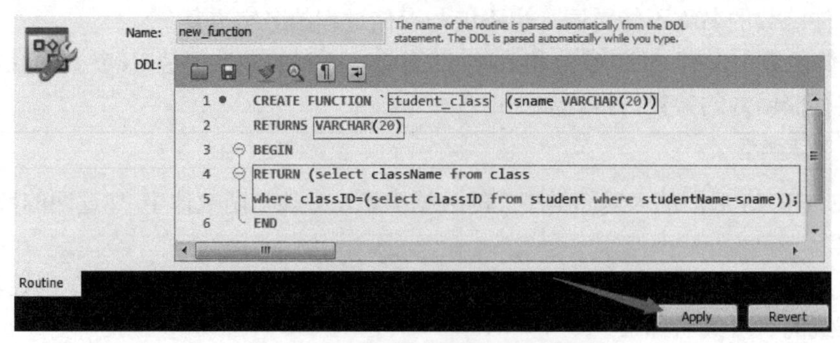

图 9-25　编辑存储函数的脚本面板

（5）MySQL Workbench 将自动生成完整的创建存储函数的 SQL 指令，并打开脚本面板如图 9-26 所示，单击【Apply】按钮。

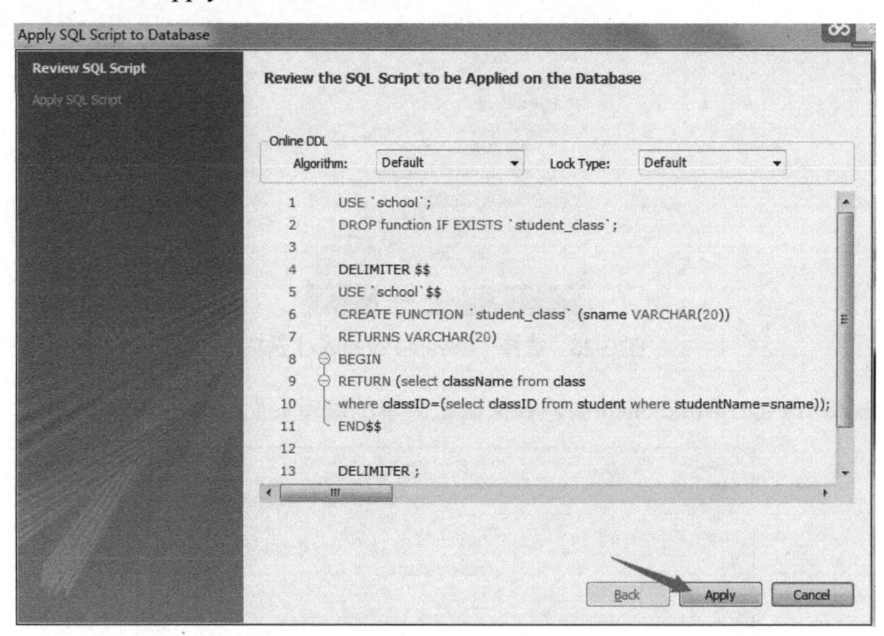

图 9-26　自动生成的创建存储函数的 SQL 指令

（6）在弹出的面板中单击【Finish】按钮，完成存储函数的创建操作，如图 9-27 所示。

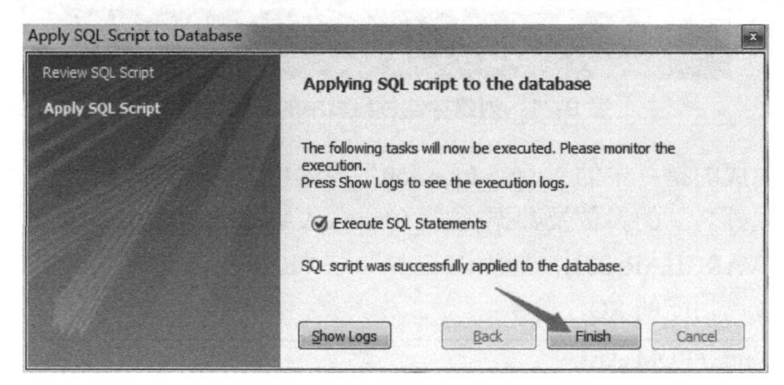

图 9-27　创建完成存储函数

（7）返回 MySQL Workbench 主窗口，可以看到【Schemas】选项卡中的“school”数据库的[Functions]选项中创建了一个新的存储函数“student_class()”，如图 9-28 所示。

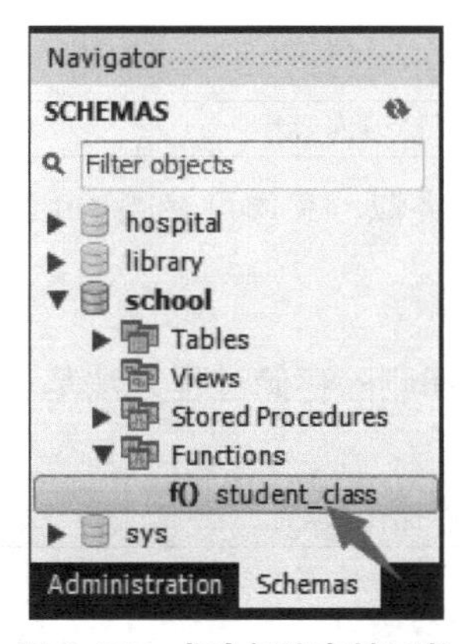

图 9-28　成功创建存储函数

9.3.2　调用存储函数

在 MySQL 中，使用“SELECT”关键字调用存储函数，其语法格式如下：

```
SELECT 存储函数名 ([参数值列表]);
```

【例 9.14】调用【例 9.13】的存储函数“student_class()”，查看姓名为“李冬冬”的学生所在班级的“班级名称”。

（1）在 MySQL Workbench 的【Query1】窗格中输入调用指令如下：

```
SELECT student_class('李冬冬');
```

（2）执行以上指令，结果如图 9-29 所示。

student_class('李冬冬')
人工智能班

图 9-29　调用存储函数“student_class()”的输出结果

注：

MySQL 的存储函数只能接收一个返回值，如果有多个返回值，则系统将没有返回结果。

9.3.3　存储函数的管理

1. 查看存储函数

在 MySQL 中，查看存储函数的指令与查看存储过程的指令类似，只需把 TYPE 值换为 FUNCTION 即可，语法格式如下：

```
SELECT    NAME    FROM    mysql.proc WHERE DB= '数据库名' AND TYPE = 'FUNCTION';
```

其他具体的操作，参考“9.2.2 查看存储过程”即可，不再赘述。

2. 修改存储函数

在 MySQL 中，修改存储函数通过“ALTER FUNCTION”指令来实现。其基本语法格式如下：

```
ALTER  FUNCTION 存储函数名 [修改内容];
```

修改存储函数与修改存储过程类似，具体可参阅“9.2.4 修改存储过程”，不再赘述。

3. 删除存储函数

在 MySQL 中，删除存储函数和删除存储过程方法基本一样，通过“DROP FUNCTION”指令来实现。其语法格式如下：

```
DROP  FUNCTION [IF EXISTS] 存储函数名;
```

9.4 应用实践

使用“5.4 应用实践”中准备好的“library”数据库及数据，实现以下需求。

1. 创建一个存储过程，功能是根据用户指定的“读者姓名”，查询该读者所借阅图书的“图书名称”与“借阅日期”。
2. 调用题 1 创建的存储过程，查询姓名为“李麟”的读者所借阅图书的“图书名称”与“借阅日期”。
3. 创建一个存储函数，功能是根据用户指定的“图书名称”，返回该图书的“作者姓名”与“单价”。
4. 调用题 3 的存储函数，查询《唐诗三百首》的“作者姓名”。

9.5 思考与练习

一、选择题

1. 下列关于存储过程的说法中不正确的是（　　）。

A. 存储过程可以直接执行　　B. 存储过程中可以定义变量

C. 存储过程是可以被修改的　　D. 定义存储过程时需要声明返回变量

2. 存储过程是一组预先定义并（　　）的 SQL 指令。

A. 编译　　B. 保存　　C. 编写　　D. 解释

3. 下列关于存储函数的说法中，正确的是（　　）。

A. 存储函数有 IN、OUT 及 INOUT 三种类型的参数

B. 创建存储函数的命令为“CREATE PROCEDURE”

C. 存储函数可以接收多个返回值

D. 存储函数中必须包含一个有效的 RETURN 语句

4. 存储过程可以有（　　）个参数。

A. 0　　B. 1　　C. 多　　D. 以上都不对

5. 下列关于存储过程说法中，不正确的是（　　）。

A. 存储过程是一种独立的数据库对象，它在服务器上创建和运行

B. 使用存储过程可以减少网络流量

C. 每次调用存储过程都需要进行重新编译与优化

D. 存储过程提供了一种安全机制

二、判断题

（　　）1. 存储过程的参数有三种类型，分别为 IN、OUT 及 INOUT。

（　　）2. 现有一个存储函数“class()”，调用该存储函数的指令为“CALL class();”。

（　　）3. 存储函数有返回值，存储过程没有返回值。

（　　）4. 创建存储函数的指令是“CREATE　FUNCTION”。

第 10 章　触发器

知识目标

1. 了解触发器的便捷性与必要性；
2. 理解触发器的触发条件与适用场景。

能力目标

1. 能够根据需求，熟练选择、使用触发器；
2. 熟练管理数据库中的触发器。

素质目标

1. 养成务实解决问题的习惯；
2. 培养团队协作精神。

知识导图

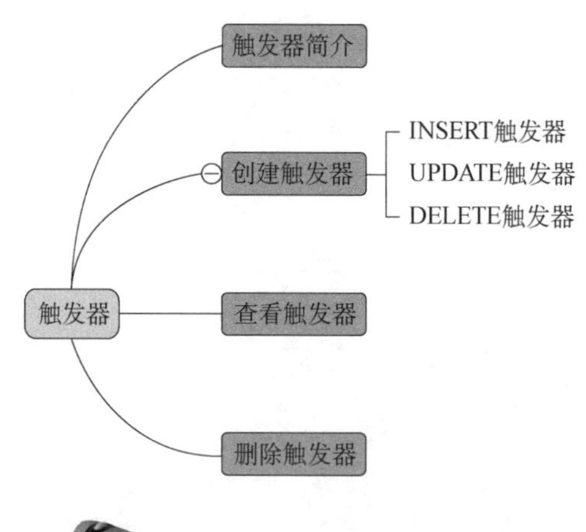

扫一扫，
看微课

10-1　触发器简介

10.1　触发器简介

在数据库设计中，通常要根据数据对象的不同属性，将数据分割到不同的数据表中进行存储。但这样做以后，必须要考虑如何保证这些数据表之间互有关联的数据的一致性。

以“school”数据库为例，其中的“学生信息表”（student）、“课程信息表”（course）、“成绩情况表”（score）与“班级信息表”（class）之间的关系架构如图 10-1 所示。

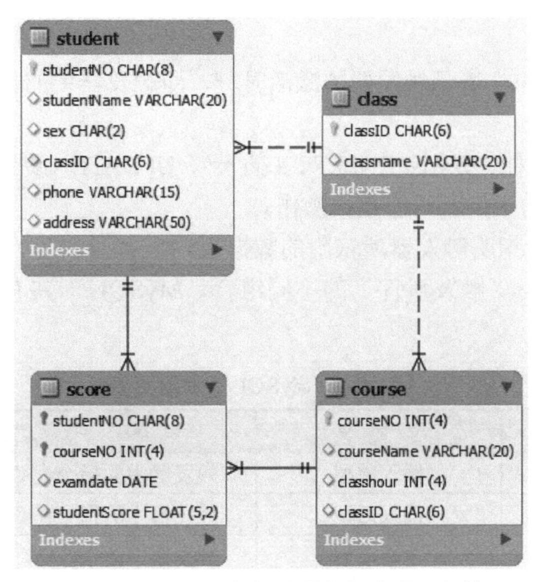

图 10-1　school 数据库的数据表关系架构

假设当“学生信息表”(student) 中的“studentNo”(学号) 字段的某个值被修改，那么“成绩情况表”(score) 中“studentNo”(学号) 字段对应的值也应同时更新，否则就会导致该学生因为学号的改变而出现没有成绩的情况，这种情况就是数据不一致。

又假设“学生信息表”(student) 中如果某条学生记录被删除，则意味着该学生已不存在于该数据库中，那么原则上“成绩情况表”(score) 中对应该学生的“成绩”记录也应同步被删除，否则就会出现该学生有成绩，却无基本信息的情况。

但这样的同步操作，如果全部由人工完成，则工作量是非常庞大的，且极易出错。在数据高并发的情况下，人工是无法胜任的。能否让 MySQL 自动对这些互有关联的不同表中的字段进行同步呢？触发器（trigger）机制就是为此而设计的。

触发器（trigger）也是一种存储过程，它是与数据表事件相关的特殊存储过程。触发器的执行不由程序调用，也不由用户手动启动，而是通过数据表中的数据变化事件触发。

触发器是一条或一组与记录操作有关的 SQL 指令，它与所依附的数据表一同存储在数据库中，一般情况下，触发器处于静默状态。当其所依附的数据表中的数据变化满足触发器的触发条件时，触发器中的 SQL 指令将自动被激活并运行，从而对相关数据表进行增加、删除、更新操作，无须人工介入。触发器的这种机制和特性及时保证了数据库中数据的完整性与一致性。

10.2　创建触发器

触发器触发的 SQL 指令可以只有一条，也可以有多条。在 MySQL 中，创建单条 SQL 指令的触发器的基本语法格式如下：

```
CREATE TRIGGER 触发器名 BEFORE | AFTER 触发事件 ON 数据表名
FOR EACH ROW
SQL 指令;
```

其中，

- “BEFORE | AFTER”表示触发器的激活时刻，即触发器中的指令是在数据变化前执行还是在数据变化后执行。
- “触发事件”有三种，分别是 INSERT（插入）、UPDATE（更新）及 DELETE（删除），分别表示激活触发器中的指令所需的数据操作。
- “数据表名”用于指明触发器所依附的数据表。

根据“激活时刻”与“触发事件”的不同组合，MySQL 一共有 6 种类型的触发器，如表 10-1 所示。

表 10-1　MySQL 触发器类型表

类　型	含　义	功能描述
BEFORE INSERT	插入前型	触发器中的指令在新数据添加前执行
AFTER INSERT	插入后型	触发器中的指令在新数据添加后执行
BEFORE UPDATE	更新前型	触发器中的指令在新数据更新前执行
AFTER UPDATE	更新后型	触发器中的指令在新数据更新后执行
BEFORE DELETE	删除前型	触发器中的指令在数据删除前执行
AFTER DELETE	删除后型	触发器中的指令在数据删除后执行

以下面的触发器创建指令为例：

```
CREATE TRIGGER dele_trigger BEFORE DELETE ON tab_1;
```

其含义为：在 tab_1 表中的数据被删除之前触发 dele_trigger，且执行 dele_trigger 中的 SQL 指令。

多指令触发器本质上与单指令触发器并无区别，只是在一个触发器内，含有多条 SQL 执行指令而已，其基本语法格式如下：

```
DELIMITER $$
CREATE TRIGGER 触发器名 BEFORE|AFTER 触发事件 ON 数据表名
FOR EACH ROW
BEGIN
  SQL 执行指令 1;
  SQL 执行指令 2;
...
END; $$
DELIMITER ;
```

建议触发器的名称遵守以下格式规范：

```
tableName_trg_A | B_I | U | D;
```

其中，

“A | B”表示 AFTER 或 BEFORE，“I | U | D”表示 INSERT、UPDATE 或 DELETE。例如，对“myTable”数据表建立的 AFTER UPDATE 触发器，名称为 myTable_trg_A_U。

为避免对原始数据的破坏，首先为“student”数据表创建一个备份表，后面的操作将在备份表中进行。

（1）在 MySQL Workbench 的【Query1】窗格中输入并执行以下 SQL 指令，创建一个“学生信息简表”（student_a），该数据表的内容包括“student”数据表中的“studentNo”（学号）、“studentName”（学生姓名）、“sex”（性别）与“phone”（联系电话）字段。

```
CREATE TABLE student_a(SELECT studentNo,studentName,sex,phone FROM student);
```

（2）在【Query1】窗格中使用“SELECT *FROM student_a;”指令查看新数据表“student_a”的所有纪录，执行结果如图 10-2 所示。

studentNo	studentName	sex	phone
D20C1110	周宾	男	133****7954
D20C1111	张丽	女	136****9562
D20C1112	刘敏娜	女	135****3575
D20C1213	李冬冬	男	133****7823
D20C1214	林舜	男	132****8712
D20C1315	周楠	男	189****3156
D20C1316	谢冰冰	女	187****0145
D20C1417	刘星	女	188****9745
D20C1418	张彪	男	132****7468
D20C1519	赵徐祥	男	131****0235
D20C1520	林翔	男	138****8517
D20C1521	谢诗诗	女	135****5687

图 10-2　查看“student_a”数据表所有记录

10.2.1　INSERT 触发器

扫一扫，
看微课

10-2　创建 INSERT 触发器

1. 创建 INSERT 触发器

【例 10.1】在“student”数据表中创建一个触发器“student_trg_A_I”，使“student”数据表插入数据时，“student_a”同步插入相应数据。

按照题目需求，需要在“student”数据表中创建 AFTER INSERT 触发器，其操作步骤如下。

（1）在【Schemas】选项中展开“school”数据库，右键单击【student】数据表，在弹出的列表中选择【Alter Table】选项，如图 10-3 所示。

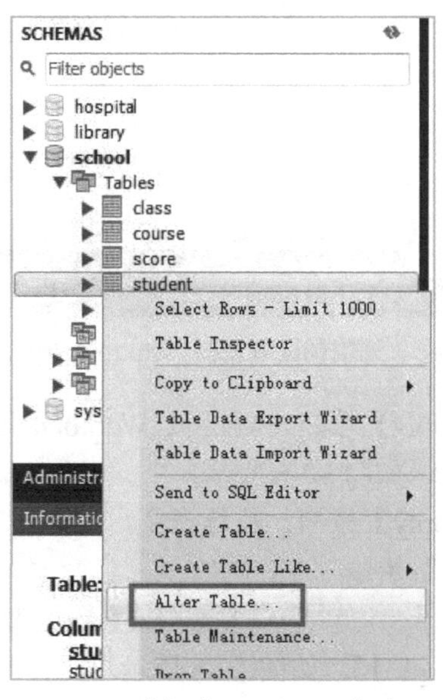

图 10-3　选择【Alter Table】选项

（2）进入 MySQL Workbench 数据表结构的编辑页面，选择下方的【Triggers】选项，在打开的【Triggers】面板中选择【AFTER INSERT】选项，单击其右侧的⊕，如图 10-4 所示。

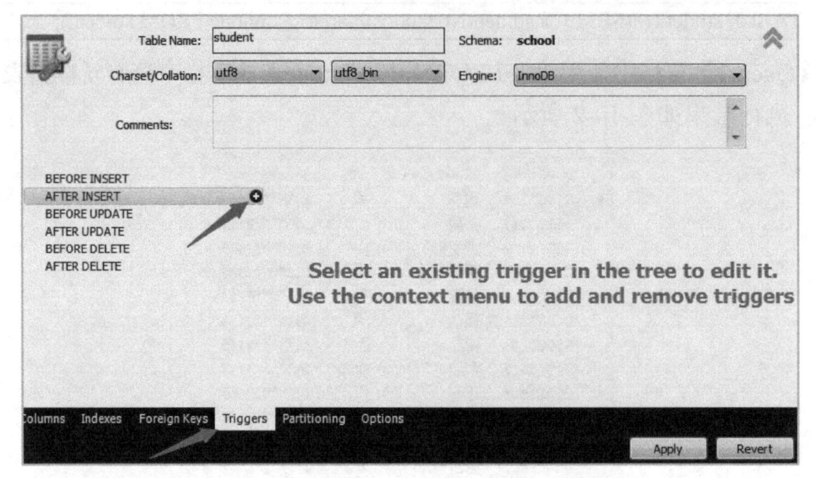

图 10-4 选择【AFTER INSERT】选项

（3）进入 MySQL Workbench 创建触发器的编辑页面，将触发器名称修改为"student_trg_A_I"，在"BEGIN"和"END"之间输入以下 SQL 指令。

```
INSERT  INTO  student_a  VALUES(new.studentNo,new.studentName,new.sex,new.phone);
```

编辑页面如图 10-5 所示。

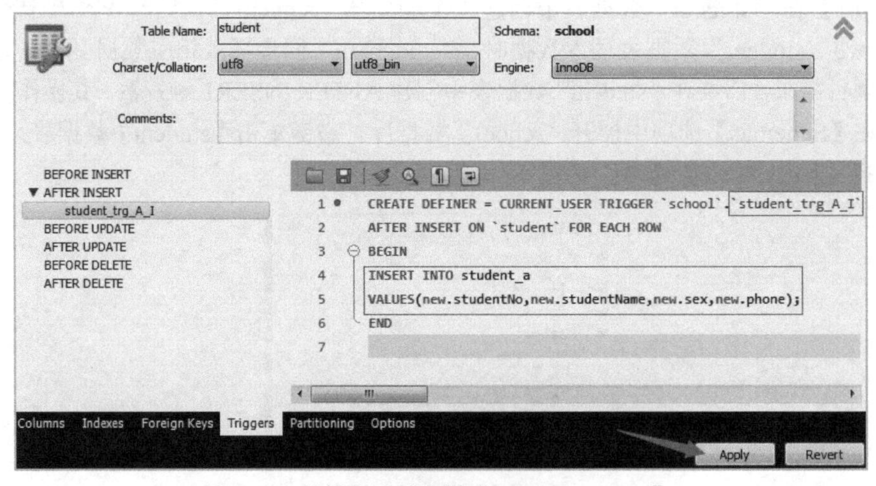

图 10-5 编辑创建触发器"student_trg_A_I"

（4）单击图 10-5 中的【Apply】按钮，MySQL Workbench 将自动生成完整的创建触发器的 SQL 指令，并打开脚本面板，如图 10-6 所示。

（5）单击图 10-6 中的【Apply】按钮，执行指令，在弹出的面板中单击【Finish】按钮，完成触发器的创建，如图 10-7 所示。

（6）刷新【Schemas】选项卡，可以看到【student】数据表的【Triggers】中已经增加了一个新创建的触发器【student_trg_A_I】，如图 10-8 所示。

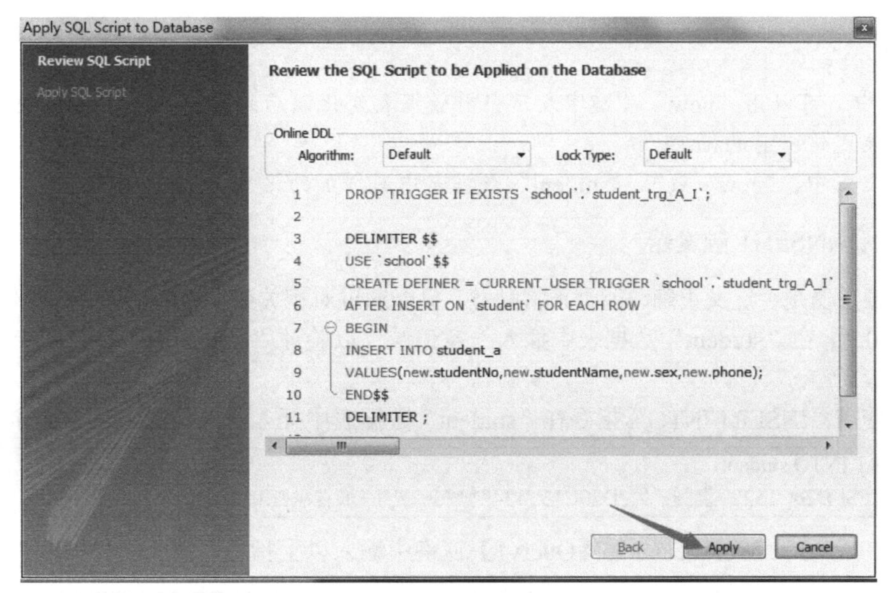

图 10-6　脚本面板

图 10-7　完成触发器的创建

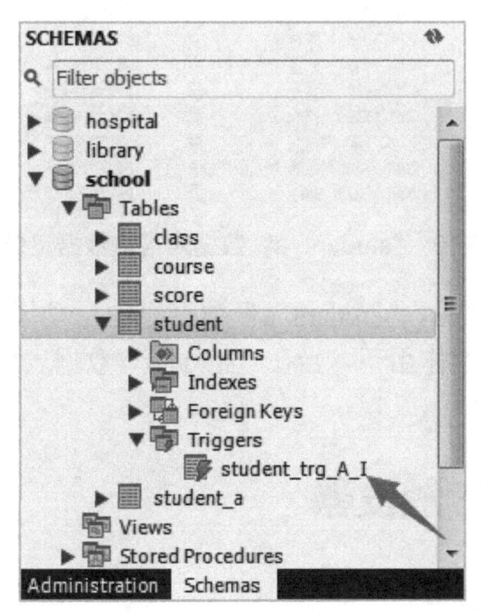

图 10-8　成功创建“student_trg_A_I”触发器

注：

SQL 中，可以用“new”关键字表示当前数据表变化以后的记录，用“old”关键字表示当前数据表变化以前的记录。

例如上文中，“new”表示“student”数据表中新增加的记录（见图 10-5）。

2. 验证 INSERT 触发器

验证触发器是否定义正确、能否正常触发，只能通过对相关数据表的记录进行操作来进行。

【例 10.2】在“student”数据表中插入一条记录，以验证“student_a”是否同步插入相应数据记录。

（1）使用“INSERT INTO”指令在“student”数据表中插入一条记录，其 SQL 指令如下：

```
INSERT INTO student
VALUES('D20C1522','袁圆','女','D20C15','134****6677','广东省湛江市霞山区');
```

（2）在 MySQL Workbench 的【Query1】窗格中输入以上指令，执行结果如图 10-9 所示。

图 10-9　在“student”数据表中插入一条记录

（3）使用以下“SELECT”指令，查看“student_a”数据表的当前数据记录情况。

```
SELECT *FROM student_a;
```

（4）在 MySQL Workbench 的【Query1】窗格中输入以上指令，执行结果如图 10-10 所示。

studentNo	studentName	sex	phone
D20C1110	周宾	男	133****7954
D20C1111	张丽	女	136****9562
D20C1112	刘敏娜	女	135****3575
D20C1213	李冬冬	男	133****7823
D20C1214	林莽	男	132****8712
D20C1315	周楠	男	189****3156
D20C1316	谢冰冰	女	187****0145
D20C1417	刘星	女	188****9745
D20C1418	张彪	男	132****7468
D20C1519	赵徐祥	男	131****0235
D20C1520	林翔	男	138****8517
D20C1521	谢诗诗	女	135****5687
D20C1522	袁圆	女	134****6677

图 10-10　“student_a”数据表当前数据记录情况

对比图 10-10 与图 10-2 可见，“student_a”数据表中自动增加了一条新记录。因此可知，在“student_trg_A_I”触发器的作用下，当在“student”数据表中插入记录后，“student_a”数据表也同步插入相应数据记录。

10.2.2　UPDATE 触发器

扫一扫，看微课

10-3　创建 UPDATE 触发器

1. 创建 UPDATE 触发器

【例 10.3】创建一个触发器“student_trg_A_U”，使“student”数据表中的“学生姓名”字段发生改变时，该学生在“student_a”数据表中的“学生姓名”亦自动更新。

按照题目需求，需要在“student”数据表中创建 AFTER UPDATE 触发器，其操作步骤如下。

（1）按照【例 10.1】的步骤进入【student】数据表对应的【Triggers】面板中，选择【AFTER UPDATE】选项，单击其右侧的⊕，如图 10-11 所示。

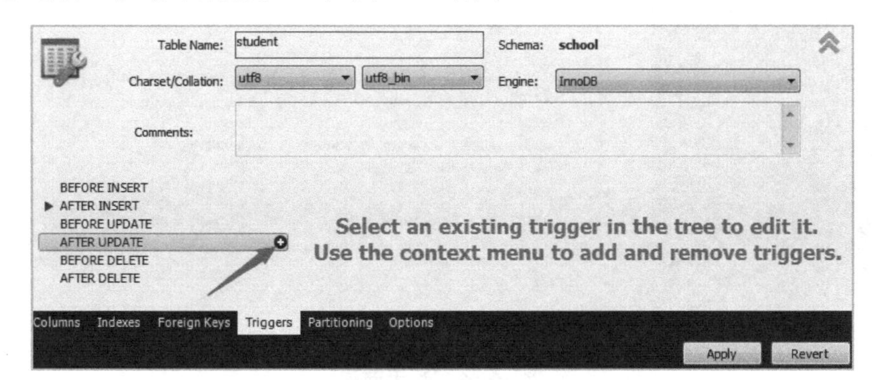

图 10-11 选择【AFTER UPDATE】选项

（2）进入 MySQL Workbench 创建触发器的编辑页面，将触发器名称改为“student_trg_A_U”，在“BEGIN”和“END”之间输入以下 SQL 指令：

```
update student_a set studentName=new. studentName where studentNo=old. studentNo;
```

编辑页面如图 10-12 所示。

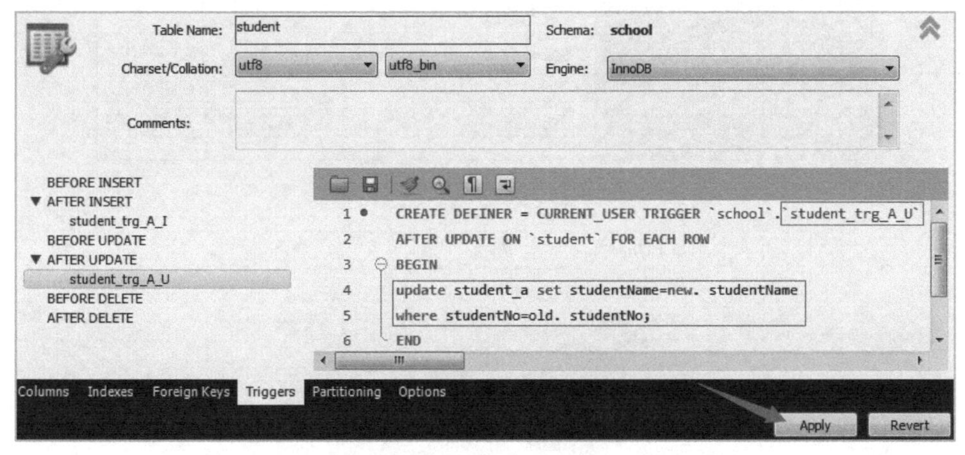

图 10-12 编辑创建触发器“student_trg_A_U”

（3）单击图 10-12 中的【Apply】按钮，MySQL Workbench 将自动生成完整的创建触发器的 SQL 指令，并打开脚本面板，如图 10-13 所示。

（4）单击图 10-13 中的【Apply】按钮，执行指令，在弹出的面板中单击【Finish】按钮，完成触发器的创建，如图 10-14 所示。

（5）返回 MySQL Workbench 主窗口，可以看到【Schemas】选项卡中的【student】数据表中的【Triggers】中已经增加了一个新创建的触发器【student_trg_A_U】，如图 10-15 所示。

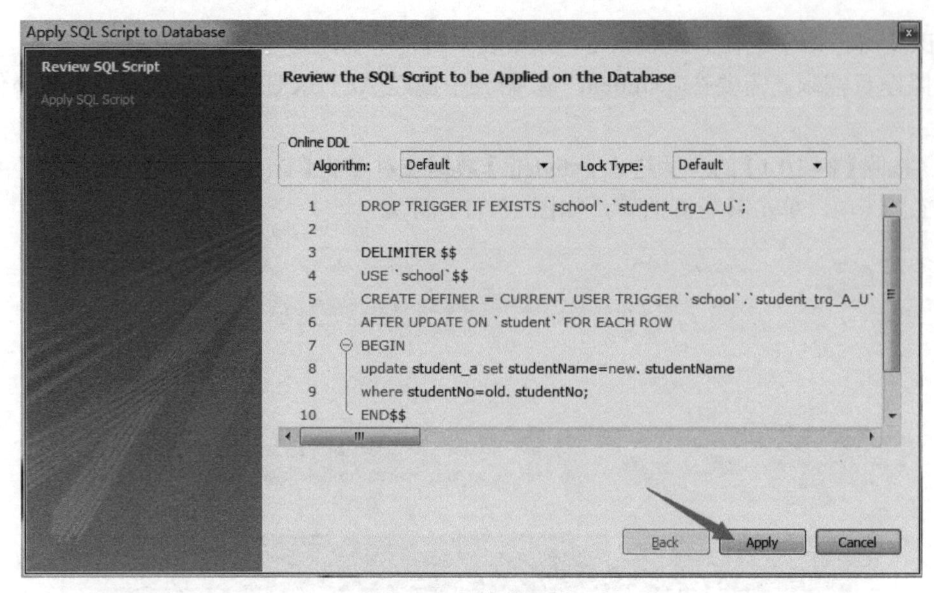

图 10-13　脚本面板

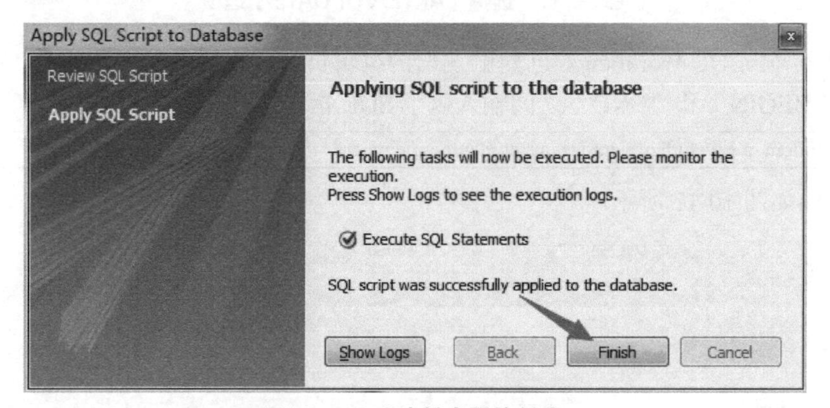

图 10-14　完成触发器的创建

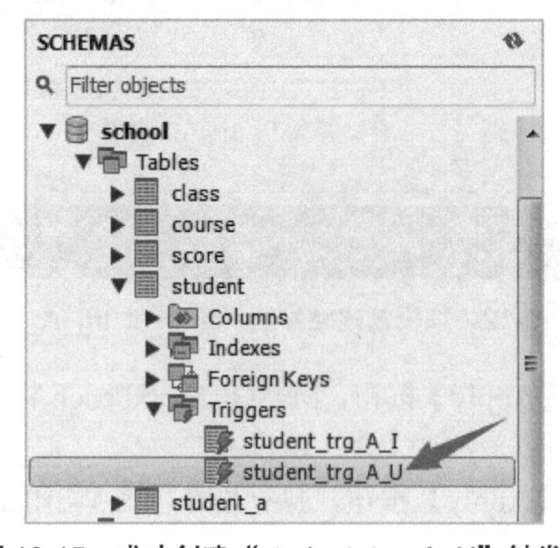

图 10-15　成功创建“student_trg_A_U”触发器

2. 验证 UPDATE 触发器

【例 10.4】将“student”数据表中学号为“D20C1111”的“学生姓名”更新为“张丽影”。

（1）由图 10-2 可知，在进行记录更新前，“学号”为“D20C1111”的“学生姓名”为“张丽”，现执行以下 SQL 指令，将“student”数据表中“学号”为“D20C1111”的“学生姓名”更新为“张丽影”。

```
UPDATE student SET studentName=' 张丽影 'WHERE studentNo='D20C1111';
```

在 MySQL Workbench 的【Query1】窗格中输入以上指令，执行结果如图 10-16 所示。

图 10-16　更新“student”数据表中“学号”为“D20C1111”的“学生姓名”

（2）用“SELECT”指令查看“student_a”数据表中学号为“D20C1111”的“学生姓名”是否同步更新，指令如下：

```
SELECT* FROM student_a;
```

在 MySQL Workbench 的【Query1】窗格中输入以上指令，执行结果如图 10-17 所示。

studentNo	studentName	sex	phone
D20C1110	周宾	男	133****7954
D20C1111	张丽影	女	136****9562
D20C1112	刘敏娜	女	135****3575
D20C1213	李冬冬	男	133****7823
D20C1214	林犇	男	132****8712
D20C1315	周楠	男	189****3156
D20C1316	谢冰冰	女	187****0145
D20C1417	刘星	女	188****9745
D20C1418	张彪	男	132****7468
D20C1519	赵徐祥	男	131****0235
D20C1520	林翔	男	138****8517
D20C1521	谢诗诗	女	135****5687
D20C1522	袁圆	女	134****6677

图 10-17　查看“student_a”数据表中数据更新情况

从图 10-17 所示的执行结果可见，当“student”数据表的“学生姓名”字段更新时，“student_a”数据表中对应的“学生姓名”字段也同步更新，证明触发器“student_trg_A_U”是有效的。

10.2.3　DELETE 触发器

扫一扫，看微课

10-4　创建 DELETE 触发器

1. 创建 DELETE 触发器

【例 10.5】在“student”数据表中创建一个触发器“student_trg_B_D”，当“student”数据表中的学生信息被删除时，自动将“score”数据表中该学生的成绩也删除。

（1）分析需求可知，“student”数据表中的学生信息被删除后，该学生的“学号”就不再存在，而要删除该学生的成绩，又需要其学号。因此，必须在删除学生信息之前，首先提取出“学号”信息“studentNo”以在“成绩情况表”进行删除操作。因此在这里需要使用 BEFORE DELETE 触发器。

（2）按照【例 10.1】的步骤，在“student”数据表对应的【Triggers】面板中，选择【BEFORE DELETE】选项，单击其右侧的⊕，如图 10-18 所示。

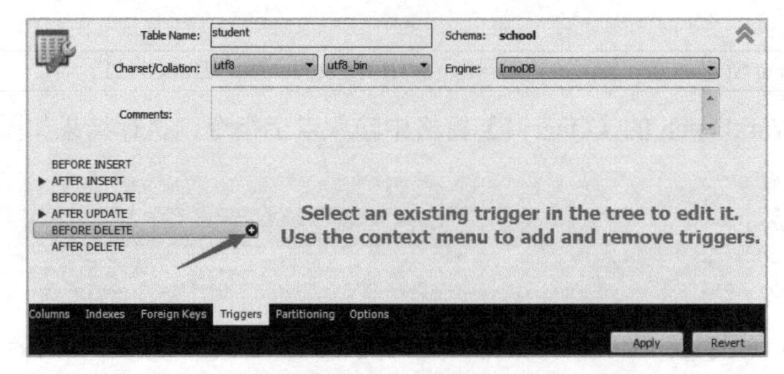

图 10-18　选择【BEFORE DELETE】选项

（3）进入 MySQL Workbench 创建触发器的编辑页面，将触发器名称改为“student_trg_B_D”，在“BEGIN”和“END”之间输入以下 SQL 指令：

```
Delete from score where studentNo=old.studentNo;
```

编辑页面效果如图 10-19 所示。

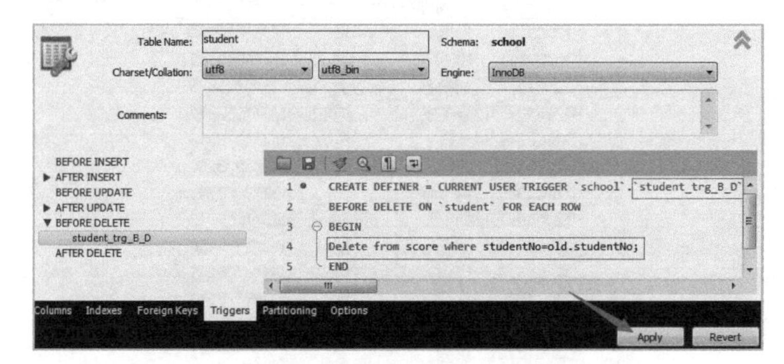

图 10-19　编辑触发器“student_trg_B_D”

（4）单击图 10-19 中的【Apply】按钮，MySQL Workbench 将自动生成完整的创建触发器的 SQL 指令，并打开脚本面板，如图 10-20 所示。

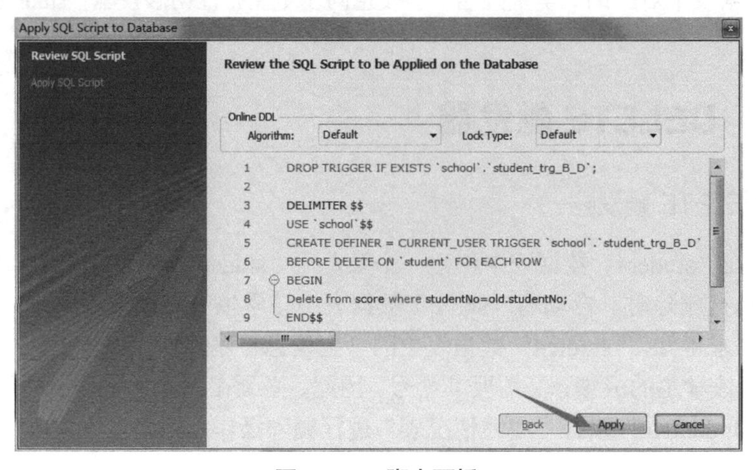

图 10-20　脚本面板

（5）单击图 10-20 中的【Apply】按钮，执行指令，在弹出的面板中单击【Finish】按钮完成触发器的创建，如图 10-21 所示。

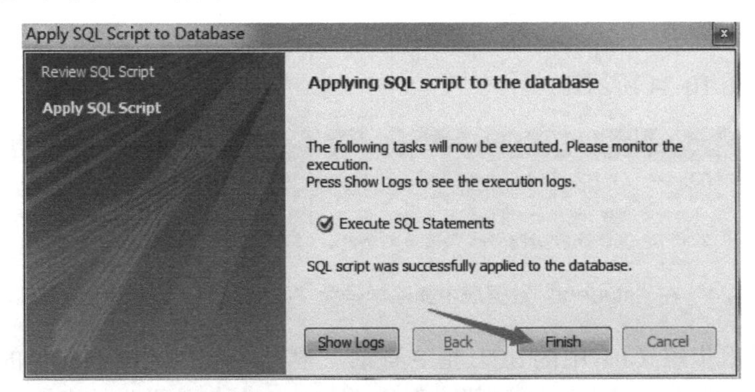

图 10-21 完成触发器的创建

（6）返回 MySQL Workbench 主窗口，可以看到【Schemas】选项卡中的【student】数据表的【Triggers】中已经增加了一个新创建的触发器【student_trg_B_D】，如图 10-22 所示。

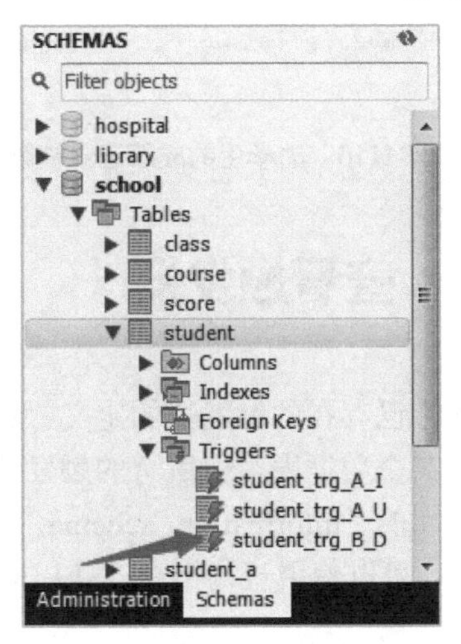

图 10-22 成功创建“student_trg_B_D”触发器

2. 验证 DELETE 触发器

【例 10.6】示范对上文所创建的“student_trg_B_D”触发器进行验证操作。

【例 10.6】在“student”数据表中删除“学号”为“D20C11110”的学生记录，验证该学生在“score”数据表中的成绩记录是否已同步被删除。

（1）在删除前首先使用以下 SQL 指令在“score”数据表中查询该学生的成绩信息。

```
SELECT*FROM score WHERE studentNo='D20C1110';
```

在 MySQL Workbench 的【Query1】窗格中输入以上指令并执行，结果如图 10-23 所示。

studentNO	courseNO	examdate	studentScore
D20C1110	1001	2022-01-14	82.00
D20C1110	1002	2022-01-13	84.00

图 10-23 查询学生成绩记录

（2）输入并执行以下 SQL 指令，将“student”数据表中“学号”为“D20C1110”的学生的基础信息删除：

```
DELETE FROM student WHERE studentNo='D20C1110';
```

执行结果如图 10-24 所示。

图 10-24　在“student”数据表中删除学号为“D20C1110”的学生的基础信息

（3）再次使用步骤（1）中的 SQL 指令查询“学号”为“D20C1110”的学生的成绩信息，在【Output】窗格中可以看到，“学号”为“D20C1110”的学生的成绩信息已经为空集，如图 10-25 所示。这说明在删除该学生的基础信息时，该学生的成绩记录也已被触发器自动删除了，证明“student_trg_B_D”触发器是有效且正常的。

	studentNO	courseNO	examdate	studentScore
*	NULL	NULL	NULL	NULL

图 10-25　“D20C1110”的学生的成绩记录被触发器自动删除

10.3　查看触发器

扫一扫，
看微课

10-5　触发器的查看与删除

查看触发器是指查看数据库中已存在的触发器的定义、状态和语法等信息。触发器虽然依附某个数据表，但所有的触发器信息都保存在 MYSQL 的系统数据库的“information_ schema”数据表中，因此如果需要查看数据库中有哪些已经建好的触发器，可以使用查询指令“SELECT”对“information_schema”数据表进行操作，其语法格式如下：

```
SELECT * FROM information_schema.triggers;
```

也可以使用“SHOW”指令来查看触发器的基本信息，其基本语法格式如下：

```
SHOW TRIGGERS FROM DBname ;
```

DBnam 为指定的数据库名称。

【例 10.7】查看“school”数据库中的触发器的信息，SQL 指令如下：

```
SHOW TRIGGERS FROM school;
```

在 MySQL Workbench 的【Query1】窗格中输入以上指令，执行结果如图 10-26 所示。

Trigger	Event	Table	Statement	Timing	Created	sql_mode	Definer	character_	collation_connection	Database Collation
student_trg_A_I	INSERT	student	BEGIN INSERT...	AFTER	2021-07-...	ONLY_F...	root@...	utf8mb4	utf8mb4_general_ci	utf8_general_ci
student_trg_A_U	UPDATE	student	BEGIN update...	AFTER	2021-07-...	ONLY_F...	root@...	utf8mb4	utf8mb4_general_ci	utf8_general_ci
student_trg_B_D	DELETE	student	BEGIN Delete ...	BEFORE	2021-07-...	ONLY_F...	root@...	utf8mb4	utf8mb4_general_ci	utf8_general_ci

图 10-26　查看触发器

从图 10-26 中可以看到前面已创建的 3 个触发器的具体状态信息。

10.4 删除触发器

在 MySQL 中删除已定义的触发器，类似删除数据库或数据表的操作，同样也可使用“DROP”指令进行删除操作，其基本语法格式如下：

```
DROP TRIGGER [IF EXISTS] 触发器名;
```

【例 10.8】删除“school”数据库中的“student_trg_B_D”触发器。

（1）在 MySQL Workbench 的【Query1】窗格中输入 SQL 指令如下：

```
DROP TRIGGER student_trg_B_D;
```

（2）执行以上指令，执行结果如图 10-27 所示。

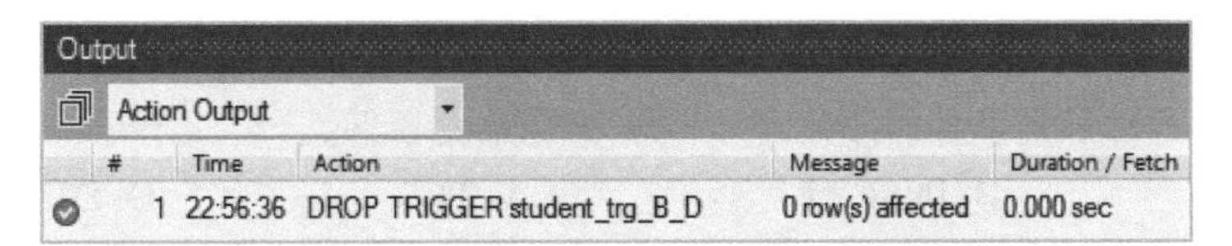

图 10-27 删除“student_trg_B_D”触发器

（3）使用“SHOW TRIGGERS FROM school;”指令查看“school”数据库此时的触发器信息，执行结果如图 10-28 所示。

Result Grid | Filter Rows: | Export: | Wrap Cell Content:

Trigger	Event	Table	Statement	Timing	Created	sql_mode	Definer	character_	collation_connection	Database Collation
student_trg_A_I	INSERT	student	BEGIN INSERT...	AFTER	2021-07-...	ONLY_F...	root@...	utf8mb4	utf8mb4_general_ci	utf8_general_ci
student_trg_A_U	UPDATE	student	BEGIN update...	AFTER	2021-07-...	ONLY_F...	root@...	utf8mb4	utf8mb4_general_ci	utf8_general_ci

图 10-28 触发器“student_trg_B_D”被删除

由图 10-28 可见，触发器“student_trg_B_D”不再存在于列表中，该触发器已被成功删除。

10.5 应用实践

使用“5.4 应用实践”中准备好的“library”数据库及其数据，并在“library”数据库中新建一个图书信息简表“book_simple”以备用（包含“图书编号”“图书名称”及“单价”），要求实现以下需求。

1. 创建一个 INSERT 触发器，其功能为：当在“book”数据表中添加记录时，也相应地在“book_simple”数据表中添加记录。

2. 验证题 1 创建的触发器是否有效：在“book”数据表中添加记录“('C01325','中国神话故事', '李丽', '小天才出版社', '2020-05-20', '60', '40')”，验证“book_simple”数据表中是否相应地添加记录。

3. 创建一个 UPDATE 触发器，其功能为：当在“book”数据表中更新记录时，“book_

simple”数据表中也同步更新记录。

4. 验证题 3 创建的触发器是否有效：将“book”数据表中的“图书编号”为“C01039”的“图书名称”变更为“安徒生童话”，验证“book_simple”数据表中图书编号为“C01039”的“图书名称”是否同步更新。

5. 在“library”数据库中创建一个 DELETE 触发器，其功能为：当“读者信息表”（reader）中的读者信息被删除时，自动将“图书借阅信息表”（borrow）中对应的该读者的借阅记录也删除。

6. 验证题 5 创建的触发器是否有效：在“reader”数据表中删除“读者编号”为“10002”的读者信息，验证“borrow”数据表中对应的读者借阅信息是否同步被删除。

10.6 思考与练习

一、选择题

1. 触发器有三种触发事件，下列（　　）不是触发事件。

A. UPDATE　　B. INSERT　　C. ALTER　　D. DELETE

2. 如果需要删除触发器“test_trg_A_U”，则以下指令正确的是（　　）。

A. DROP TRIGGER test_trg_A_U　　B. DROP*FROM test_trg_A_U

C. ALERT TRIGGER test_trg_A_U　　D. SHOW TRIGGER test_trg_A_U

3. 以下关于触发器的说法中，正确的是（　　）。

A. 触发器创建好后不能修改，如果需要实现新功能则必须删除已创建的触发器后重新创建新的触发器

B. 触发器一经定义就不能修改或删除

C. 触发器是当有某种符合触发条件的事件产生时就被触发

D. 触发器必须调用才能使用

二、填空题

1. 在 MySQL 中，只有执行__________、__________及__________指令时，触发器中的 SQL 指令才会自动被激活并运行。

2. MySQL 中一共有 6 种类型的触发器，分别为__________、__________、__________、__________、__________、__________。

3. 在 MySQL 中可以使用________________指令查看数据库中已存在的触发器的定义、状态和语法等信息。

第 11 章　数据库的备份与恢复

知识目标

1. 认识数据备份的必要性与重要性；
2. 掌握数据库的备份与恢复的相关知识。

能力目标

能够根据现实条件，选择可行的方法对 MySQL 数据库进行备份或恢复操作。

素质目标

1. 培养重视数据安全的意识；
2. 养成严谨的工匠精神和工作态度。

知识导图

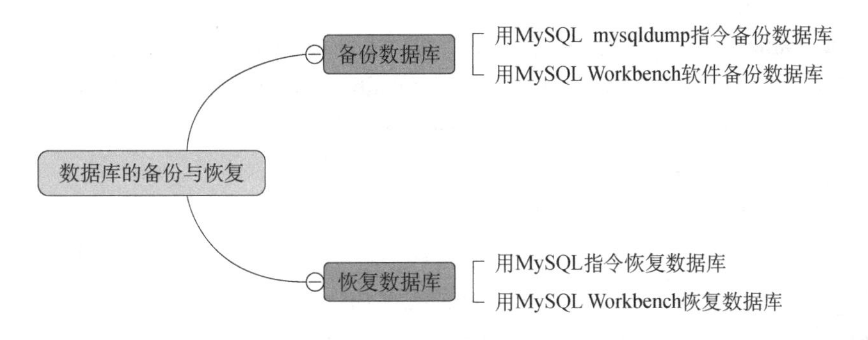

11.1　备份数据库

扫一扫，看微课

11-1　备份数据库

虽然 MySQL 系统本身已经采取了各种措施来保证数据库的安全性、正确性与完整性，但是现实中仍然存在很多不可预估的破坏因素，这些因素影响着数据库系统的正常运行，甚至导致数据库崩溃或瘫痪。因此，在数据库管理中，数据备份有着举足轻重的意义——当数据库因为各种意外导致数据损失时，有效、及时对数据库进行备份就能保障数据在第一时间迅速被恢复，从而最大限度减少损失。

备份 MySQL 数据库的方法与工具有很多，本章介绍其中两种：

（1）使用 MySQL mysqldump 指令备份数据库；

（2）使用 MySQL Workbench 指令备份数据库。

11.1.1 用 MySQL mysqldump 指令备份数据库

通过前面的学习可知，MySQL 中一切数据库管理操作（建库、建表、添加数据、更新数据、建设视图……）都可以通过 SQL 指令完成。换个角度理解，如果能够将这些指令保存下来，就相当于保存了这些操作。

这就是 MySQL 数据库的备份原理——将数据库中的一切内容（包括数据表、数据、视图、存储过程……）转储为相应操作的 SQL 指令，统一存储在一个脚本文件中，必要时再读取、执行这个文件中的指令，即可达到备份数据库的目的。

mysqldump 是 MySQL 自带的一个转储工具，它的作用是将 MySQL 数据库转储成上述的 SQL 脚本文件，以达到备份数据库的目的。

mysqldump 是 DOS 环境的工具，需要在 Windows 的“命令提示符”中运行。相关的 DOS 操作指令如下：

```
mysqldump -u username [-h hostname] -p dbname[tblist]>backup_name.sql
```

其中，

- username 表示登录 MySQL 的用户名。
- hostname 表示登录用户的主机名，为可选项，如果主机为本地主机则可省略此项。
- dbname 表示需要备份的数据库名称。
- tblist 表示需要备份的数据表的名称列表，为可选项，如果需要备份的是该数据库的所有数据表则可省略此项。
- backup_name.sql 表示备份文件的名称，包含路径名和备份文件名。

【例 11.1】将“hospital”数据库备份为“hospital_db.sql”，并保存到 D:\MYbackup 文件夹中。

（1）确认并保证 D 盘根目录下存在 MYbackup 文件夹。

（2）主机为本地主机，所以主机名称“-h hostname”可省略。

（3）备份整个数据库，因此数据表名称“tblist”可省略。

（4）以管理员身份打开 Windows 的“命令提示符”，在窗口中输入以下指令后按回车键：

```
mysqldump -u root -p hospital>D:\MYbackup\hospital_db.sql
```

（5）输入 MySQL 的登录密码，再次按回车键。执行结果如图 11-1 所示。

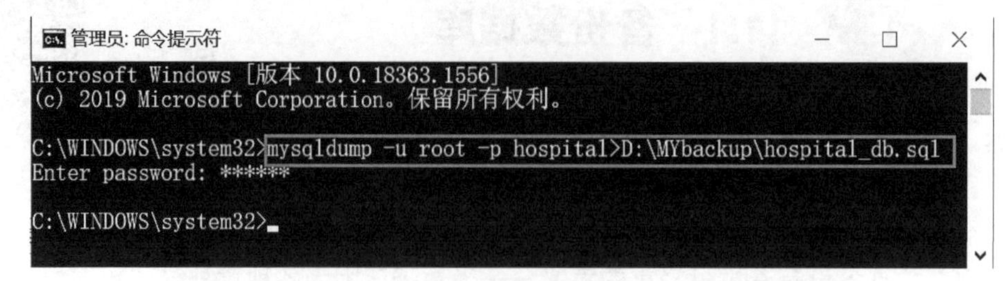

图 11-1 用 MySQL mysqldump 指令备份“hospital”数据库

（6）打开 D:\MYbackup 文件夹，可以看到已增加了一个“hospital_db.sql”备份文件，如图 11-2 所示。

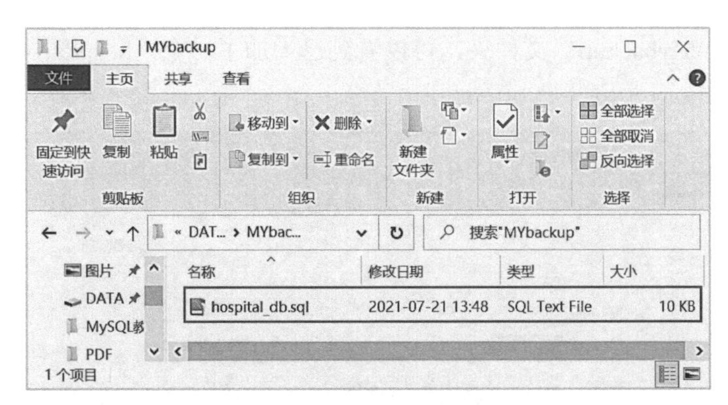

图 11-2 数据库备份成功

可以使用记事本或 MySQL Workbench 软件打开备份文件“hospital_db.sql”以查看其中的内容，如图 11-3 所示。

```
hospital_db.sql - 记事本
文件(F) 编辑(E) 格式(O) 查看(V) 帮助(H)
-- MySQL dump 10.13  Distrib 8.0.24, for Win64 (x86_64)
--
-- Host: 127.0.0.1    Database: hospital
-- ------------------------------------------------------
-- Server version	5.7.26

/*!40101 SET @OLD_CHARACTER_SET_CLIENT=@@CHARACTER_SET_CLIENT */;
/*!40101 SET @OLD_CHARACTER_SET_RESULTS=@@CHARACTER_SET_RESULTS */;
/*!40101 SET @OLD_COLLATION_CONNECTION=@@COLLATION_CONNECTION */;
/*!50503 SET NAMES utf8 */;
/*!40103 SET @OLD_TIME_ZONE=@@TIME_ZONE */;
/*!40103 SET TIME_ZONE='+00:00' */;
/*!40014 SET @OLD_UNIQUE_CHECKS=@@UNIQUE_CHECKS, UNIQUE_CHECKS=0 */;
/*!40014 SET @OLD_FOREIGN_KEY_CHECKS=@@FOREIGN_KEY_CHECKS,
FOREIGN_KEY_CHECKS=0 */;
/*!40101 SET @OLD_SQL_MODE=@@SQL_MODE, SQL_MODE='NO_AUTO_VALUE_ON_ZERO'
*/;
/*!40111 SET @OLD_SQL_NOTES=@@SQL_NOTES, SQL_NOTES=0 */;

--
-- Table structure for table `cost`
--
```

图 11-3 查看数据库备份文件内容

【例 11.2】将“hospital”数据库中的“doctor”数据表备份为“hospital_doctor.sql”，并保存到“D:\Mybackup”文件夹中。

（1）需要备份的是数据库中的一个数据表，因此“hospital”数据库名称后需要写上数据表名称“doctor”。

（2）以管理员身份打开 Windows 的“命令提示符”，输入如下指令后按回车键：

```
mysqldump -u root -p hospital doctor>D:MYbackup\hospital_doctor.sql
```

（3）输入 MySQL 的登录密码，并按回车键，执行结果如图 11-4 所示。

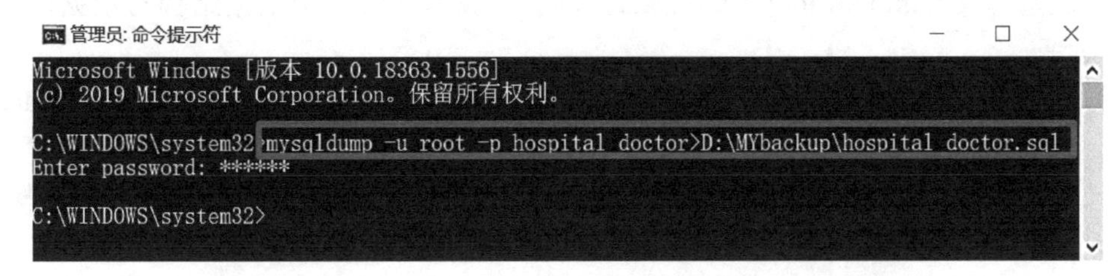

图 11-4 用 MySQL mysqldump 指令备份“doctor”数据表

（4）查看“D:\Mybackup”文件夹，可以看到已增加了一个“hospital_doctor.sql”备份文件，如图 11-5 所示。

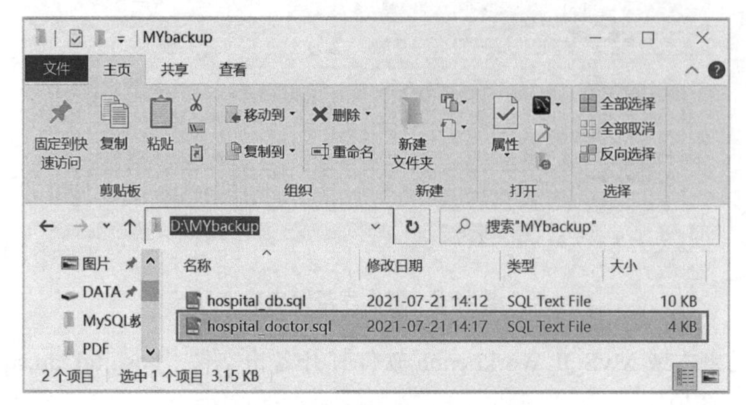

图 11-5 “doctor”数据表备份成功

11.1.2 用 MySQL Workbench 软件备份数据库

也可以在 MySQL Workbench 软件的图形化页面中进行数据库的备份操作。

【例 11.3】备份“school”数据库中的“student”“class”“course”“score”4 个数据表，并分别保存到 D:\MYbackup 文件夹中。

（1）在 MySQL Workbench 主页面的左侧面板中选择【Administration】选项卡，在【Administration】选项卡中选择【Data Export】选项，如图 11-6 所示。

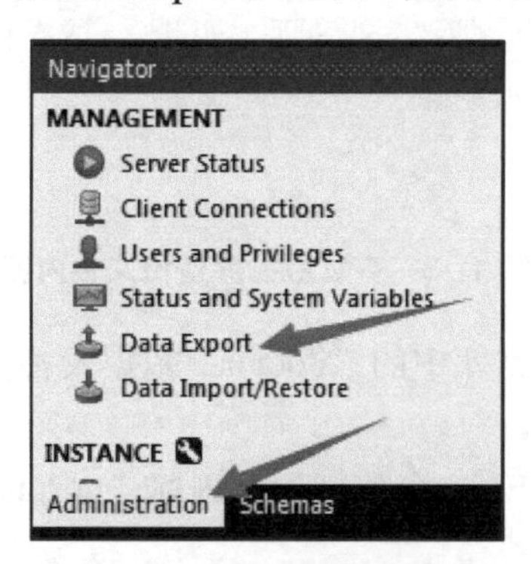

图 11-6 在【Administration】选项卡中选择【Data Export】选项

（2）在打开的【Data Export】面板中的【Tables to Export】栏中勾选需要备份的数据库【school】，并在右侧的列表中勾选【student】【class】【course】【score】数据表；在备份类型的下拉列表选择【Dump Structure and Data】选项，表示同时备份数据结构与数据内容，如图 11-7 所示。

（3）在【Object to Export】栏中，有三个复选项分别为【Dump Stored Procedures and Functions】【Dump Events】【Dump Triggers】，分别表示“备份存储过程与存储函数”“备份事务”“备份触发器”，可根据需要自行选择（【例 11.3】中无要求，故本书没有进行选择），如图 11-8 所示。

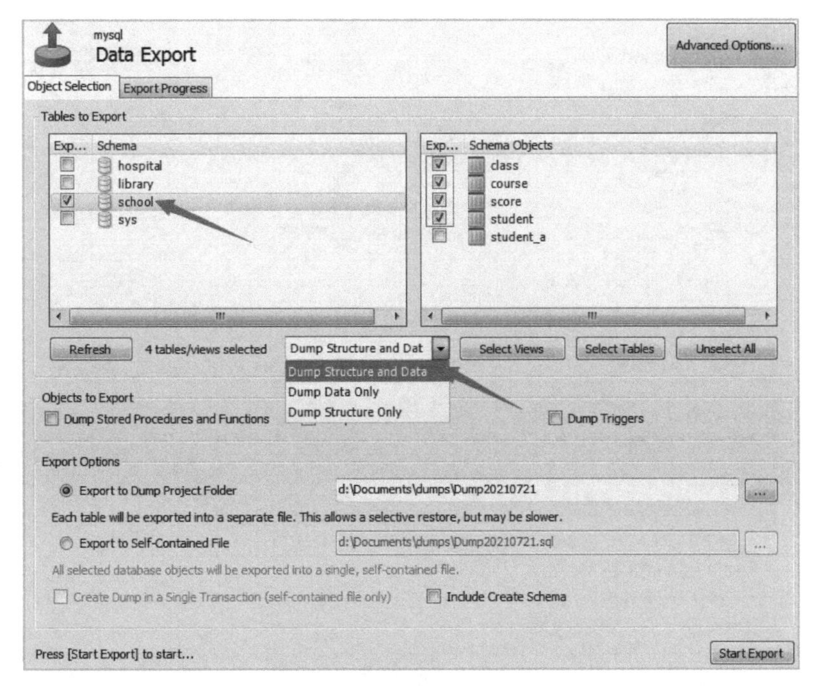

图 11-7　选择需要备份的数据库与数据表

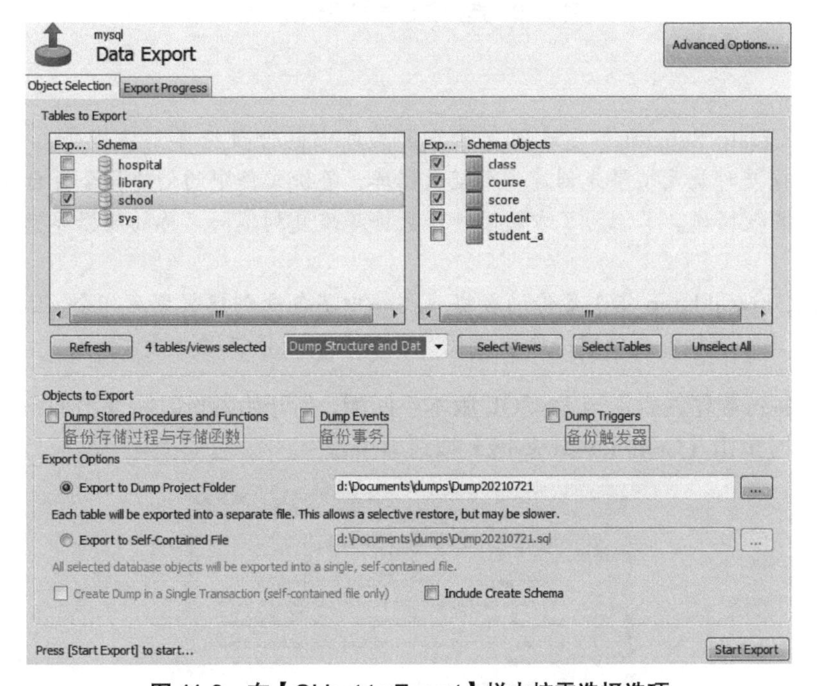

图 11-8　在【Object to Export】栏中按需选择选项

（4）在【Export Options】栏中选择备份方式：【Export to Self-Contained File】，表示把所有备份内容全部保存在一个 SQL 文件中。

（5）在地址栏输入保存备份文件的文件夹“D:\Mybackupl”，单击其右侧的按钮，选择保存目录，并将备份文件命名为“school_db.sql”；单击右下角的【Start Export】按钮开始备份，如图 11-9 所示。

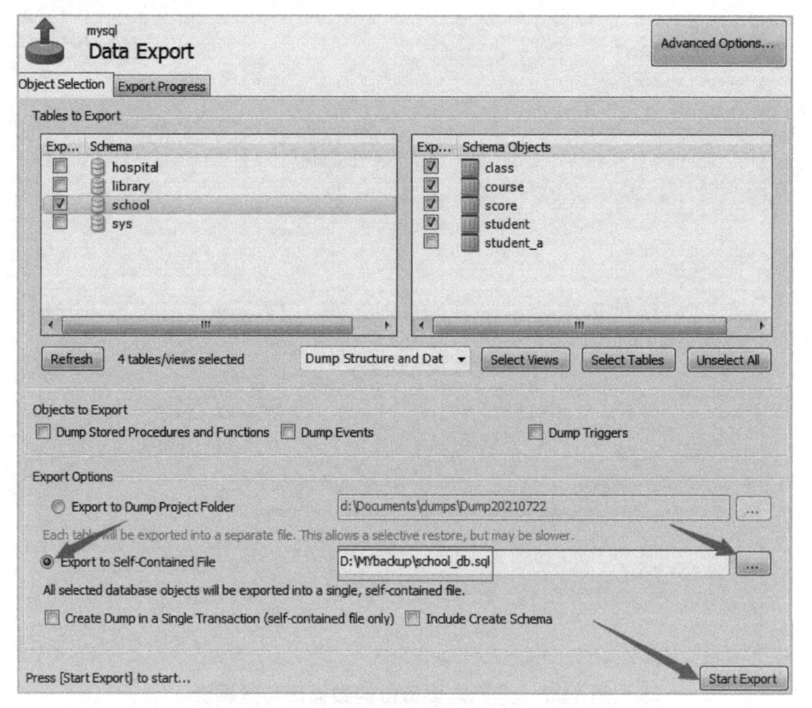

图 11-9　选择备份方式及保存目录

注：

"Include Create Schema"复选项表示备份文件中包含数据库创建指令，如果勾选了此复选项，则在恢复时就无须事先创建一个空数据库，备份文件中的创建指令会自动创建一个与原数据库同名的数据库。本例为了方便后续将数据库恢复到不同名称的数据库中，在此不勾选该复选项。

用 MySQL mysqldump 指令备份的数据库文件中不包含创建数据库指令，因此在用该文件恢复数据库之前，必须首先创建一个空数据库，否则将无法正常恢复。

（6）如果备份程序的版本与 MySQL 版本不匹配，当开始备份时将弹出如图 11-10 所示提示对话框，此时单击【Continue Anyway】按钮即可。

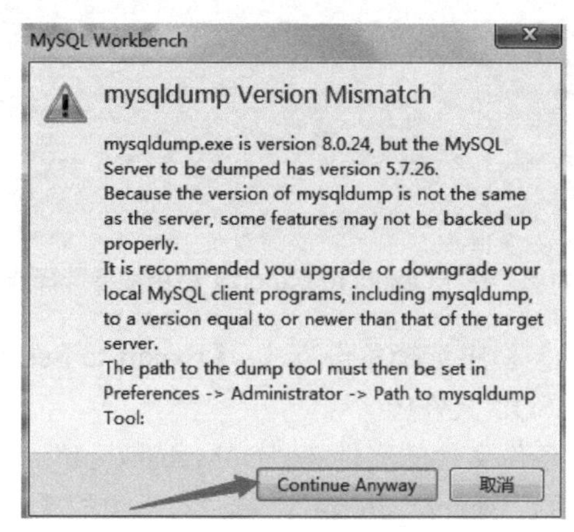

图 11-10　版本不一致提示对话框

（7）数据备份的进度如图 11-11 所示，“……D:\MYbackup\school_db.sql has finished”表示备份已完成。

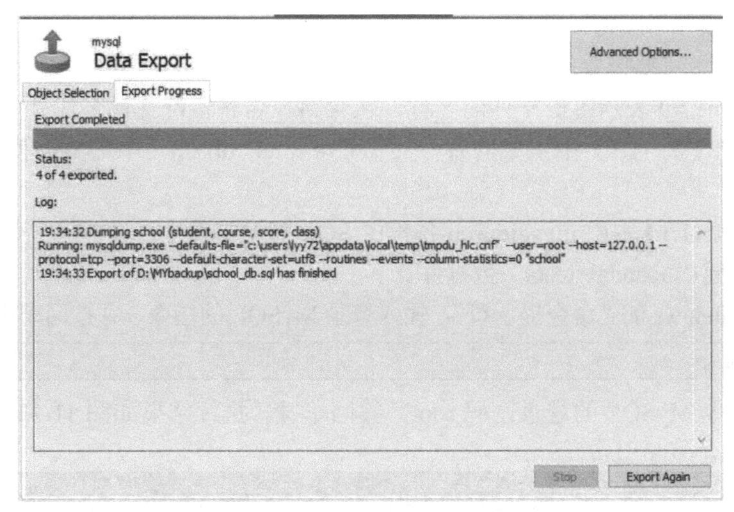

图 11-11　数据库备份的进度

（8）备份完成后，打开“D:\Mybackup”文件夹可以查看到“school”数据库的备份文件“school_db.sql”，如图 11-12 所示。

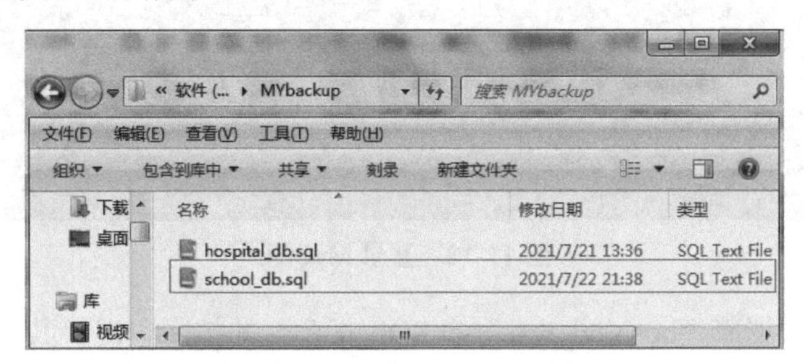

图 11-12　备份文件夹中的文件

注：

如果需要将各个数据表分别备份为独立的.sql 文件，并备份到转储文件夹中，只需要在上述的步骤（4）中，选择【Export to Dump Project Folder】选项即可。

扫一扫，
看微课

11-2　恢复数据库

11.2　恢复数据库

恢复数据库是备份数据库的反向操作——将 SQL 脚本文件转储为数据库中的内容。恢复 MySQL 数据库的工具与方法有很多。本章介绍两种方法：MySQL 指令与 MySQL Workbench 软件。

11.2.1　用 MySQL 指令恢复数据库

使用 MySQL 指令进行数据库恢复的语法格式如下：

```
mysql -u username -p dbname<backupname.sql
```

其中，

- username 表示 MySQL 登录用户名。
- dbname 表示将要恢复的数据库。
- backupname.sql 表示备份文件的名称，包含路径名和备份文件名。

【例 11.4】把【例 11.1】中生成的备份文件“hospital_db.sql”中的数据恢复到“hospital_test”数据库中。

（1）因为【例 11.1】中用 mysqldump 备份的 SQL 脚本文件中，并不包含数据库创建指令，因此必须事先创建“hospital_tests”数据库。

（2）打开 Windows 的“命令提示符”，输入登录 MySQL 的指令，并按回车键。其指令如下：

```
Mysql –u root –p
```

（3）输入本地 MySQL 的登录密码 root，按回车键。执行结果如图 11-13 所示。

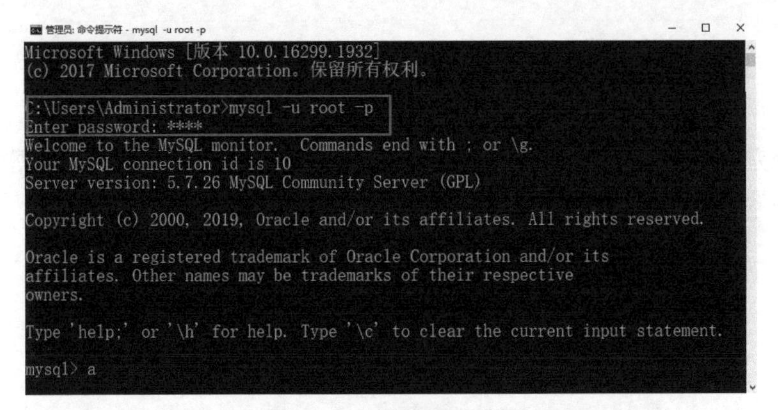

图 11-13 登录 MySQL

（4）输入创建数据库“hospital_test”的 SQL 指令，并按回车键。其指令如下：

```
create database hospital_test;
```

执行结果如图 11-14 所示。

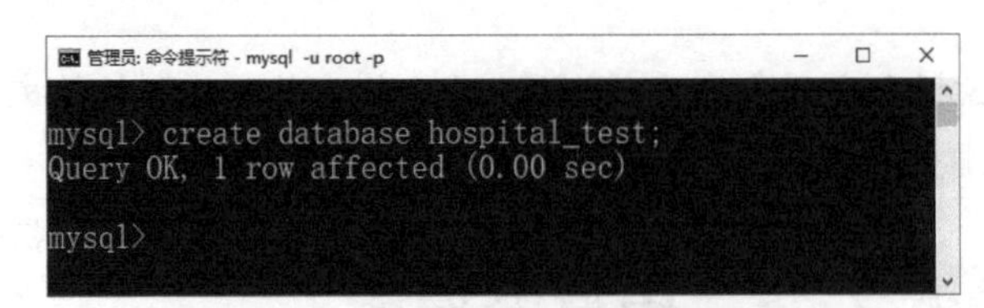

图 11-14 创建数据库“hospital_test”

（5）输入“exit;”指令退出 MySQL，如图 11-15 所示。

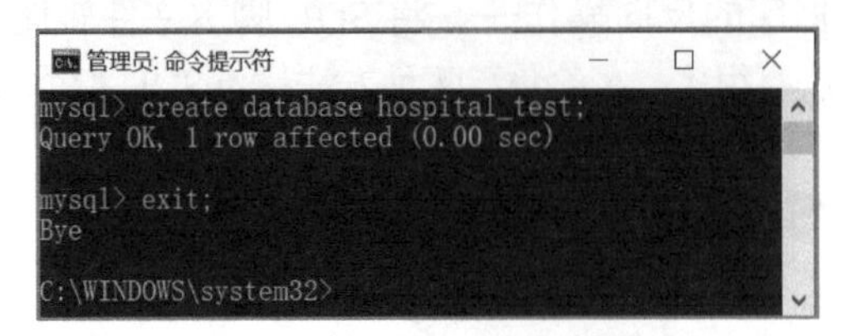

图 11-15 退出 MySQL

（6）【例 11.1】中生成的备份文件存放的路径是 D:\MYbackup\hospital_db.sql，因此将该备份文件恢复到“hospital_test”数据库的指令如下：

```
mysql -u root -p hospital_test < D:\MYbackup\hospital_db.sql
```

按回车键，执行以上指令，输入 MySQL 的登录密码后再次按回车键，执行如图 11-16 所示。

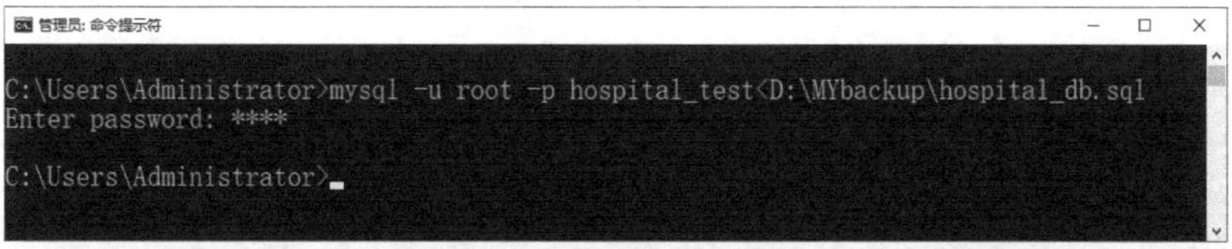

```
管理员: 命令提示符
C:\Users\Administrator>mysql -u root -p hospital_test<D:\MYbackup\hospital_db.sql
Enter password: ****

C:\Users\Administrator>
```

图 11-16　用 MySQL 指令恢复“hospital_db.sql”执行结果

（7）重新输入图 11-17 中框中所示的指令，再次登录 MySQL，选择“hospital_test”数据库，并查看数据库中的数据表，可以看到“hospital_test”数据表中已包含了“hospital”库中的全部数据表，此时数据库已恢复成功，如图 11-17 所示。

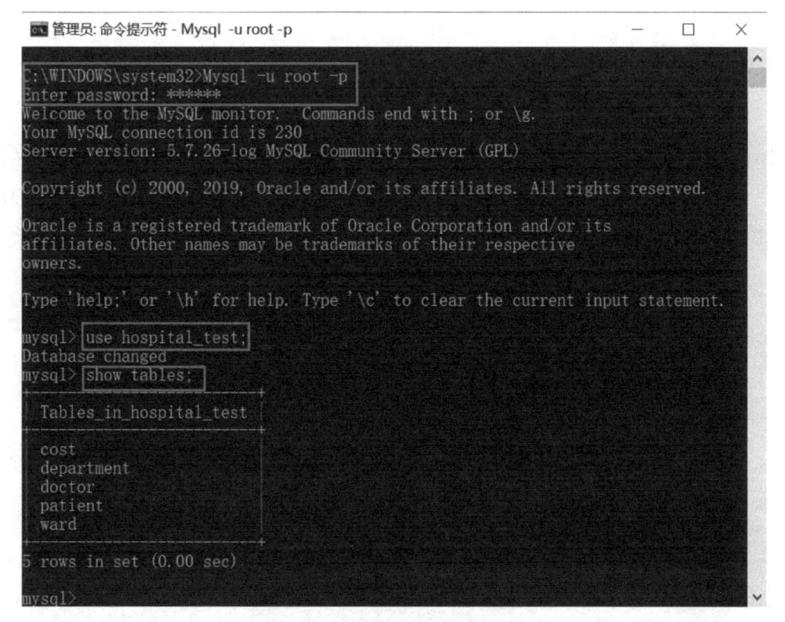

图 11-17　数据库恢复成功

11.2.2　用 MySQL Workbench 软件恢复数据库

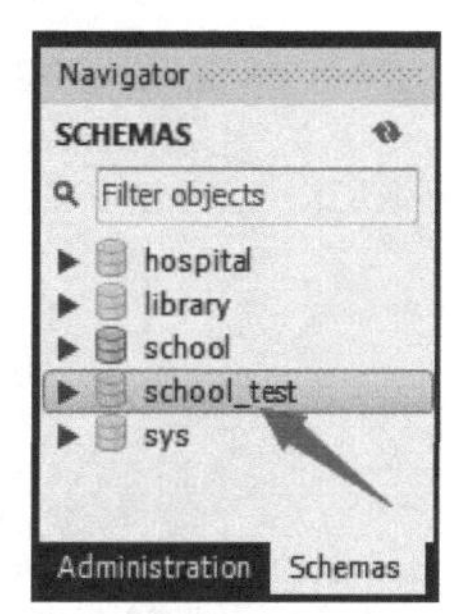

图 11-18　创建“school_test”数据库

【例 11.5】将【例 11.3】中生成的备份文件“school_db.sql”恢复到“school_test”数据库中。

（1）在 MySQL Workbench 软件的【Query1】窗格中执行“create database school_test;”指令，新创建一个名为“school_test”的数据库，如图 11-18 所示。

（2）进入 MySQL Workbench 软件主页面后，在左侧面板中选择【Administration】选项卡中的【Data Import/Restore】选项，打开【Data Import】面板，如图 11-19 所示。

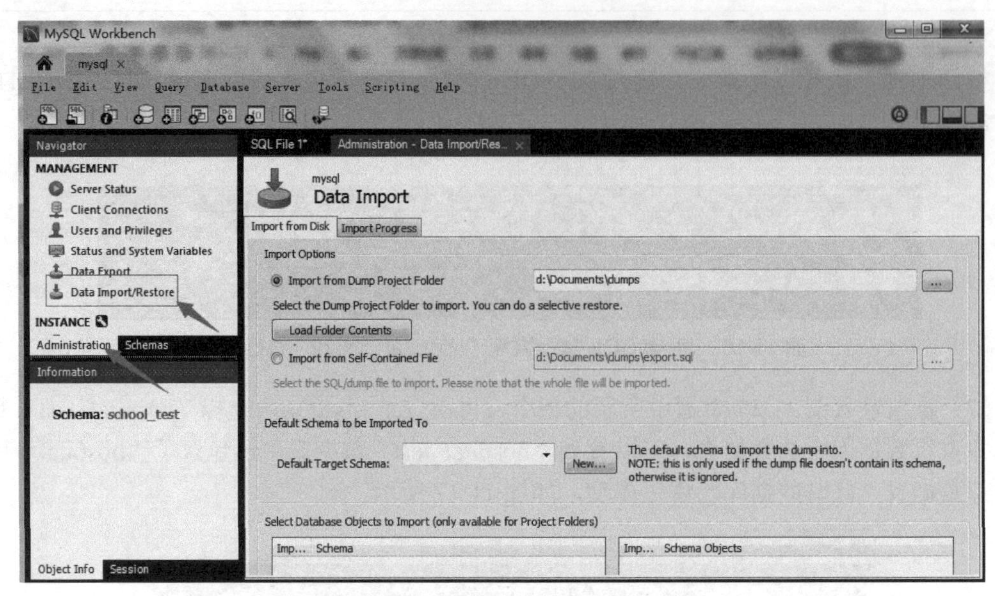

图 11-19　打开【Data Import】面板

（3）在【Import Option】栏选择【Import from Self-Contained File】（导入单独包含文件）单选项，单击其右侧的按钮，选择计算机中的备份文件；在【Default Target Schema】下拉列表中选择事先创建的【school_test】数据库；单击【Start Import】按钮，执行恢复操作，如图 11-20 所示。

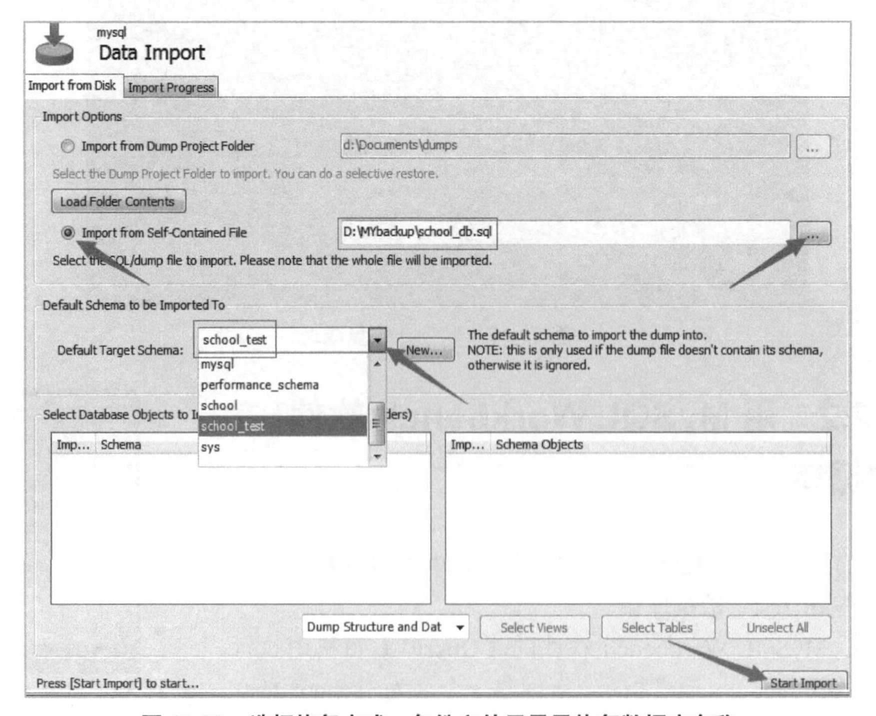

图 11-20　选择恢复方式、备份文件目录及恢复数据库名称

（4）恢复进度如图 11-21 所示，等待“...has finished”出现，即表示数据库恢复完成。

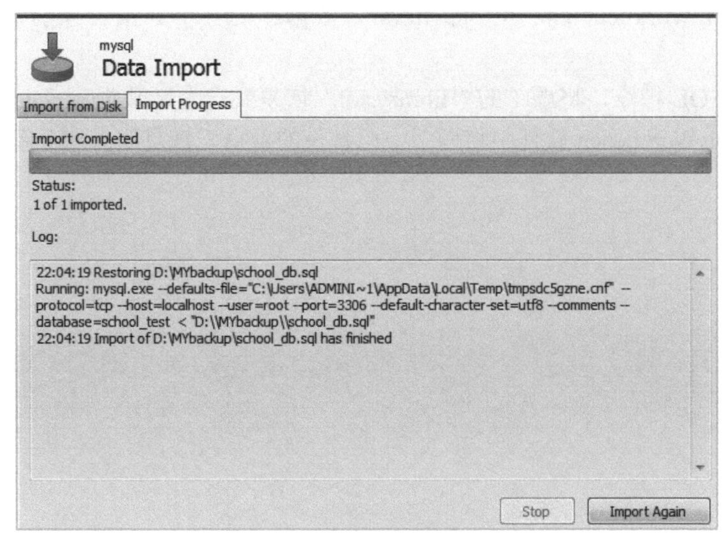

图 11-21　数据库恢复成功

（5）返回【Schemas】选项卡，单击刷新按钮，展开【school_test】数据库，可以发现其中包含的内容与备份文件所对应的数据库内容是一致的，至此数据库恢复成功，如图 11-22 所示。

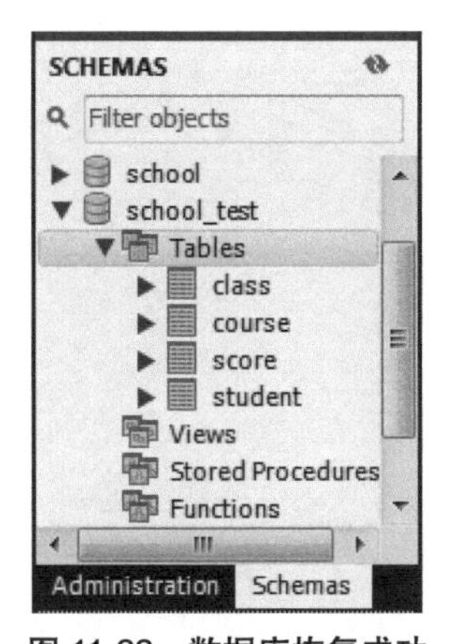

图 11-22　数据库恢复成功

注：

如果要恢复的数据库是一系列 SQL 文件，则应将这些 SQL 文件统一存放在一个目录下，并在上述的步骤（3）中，在【Import Option】栏中选择【Import from Dump Project Folder】单选项。

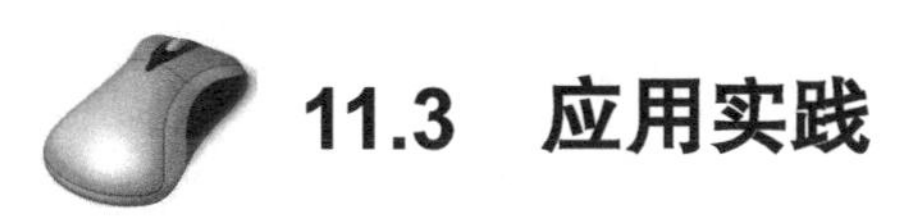

11.3　应用实践

1. 用 MySQL mysqldump 指令将“library”数据库备份到 D 盘根目录下，将备份文件命名为“library.sql”。

2. 在 MySQL Workbench 软件中将“library”数据库的各个数据表分别备份到不同的.sql 文件中。

3. 执行 MySQL 指令，将题 1 的“library.sql”恢复到一个新数据库“library_new”中。

4. 在 MySQL Workbench 软件中将题 2 中已备份的数据表恢复到另一个新数据库“library_test”中。

第 12 章　数据库设计综合项目实践

知识目标

1. 通过实践，理解数据库技术相关概念在实践中的应用；
2. 熟悉数据库设计的各步骤在具体项目中的实施方法。

能力目标

1. 能够转化项目的业务需求为信息化系统模型；
2. 能够根据需求分析完成数据库的设计、实施、测试、维护等工作。

素质目标

1. 培养沟通能力及通过沟通获取关键信息的能力；
2. 培养团队合作精神；
3. 培养对事物发展是渐进增长的认知；
4. 具备数据库设计人员的职业素养。

知识导图

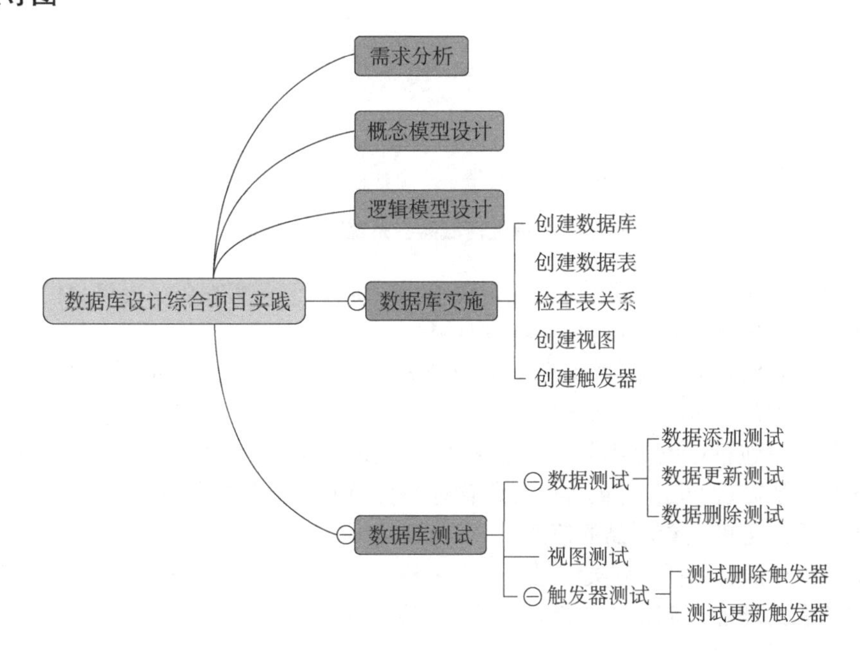

12.1 需求分析

需求分析是设计数据库过程中的第一个阶段，也是非常重要的一个环节。需求分析的结果，将直接影响后续各阶段的设计结果是否可用。需求分析的重点在于调查、收集并分析客户业务的数据需求、处理需求、安全性需求、性能需求等。需求分析人员既要对数据库设计有一定的了解，又要对客户业务的情况比较熟悉，一般由需求分析人员与数据库设计人员、客户合作进行需求分析。

本章以“网上商城购物系统”数据库（eshop）为例，该数据库的需求分析如下。

（1）“网上商城购物系统”分为前端子系统与后台管理子系统两大模块。

前端子系统主要功能包括会员登录与注册、管理个人信息、分类显示商品信息列表、管理购物车列表和订单列表、查看物流信息，发表商品评论等。

后台管理子系统主要功能包括管理用户信息、管理供应商信息、管理商品信息、管理商品分类信息、管理订单信息、管理物流信息、管理评论信息等。

（2）系统的用户角色有买家（普通用户）、普通管理员及系统管理员三种。

根据以上需求分析，绘制系统的功能模块如图 12-1 所示。

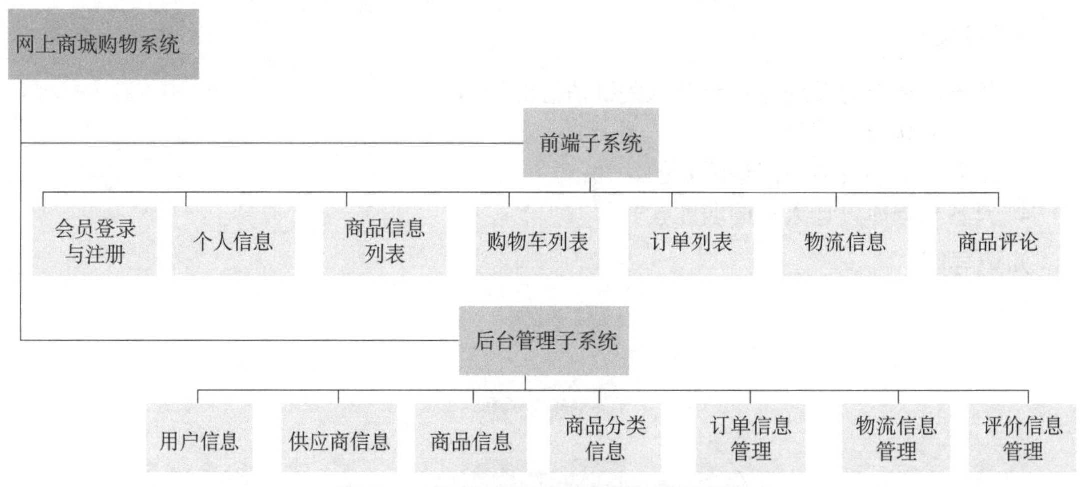

图 12-1 “网上商城购物系统”功能模块

（3）用户信息包括：用户账号、用户密码、用户昵称、真实姓名、用户身份，联系电话、收货地址等内容。任何用户均可更新其用户信息。

（4）供应商信息包括：供应商编号、供应商名称、工商注册号、供应商地址、供应商电话等内容。普通管理员可以对供应商信息进行增加、删除、更新、查询等操作。

（5）商品信息包括：商品编号、商品名称、所属分类、供应商编号、商品库存、商品单价、生产日期、保质期（天）等内容。普通管理员拥有对商品信息的增加、删除、更新、查询的权限，买家用户可以查看商品的信息。

（6）商品分类信息包括：分类编号、分类名称、分类级别、父级分类号。普通管理员拥有对商品分类信息的增加、删除、更新、查询的权限，买家用户可以通过不同的分类查看相应的商品。

（7）订单信息包括：订单编号、用户账号、支付金额、订单时间、支付方式，以及与该订单相关的记录编号、订单编号、商品编号、商品单价、购买数量等内容。

（8）物流信息包括：物流单号、物流公司、订单编号、邮费等内容。

（9）评论信息包括：评论编号、用户编号、商品编号、评论时间、评论内容等内容。

12.2　概念模型设计

根据需求分析，确定各物理实体与功能实体的全部属性及各实体之间的关系后，用系统 E-R 图来表示这些关系，如图 12-2 所示。

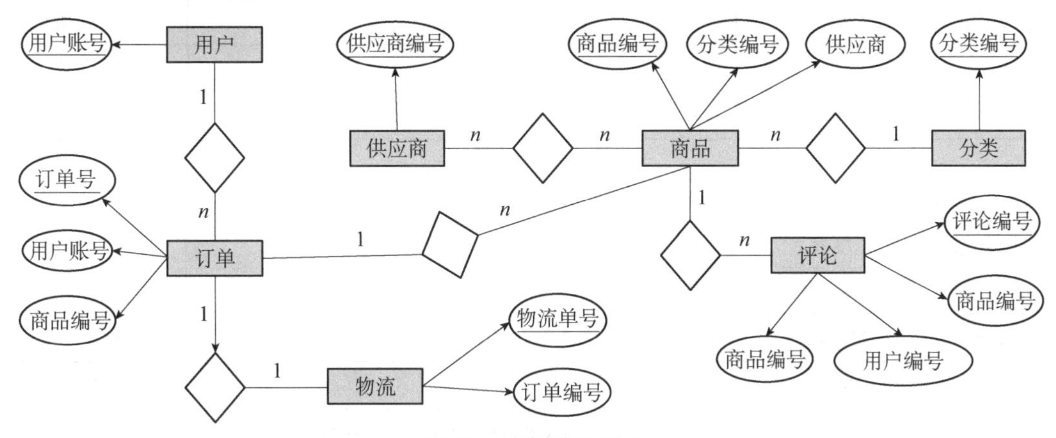

图 12-2　系统 E-R 图

注：

完整的 E-R 图应包含每个实体的全部属性。本章为了简化图形，只绘制了每个实体的关键属性及影响实体之间关联的属性。

12.3　逻辑模型设计

根据需求分析及 E-R 图，设计系统的数据库逻辑模型，即数据库中每张数据表的结构与约束规范。“网上商城购物系统”数据库（eshop）共有 8 张数据表，分别如表 12-1～表 12-8 所示。

表 12-1　“用户信息表”（user）结构设计

字段名称	数据类型	约　束	注　释
U_ID	VARCHAR(30)	主键，非空，唯一约束	用户账号
U_Ping	VARCHAR(20)	非空	用户密码
U_nickName	VARCHAR(20)	非空	用户昵称
U_realName	VARCHAR(20)		真实姓名
U_Indentify	TINYINT(4)	非空	用户身份：0:系统管理员；1:普通管理员；2:普通用户

续表

字段名称	数据类型	约　　束	注　　释
U_Phone	VARCHAR(11)	非空	联系电话
U_Address	VARCHAR(50)		收货地址

表 12-2 “供应商信息表”（supplier）结构设计

字段名称	数据类型	约　　束	注　　释
S_ID	CHAR(8)	主键，非空	供应商编号
S_name	VARCHAR(50)	唯一，非空	供应商名称
S_regis	CHAR(25)	非空	工商注册号
S_address	VARCHAR(100)	非空	供应商地址
S_phone	CHAR(20)	非空	供应商电话

表 12-3 “商品分类信息表”（class）结构设计

字段名称	数据类型	约　　束	注　　释
C_ID	INT(11)	主键，非空，自动递增	分类编号
C_name	VARCHAR(20)	唯一，非空	分类名称
C_level	INT(1)	非空	分类级别
C_parent	INT(11)	非空，与本表的 C_ID 字段主外键关联	父级分类号

表 12-4 “商品信息表”（goods）结构设计

字段名称	数据类型	约　　束	注　　释
G_ID	INT(11)	主键，非空，自动递增	商品编号
G_NAME	VARCHAR(50)	唯一，非空	商品名称
G_class	INT(11)	非空，与“class”数据表 C_ID 字段主外键关联	所属分类
S_ID	CHAR(8)	非空，与“supplier”数据表 S_ID 字段主外键关联	供应商编号
G_stock	INT(4)	非空	商品库存
G_price	FLOAT（6,2）	非空	商品单价
G_ptate	DATE	非空	生产日期
G_edate	INT(4)	非空	保质期（天）

表 12-5 “订单信息表”（order）结构设计

字段名称	数据类型	约　　束	注　　释
O_ID	INT (11)	主键，非空，自动递增	订单编号
O_customer	VARCHAR(30)	非空，与“user”数据表的 U_ID 字段主外键关联	用户账号
O_total	FLOAT(8,2)	非空	支付金额

续表

字段名称	数据类型	约　　束	注　　释
O_date	DATE	非空	订单时间
O_paymode	VARCHAR(20)	非空	支付方式

表 12-6　“订单详情表”(orderdetail) 结构设计

字段名称	数据类型	约　　束	注　　释
OD_ID	INT (11)	主键，非空，自动递增	记录编号
O_ID	INT (11)	非空，与“order”数据表的 O_ID 字段主外键关联	订单编号
G_ID	INT(11)	非空，与“goods”数据表的 G_ID 字段主外键关联	商品编号
G_price	FLOAT(6,2)	非空	商品单价
G_count	INT(3)	非空	购买数量

表 12-7　“物流信息表”(logistics) 结构设计

字段名称	数据类型	约　　束	注　　释
L_ID	INT (11)	主键，非空，自动递增	物流单号
L_company	VARCHAR(20)	非空	物流公司
O_ID	INT (11)	非空，与“order”数据表的 O_ID 字段主外键关联	订单编号
L_fee	FLOAT(5,2)	非空，默认值为 0.00 元	邮费

表 12-8　“评论信息表”(comment) 结构设计

字段名称	数据类型	约　　束	注　　释
C_ID	INT (8)	主键，非空，自动递增	评论编号
C_custmor	VARCHAR(30)	非空，与“user”数据表的 U_ID 字段主外键关联	用户编号
G_ID	INT(11)	非空，与“goods”数据表的 G_ID 字段主外键关联	商品编号
C_time	DATETIME	非空	评论时间
C_content	VARCHAR(300)	非空	评论内容

12.4　数据库实施

扫一扫，看微课

12-1　数据库实施

确定数据库中各个数据表的数据结构后，就可进入数据库的实施阶段，即在 MySQL 中通过 SQL 指令或图形化工具实现逻辑设计。

使用图形化工具实现逻辑设计比较简单，为了进一步加深对 SQL 知识的理解，本章采用 SQL 指令操作来进行示范。

12.4.1　创建数据库

(1) 启动 MySQL Workbench 软件，单击“MySQL Connections”右侧的⊕，如图 12-3 所示。

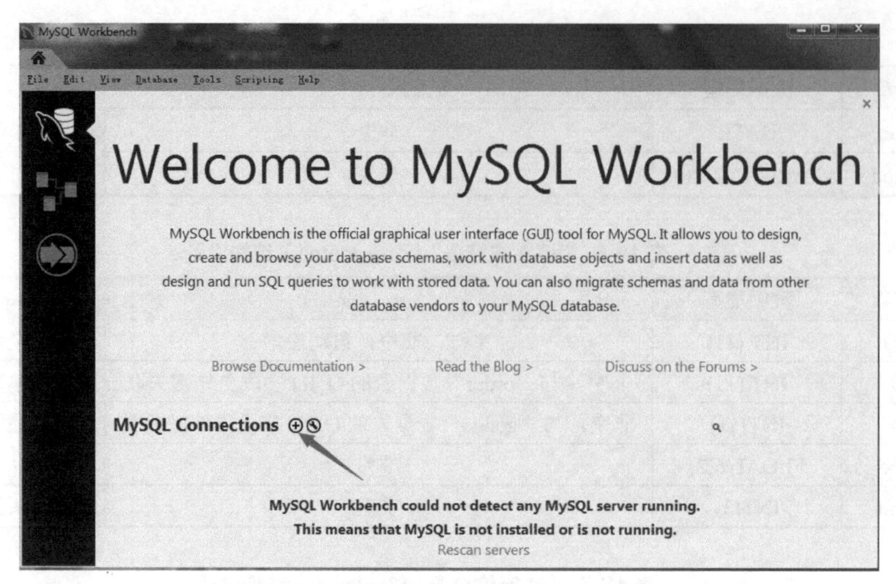

图 12-3　启动 MySQL Workbench 软件

（2）进入服务器连接参数的编辑页面，在【Connection Name】文本框内输入一个自定义的连接名，如果服务器是本地计算机，则其他参数保持默认值即可，单击【OK】按钮，如图 12-4 所示。

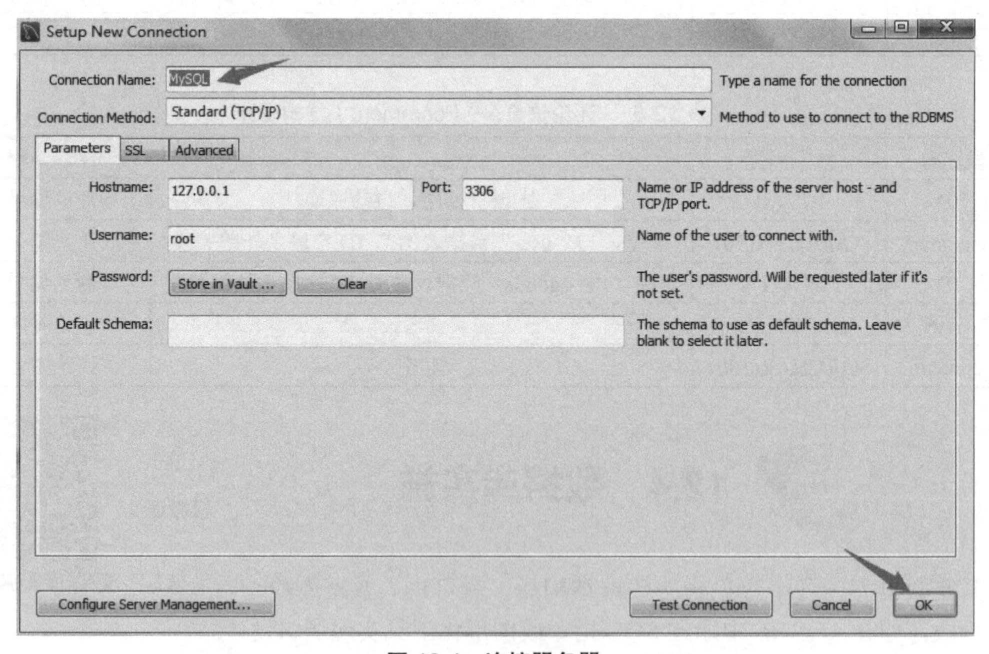

图 12-4　连接服务器

（3）在打开的页面中单击新建的数据库服务器实例，如图 12-5 所示。

（4）在弹出的登录对话框中输入安装 MySQL 时设置的密码，为方便后续操作不再重复输入密码，可勾选【Save password in vault】复选项，单击【OK】按钮，如图 12-6 所示。

（5）进入 MySQL Workbench 软件主页面，如图 12-7 所示。

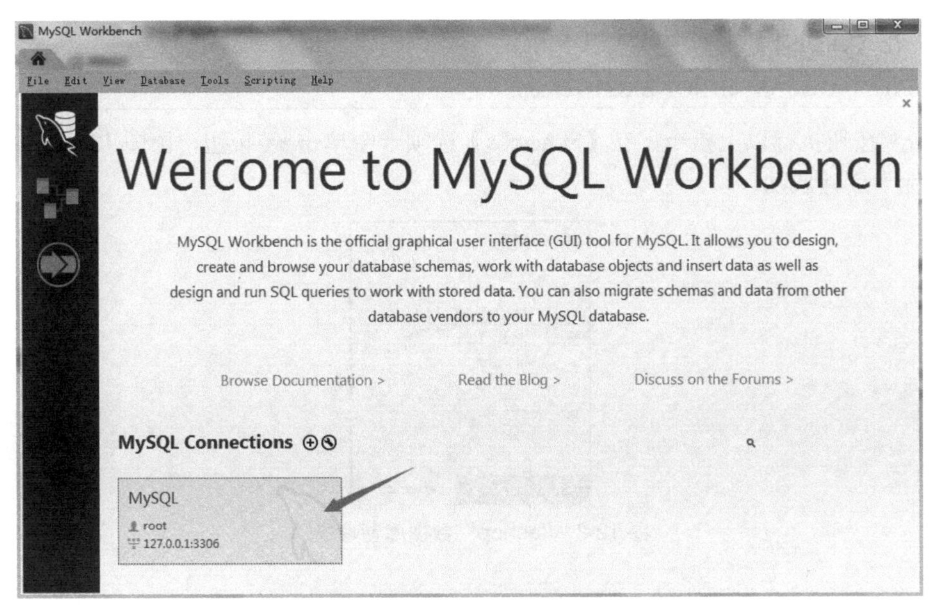

图 12-5　单击数据库服务器实例

图 12-6　登录对话框

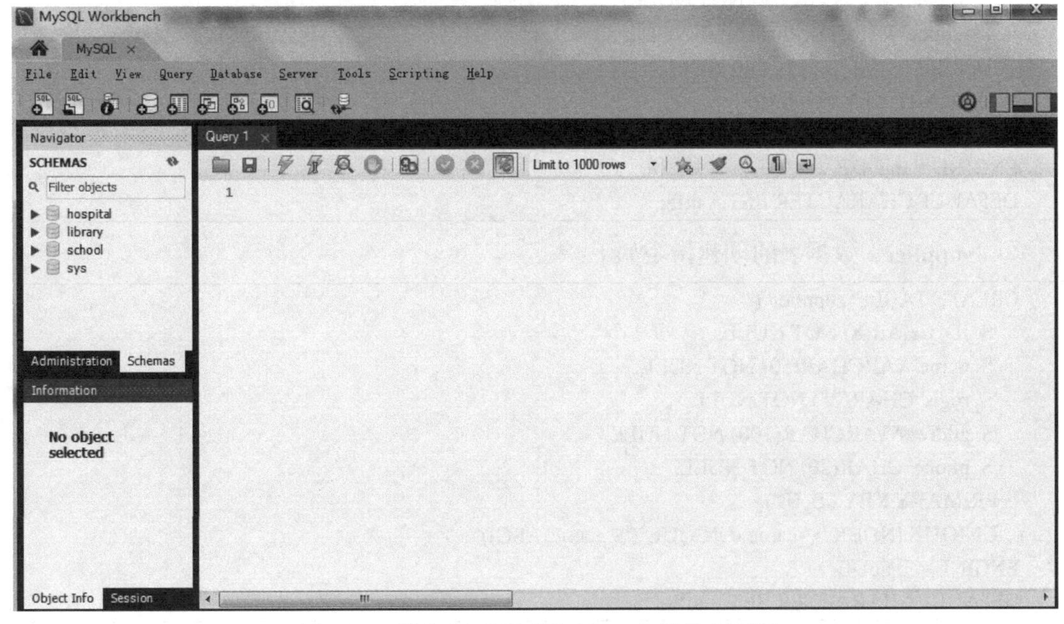

图 12-7　进入 MySQL Workbench 软件主页面

（6）在【Query1】窗格中输入以下 SQL 指令，创建数据库“eshop”：

```
CREATE DATABASE IF NOT EXISTS eshop;
```

单击按钮执行以上指令，在【Schemas】选项卡中单击按钮，由图 12-8 可见，数据库“eshop”创建成功。

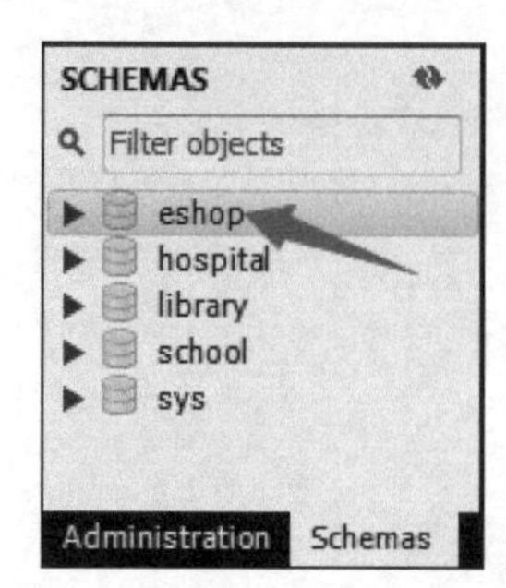

图 12-8 “eshop”数据库创建成功

12.4.2 创建数据表

（1）根据 12.3 中的设计，在 MySQL Workbench 的【Query1】窗格中输入各表的创建 SQL 指令如下。

①“user”数据表的创建指令如下：

```
CREATE TABLE  'user' (
  'U_ID' VARCHAR(30) NOT NULL,
  'U_Ping' VARCHAR(20) NOT NULL,
  'U_nickName' VARCHAR(20) NOT NULL,
  'U_realName' VARCHAR(20) NULL,
  'U_Indentity' TINYINT(4) NOT NULL,
  'U_Phone' VARCHAR(11) NOT NULL,
  'U_Address' VARCHAR(50) NULL,
  PRIMARY KEY ('U_ID'),
  UNIQUE INDEX 'U_ID_UNIQUE' ('U_ID' ASC))
ENGINE = InnoDB
DEFAULT CHARACTER SET = utf8;
```

②“supplier”数据表的创建指令如下：

```
CREATE TABLE 'supplier' (
  'S_ID' CHAR(8) NOT NULL,
  'S_name' VARCHAR(50) NOT NULL,
  'S_regis' CHAR(25) NOT NULL,
  'S_address' VARCHAR(100) NOT NULL,
  'S_phone' CHAR(20) NOT NULL,
  PRIMARY KEY ('S_ID'),
  UNIQUE INDEX 'S_name_UNIQUE' ('S_name' ASC))
ENGINE = InnoDB
DEFAULT CHARACTER SET = utf8;
```

③“class”数据表的创建指令如下：

```
CREATE TABLE 'class' (
    'C_ID' INT(11) NOT NULL AUTO_INCREMENT,
    'C_name' VARCHAR(20) NOT NULL,
    'C_level' INT(1) NOT NULL,
    'C_parent' INT(11) NOT NULL,
    PRIMARY KEY ('C_ID'),
    UNIQUE KEY 'C_name_UNIQUE' ('C_name'),
    KEY 'fk_c_id' ('C_parent'),
    CONSTRAINT 'fk_c_id' FOREIGN KEY ('C_parent') REFERENCES 'class' ('C_ID')
  ) ENGINE=InnoDB DEFAULT CHARSET=utf8;
```

④“goods”数据表的创建指令如下：

```
CREATE TABLE 'goods' (
    'G_ID' INT(11) NOT NULL AUTO_INCREMENT,
    'G_NAME' VARCHAR(50) NOT NULL,
    'G_class' INT(11) NOT NULL,
    'S_ID' CHAR(8) NOT NULL,
    'G_stock' INT(4) NOT NULL,
    'G_price' FLOAT(6,2) NOT NULL,
    'G_ptate' DATE NOT NULL,
    'G_edate' INT(4) NOT NULL,
    PRIMARY KEY ('G_ID'),
    UNIQUE KEY 'G_NAME_UNIQUE' ('G_NAME'),
    KEY 'fk_g_class' ('G_class'),
    KEY 'fk_s_id' ('S_ID'),
    CONSTRAINT 'fk_g_class' FOREIGN KEY ('G_class') REFERENCES 'class' ('C_ID'),
    CONSTRAINT 'fk_s_id' FOREIGN KEY ('S_ID') REFERENCES 'supplier' ('S_ID')
  ) ENGINE=InnoDB DEFAULT CHARSET=utf8;
```

⑤“order”数据表的创建指令如下：

```
CREATE TABLE 'order' (
    'O_ID' INT(11) NOT NULL AUTO_INCREMENT,
    'O_customer' VARCHAR(30) NOT NULL,
    'O_total' FLOAT(8,2) NOT NULL,
    'O_date' DATE NOT NULL,
    'O_paymode' VARCHAR(20) NOT NULL,
    PRIMARY KEY ('O_ID'),
    KEY 'fk_o_customer' ('O_customer'),
    KEY 'fk_g_id' ('G_ID'),
    CONSTRAINT 'fk_g_id' FOREIGN KEY ('G_ID') REFERENCES 'goods' ('G_ID'),
    CONSTRAINT 'fk_o_customer' FOREIGN KEY ('O_customer') REFERENCES 'user' ('U_ID')
  ) ENGINE=InnoDB DEFAULT CHARSET=utf8;
```

⑥“orderdetail”数据表的创建指令如下：

```
CREATE TABLE 'orderdetail' (
    'OD_ID' INT(11) NOT NULL AUTO_INCREMENT,
    'O_ID' INT(11) NOT NULL,
    'G_ID' INT(11) NOT NULL,
```

```
    'G_price' FLOAT(6,2) NOT NULL,
    'G_count' INT(3) NOT NULL,
    PRIMARY KEY ('OD_ID'),
    KEY 'fk_O_ID' ('O_ID'),
    KEY 'fk_o_g_ID' ('G_ID'),
    CONSTRAINT 'fk_O_ID' FOREIGN KEY ('O_ID') REFERENCES 'order' ('O_ID'),
    CONSTRAINT 'fk_o_g_ID' FOREIGN KEY ('G_ID') REFERENCES 'goods' ('G_ID')
  ) ENGINE=InnoDB DEFAULT CHARSET=utf8;
```

⑦“logistics”数据表的创建指令如下：

```
CREATE TABLE 'logistics' (
    'L_ID' INT(11) NOT NULL AUTO_INCREMENT,
    'L_company' VARCHAR(20) NOT NULL,
    'O_ID' INT(11) NOT NULL,
    'L_fee' FLOAT(5,2) NOT NULL DEFAULT '0.00',
    PRIMARY KEY ('L_ID'),
    KEY 'fk_l_O_ID' ('O_ID'),
    CONSTRAINT 'fk_l_O_ID' FOREIGN KEY ('O_ID') REFERENCES 'order' ('O_ID')
  ) ENGINE=InnoDB DEFAULT CHARSET=utf8;
```

⑧“comment”数据表的创建指令如下：

```
CREATE TABLE 'comment' (
    'C_ID' INT(8) NOT NULL AUTO_INCREMENT,
    'C_custmor' VARCHAR(30) NOT NULL,
    'G_ID' INT(11) NOT NULL,
    'C_time' DATETIME NOT NULL,
    'C_content' VARCHAR(300) NOT NULL,
    PRIMARY KEY ('C_ID'),
    KEY 'fk_C_custmor' ('C_custmor'),
    KEY 'fk_c_G_ID' ('G_ID'),
    CONSTRAINT 'fk_C_custmor' FOREIGN KEY ('C_custmor') REFERENCES 'user' ('U_ID'),
    CONSTRAINT 'fk_c_G_ID' FOREIGN KEY ('G_ID') REFERENCES 'goods' ('G_ID')
  ) ENGINE=InnoDB DEFAULT CHARSET=utf8;
```

（2）执行以上创建数据表的 SQL 指令，结果如图 12-9 所示。

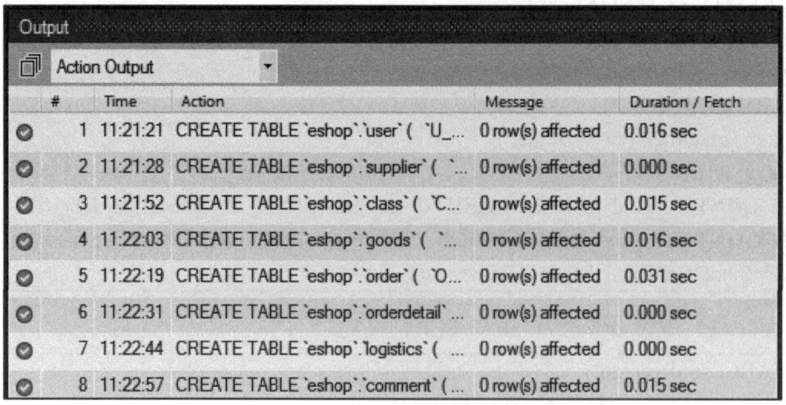

Output

Action Output

#	Time	Action	Message	Duration / Fetch
1	11:21:21	CREATE TABLE `eshop`.`user` (`U_...	0 row(s) affected	0.016 sec
2	11:21:28	CREATE TABLE `eshop`.`supplier` (`...	0 row(s) affected	0.000 sec
3	11:21:52	CREATE TABLE `eshop`.`class` (`C...	0 row(s) affected	0.015 sec
4	11:22:03	CREATE TABLE `eshop`.`goods` (`...	0 row(s) affected	0.016 sec
5	11:22:19	CREATE TABLE `eshop`.`order` (`O...	0 row(s) affected	0.031 sec
6	11:22:31	CREATE TABLE `eshop`.`orderdetail` ...	0 row(s) affected	0.000 sec
7	11:22:44	CREATE TABLE `eshop`.`logistics` (...	0 row(s) affected	0.000 sec
8	11:22:57	CREATE TABLE `eshop`.`comment` (...	0 row(s) affected	0.015 sec

图 12-9　数据表创建指令执行结果

（3）单击【Schemas】选项卡的刷新按钮，可以看到 MySQL 中新增了一个“eshop”数据库，该数据库中包含 8 个数据表，分别为：“user”“supplier”“class”“goods”“order”“orderdetail”“logistics”与“comment”，如图 12-10 所示。

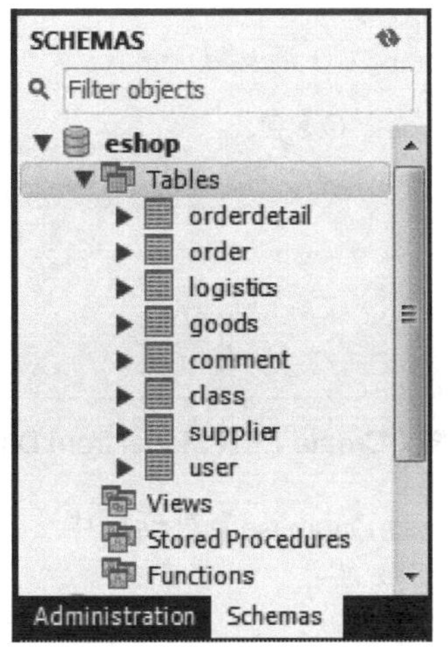

图 12-10　“eshop”数据库及其数据表

12.4.3　检查表关系

扫一扫，看微课

12-2　检查表关系

完成数据库与数据表的创建后，可以通过查看各个数据表之间的关系架构图，以检查数据库的数据结构是否符合设计预期。

（1）在 MySQL Workbench 软件的主页面中单击“关系架构图”图标，如图 12-11 所示。

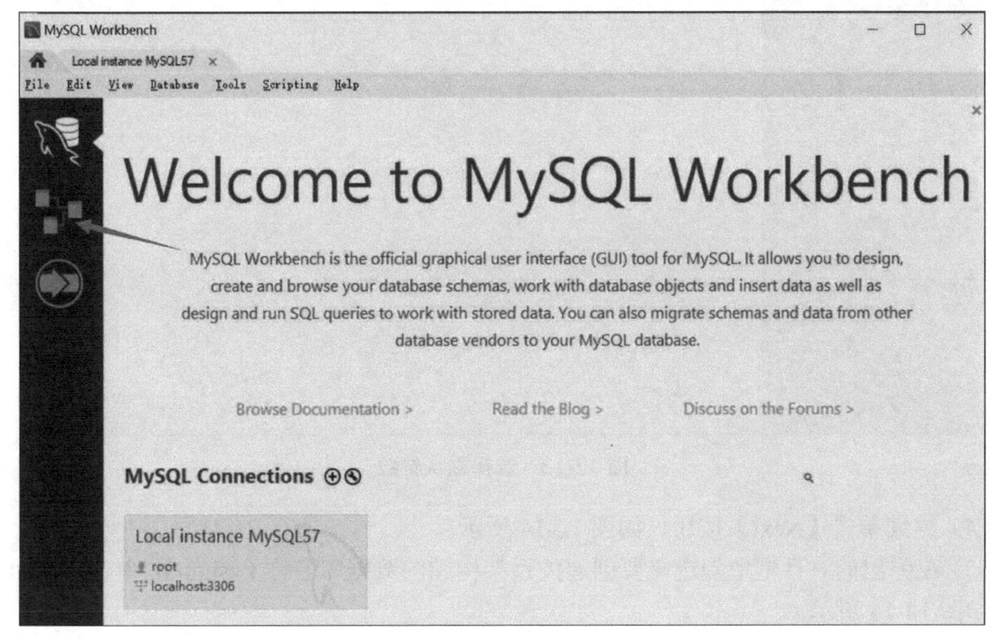

图 12-11　在 MySQL Workbench 软件的主页面中单击“关系架构图”图标

（2）在打开的创建关系架构图页面中，单击⊙按钮，选择【Create EER Model from Database】选项，如图 12-12 所示。

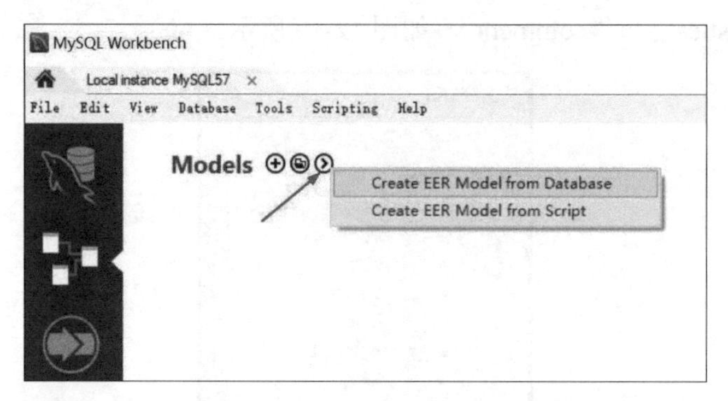

图 12-12　选择【Create EER Model from Database】选项

（3）在弹出的【Reverse Engineer Database】对话框中，保留各项参数的默认值，直接单击【Next】按钮进入下一步，如图 12-13 所示。

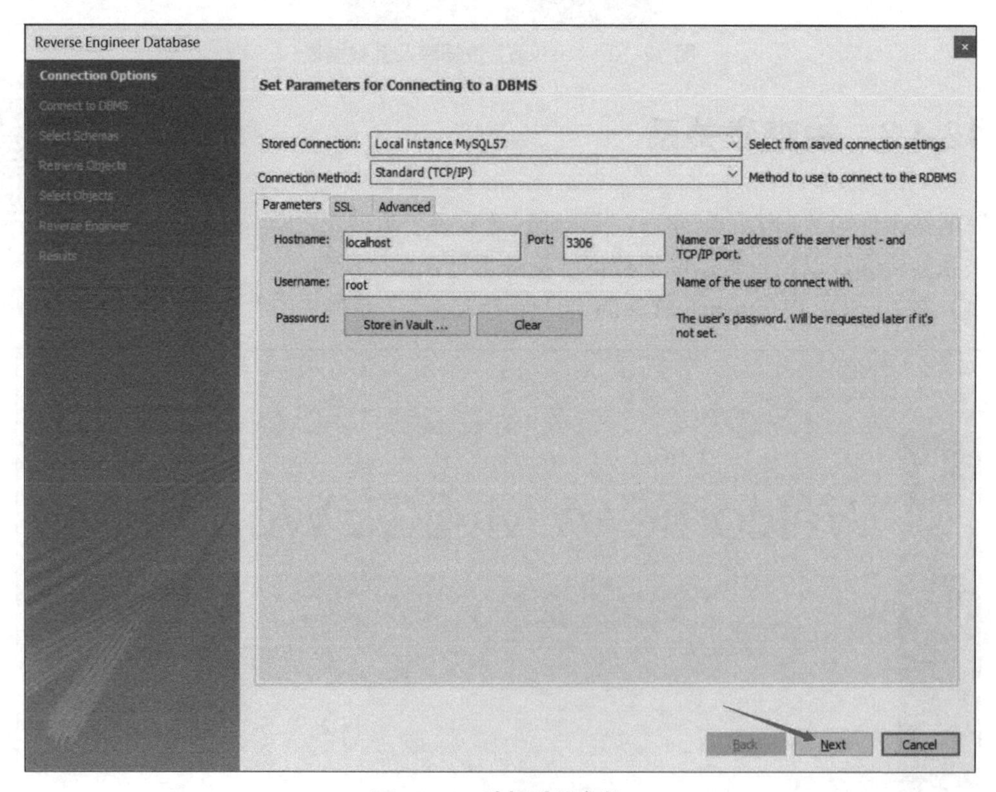

图 12-13　选择默认参数

（4）继续单击【Next】按钮，如图 12-14 所示。

（5）在弹出的对话框中勾选需要创建关系架构图的数据库名称【eshop】，单击【Next】按钮，如图 12-15 所示。

（6）在弹出的对话框中单击【Next】按钮，直至在弹出的对话框中单击【Finish】按钮，完成配置，如图 12-16 所示。

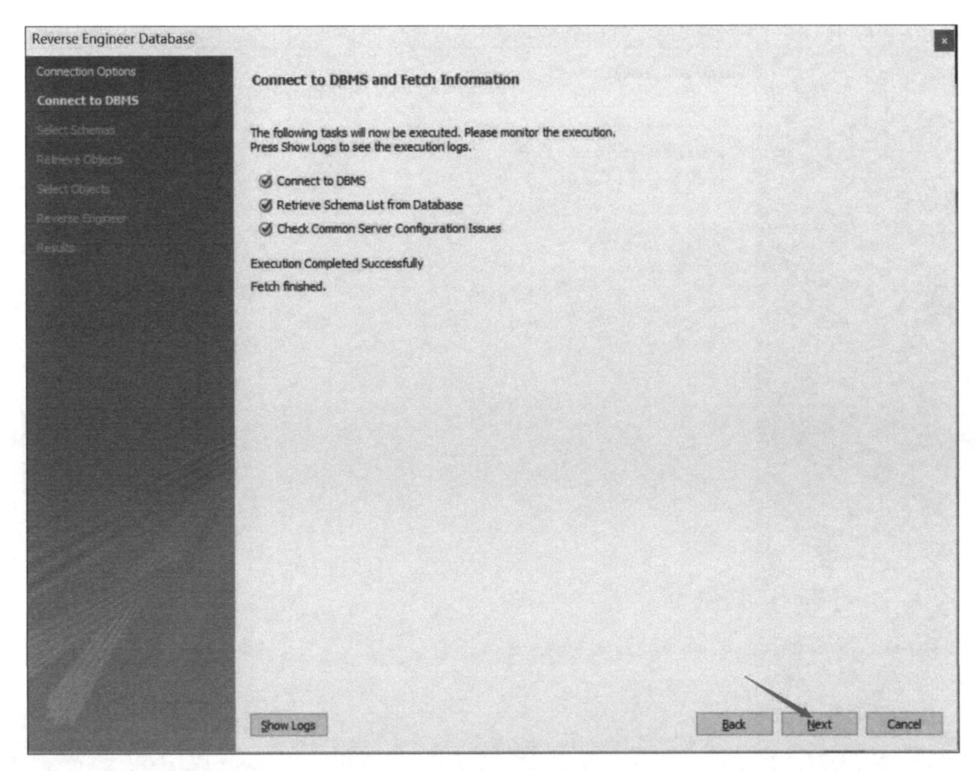

图 12-14　单击【Next】按钮

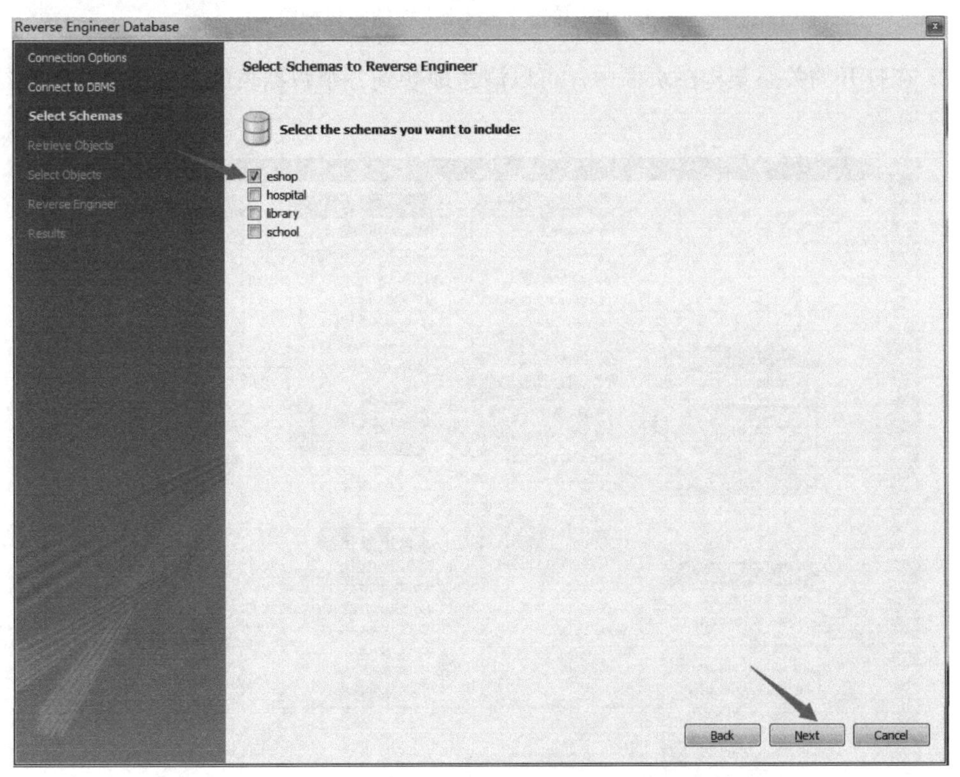

图 12-15　选择需要创建关系架构图的数据库

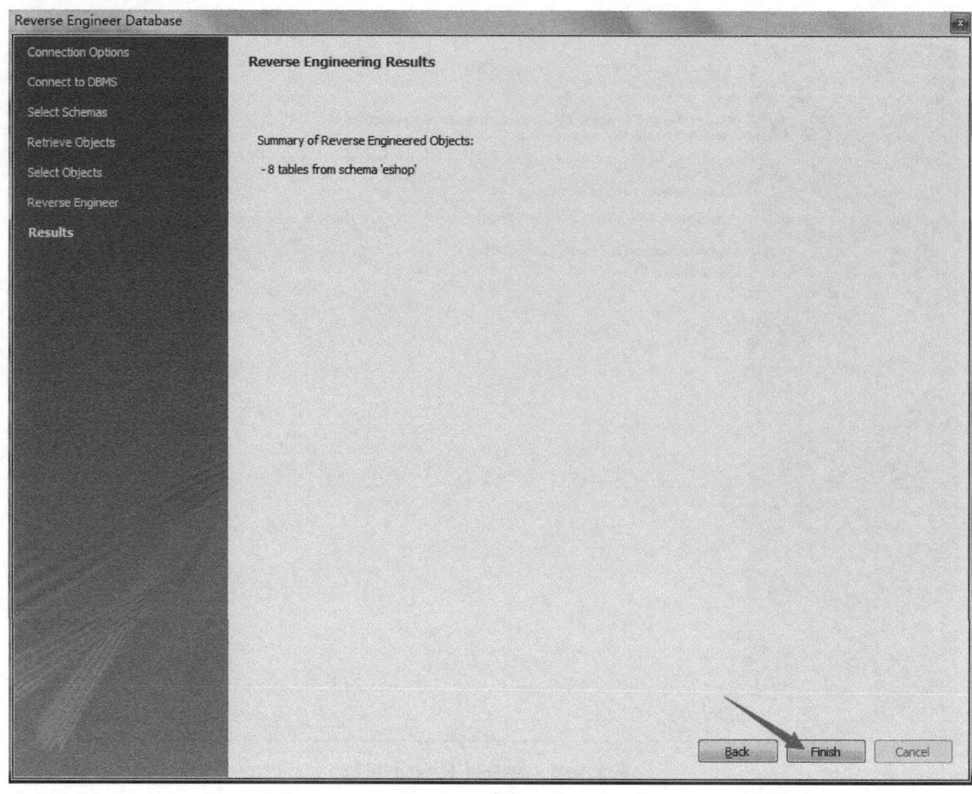

图 12-16　单击【Finish】按钮完成配置

（7）在打开的关系架构图页面中，可以清楚地看到各个数据表的主外键关联的连线，如图 12-17 所示。

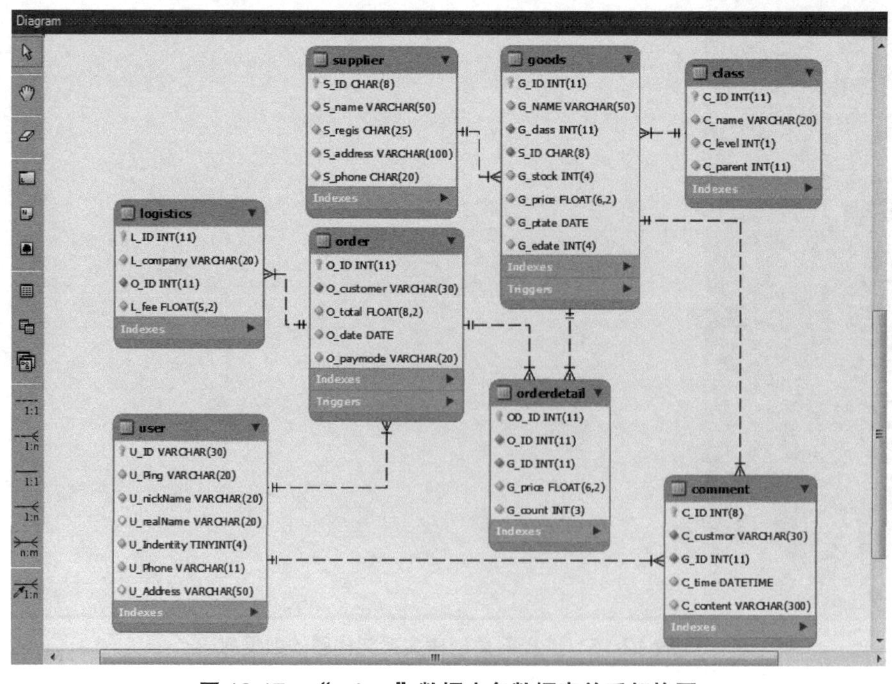

图 12-17　“eshop”数据库各数据表关系架构图

12.4.4 创建视图

扫一扫，看微课

12-3 创建视图

为了方便浏览数据，需要创建两张视图，将原本独立在不同数据表但互有关联的商品信息统一到视图中。

（1）创建视图“v_goods_info”，要求包含如下字段：G_NAME（商品名称）、C_name（分类名称）、S_name（供应商名称）、S_phone（供应商电话）。

在 MySQL Workbench 的【Query1】窗格中输入并执行以下指令：

```
CREATE VIEW 'v_goods_info' AS
SELECT G.G_NAME AS 商品名称,C.C_name AS 分类名称,S.S_name AS 供应商名称,S.S_phone AS 供应商电话
FROM goods AS G JOIN class AS C ON G.G_class=C.C_ID
JOIN supplier AS S ON S.S_ID=G.S_ID;
```

（2）创建视图“v_order_info”，要求包含如下字段：O_ID（订单编号）、U_nickName（用户昵称）、G_NAME（商品名称）、G_price（商品单价）、G_count（购买数量）、L_fee（邮费）、L_company（物流公司）。

在 MySQL Workbench 的【Query1】窗格中输入并执行以下指令：

```
CREATE VIEW 'v_Order_info' AS
SELECT O.O_ID AS 订单号,U.U_nickName AS 用户昵称,G.G_NAME AS 商品名称,G.G_price AS 商品单价,
OD.G_count AS 购买数量,L.L_fee AS 邮费,L.L_company AS 物流公司
FROM 'order' AS O JOIN 'user' AS U ON O. O_customer=U.U_ID
JOIN orderDetail AS OD ON O.O_ID=OD.O_ID
JOIN Goods AS G ON G.G_ID=OD.G_ID
JOIN logistics AS L on L.O_ID=O.O_ID;
```

（3）刷新【Schemas】选项卡，可在【Views】中看到以上创建的“v_goods_info”视图与“v_order_info”视图，如图 12-18 所示。

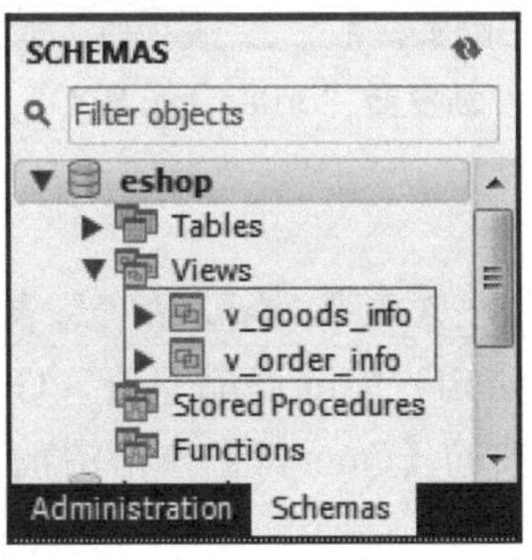

图 12-18 “eshop”数据库中的视图

12.4.5 创建触发器

扫一扫，看微课

12-4 创建触发器

1. 订单删除触发器

给“order”数据表创建一个触发器“order_trg_B_D”，当“order”数据表中的某条订单记录被删除时，“订单详情表”（orderdetail）中对应的订单信息及物流信息表（logistics）中对应

订单的物流记录同步删除。

（1）在 MySQL Workbench 软件的【Query1】窗格中输入并执行以下创建触发器“order_trg_B_D”的 SQL 指令：

```
DROP TRIGGER IF EXISTS 'eshop'.'order_trg_B_D';
DELIMITER $$
USE 'eshop'$$
CREATE DEFINER = CURRENT_USER TRIGGER 'eshop'.'order_trg_B_D'
BEFORE DELETE ON 'order' FOR EACH ROW
BEGIN
Delete from orderDetail where O_ID=old.O_ID;
Delete from logistics where O_ID=old.O_ID;
END$$
DELIMITER ;
```

（2）刷新【Schemas】选项卡，可在“order”数据表中看到新创建的触发器“order_trg_B_D”，如图 12-19 所示。

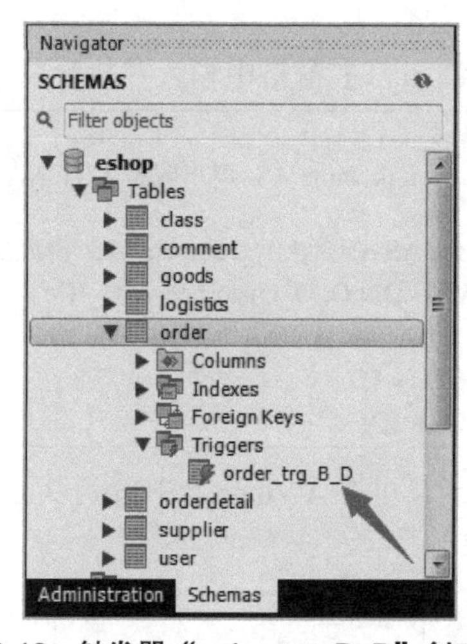

图 12-19　触发器“order_trg_B_D”创建成功

2. 商品更新触发器

创建一个更新触发器“goods_trg_A_U”，当商品信息表（goods）中的商品单价（G_price）发生改变时，订单详情表（orderDetail）中的商品单价（G_price）同步更新。

（1）在 MySQL Workbench 软件的【Query1】窗格中输入并执行以下创建触发器“goods_trg_A_U”的 SQL 指令：

```
DROP TRIGGER IF EXISTS 'eshop'.'goods_trg_A_U';
DELIMITER $$
USE 'eshop'$$
CREATE DEFINER = CURRENT_USER TRIGGER 'eshop'.'goods_trg_A_U' AFTER UPDATE ON 'goods'
FOR EACH ROW
BEGIN
update orderDetail set G_price=new.G_price where G_ID=old.G_ID;
END$$
DELIMITER ;
```

（2）刷新【Schemas】选项卡，可在“user”数据表中看到新创建的触发器“goods_trg_A_U”，如图 12-20 所示。

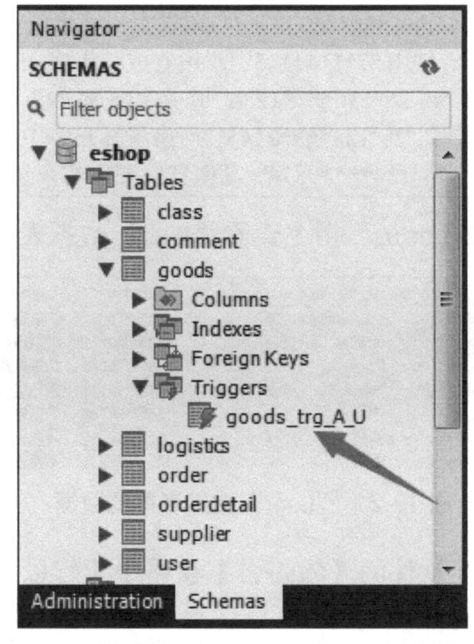

图 12-20　触发器“goods_trg_A_U”创建成功

12.5　数据库测试

12-5　数据库测试

数据库各项创建工作完成以后，应进行必要的测试，以进一步检查前面的设计预期是否已经实现。

数据库的测试工作，就是通过执行一系列模拟系统运行后可能进行的操作，对数据库中的数据进行读与写，并对读与写的结果进行检查，以判断是否符合设计预期。数据库的测试工作越细致、越全面，真正上线运行后的错误发生率就越低。

数据库测试工作应当遵循以下几点原则。

（1）业务原则：结合客户的业务流程进行操作测试。

（2）仿真原则：所有的数据与操作都应尽量逼近真实情况。

（3）全面原则：全面测试客户业务需求中的功能与性能要求。

（4）黑盒原则：数据库的测试人员与设计、建设人员应尽可能不同。

数据库的测试工作可以直接在数据库管理工具（如 MySQL Workbench）软件中手动完成，也可以通过编写计算机程序完成。为了加深对数据库知识的理解，本章介绍的是手动方式。

12.5.1　数据测试

1. 数据添加测试

（1）在 MySQL Workbench 软件的【Query1】窗格中执行以下 SQL 指令，给“用户信息表”（user）添加测试数据：

```
INSERT INTO 'user' VALUES
('U001', 'admin888', 'admin', 'administrator', '0', '131****6789', '广东省惠州城市职业学院'),
('U002', 'lin888', 'linshixin', 'linshixin', '1', '188****2222', '广东省惠州城市职业学院'),
('U003', 'lee888', 'liyuan', 'liyuan', '1', '188****3333', '广东省惠州城市职业学院'),
('U004', '092684', 'yolo', 'bobolee', '2', '157****1113', '四川省成都市成华区春熙路'),
('U005', '092294', 'Jessica', '杰西卡', '2', '136****1236', '广东省珠海市金湾区'),
('U006', '123666', 'JECK666', '张民', '2', '188****2145', '河南省郑州市中牟县'),
('U007', '321888', 'sandy', '刘曦', '2', '134****9874', '湖南省衡阳市祁东县');
```

（2）执行“SELECT*FROM user;”指令查看“user”数据表中的数据，如图 12-21 所示。

U_ID	U_Ping	U_nickName	U_realName	U_Indentity	U_Phone	U_Address
U001	admin888	admin	administrator	0	131****6789	广东省惠州城市职业学院
U002	lin888	linshixin	linshixin	1	188****2222	广东省惠州城市职业学院
U003	lee666	liyuan	liyuan	1	188****3333	广东省惠州城市职业学院
U004	092684	yolo	bobolee	2	157****1113	四川省成都市成华区春熙路
U005	092294	Jessica	杰西卡	2	136****1236	广东省珠海市金湾区
U006	123666	JECK666	张民	2	188****2145	河南省郑州市中牟县
U007	321888	sandy	刘曦	2	134****9874	湖南省衡阳市祁东县

图 12-21 “user”数据表中的数据

（3）在 MySQL Workbench 软件的【Query1】窗格中执行以下 SQL 指令，给“供应商信息表”（supplier）添加测试数据：

```
INSERT INTO 'supplier' VALUES
('S0101','宏发食品有限公司','441987654321','广东省惠州市惠城区','133****9998'),
('S0102','源东饮品制造厂','444098765789','广东省河源市源城区','187****9028'),
('S0103','莎莎玩具直营','467823321845','广东省潮州市潮安区','183****3686'),
('S0104','木子服饰','466666184577','浙江省金华市义乌','135****3666'),
('S0105','锆方制鞋','467828699845','广东省惠州市惠东县','180****7581'),
('S0106','蒙草原乳品','488888821849','广东省惠州市龙门县','138****3627');
```

（4）执行“SELECT * FROM supplier;”指令查看“supplier”数据表中的数据，如图 12-22 所示。

S_ID	S_name	S_regis	S_address	S_phone
S0101	宏发食品有限公司	441987654321	广东省惠州市惠城区	133****9998
S0102	源东饮品制造厂	444098765789	广东省河源市源城区	187****9028
S0103	莎莎玩具直营	467823321845	广东省潮州市潮安区	183****3686
S0104	木子服饰	466666184577	浙江省金华市义乌	135****3666
S0105	锆方制鞋	467828699845	广东省惠州市惠东县	180****7581
S0106	蒙草原乳品	488888821849	广东省惠州市龙门县	138****3627

图 12-22 “supplier”数据表中的数据

（5）在 MySQL Workbench 软件的【Query1】窗格中执行以下 SQL 指令，给“商品分类信息表”（class）添加测试数据：

```
INSERT INTO 'class'VALUES
('101', '零食类', '1', '0'),
('202', '饮品类', '2', '101'),
('303', '玩具类', '1', '0'),
('404', '服饰类', '1', '0'),
('505', '鞋类', '1', '0'),
('606', '童装', '2', '404');
```

（6）执行“SELECT * FROM class;”指令查看“class”数据表中的数据，如图 12-23 所示。

C_ID	C_name	C_level	C_parent
101	零食类	1	0
202	饮品类	2	101
303	玩具类	1	0
404	服饰类	1	0
505	鞋类	1	0
606	童装	2	404

图 12-23　“class”数据表中的数据

（7）在 MySQL Workbench 软件的【Query1】窗格中执行以下 SQL 指令，给“商品信息表”（goods）添加测试数据：

```
INSERT INTO 'goods'VALUES
('11123', 'KK 薯片', '101', 'S0101', '100', '3', '2021-09-09', '365'),
('11456', '日式小圆饼', '101', 'S0101', '200', '9', '2021-10-10', '180'),
('22147', '果粒葡萄汁', '202', 'S0102', '230', '5', '2021-10-09', '90'),
('22258', '橙味苏打水', '202', 'S0102', '160', '6', '2021-11-09', '150'),
('33369', '芭比娃娃', '303', 'S0103', '80', '30', '2021-08-15', '3600'),
('33789', '沙滩水枪', '303', 'S0103', '65', '40', '2021-10-15', '3600'),
('44874', '时尚连衣裙', '404', 'S0104', '10', '120', '2021-08-22', '3600'),
('44985', '男童潮裤', '606', 'S0104', '15', '130', '2021-09-22', '3600'),
('55357', '登山鞋', '505', 'S0105', '20', '268', '2021-07-22', '3600');
```

（8）执行“SELECT * FROM goods;”指令查看“goods”数据表中的数据，如图 12-24 所示。

G_ID	G_NAME	G_class	S_ID	G_stock	G_price	G_pdate	G_edate
11123	KK薯片	101	S0101	100	3.00	2021-09-09	365
11456	日式小圆饼	101	S0101	200	9.00	2021-10-10	180
22147	果粒葡萄汁	202	S0102	230	5.00	2021-10-09	90
22258	橙味苏打水	202	S0102	160	6.00	2021-11-09	150
33369	芭比娃娃	303	S0103	80	30.00	2021-08-15	3600
33789	沙滩水枪	303	S0103	65	40.00	2021-10-15	3600
44874	时尚连衣裙	404	S0104	10	120.00	2021-08-22	3600
44985	男童潮裤	606	S0104	15	130.00	2021-09-22	3600

图 12-24　“goods”数据表中的数据

（9）在 MySQL Workbench 软件的【Query1】窗格中执行以下 SQL 语句，给“订单信息表”（order）添加测试数据：

```
INSERT INTO 'order' VALUES
('202109101', 'U006', '30', '2021-11-1', '支付宝'),
('202110125', 'U005', '21', '2021-11-1', '银行卡'),
('202105187', 'U006', '45', '2021-11-1', '支付宝'),
('202109278', 'U005', '25', '2021-11-1', '银行卡'),
('202112222', 'U007', '15', '2021-11-2', '微信支付'),
('202104368', 'U007', '80', '2021-11-2', '微信支付'),
('202107325', 'U007', '65', '2021-11-2', '微信支付'),
('202109456', 'U006', '240', '2021-11-2', '支付宝'),
('202109487', 'U004', '390', '2021-11-3', '支付宝'),
('202108589', 'U005','268', '2021-11-3', '银行卡'),
('202109563', 'U004', '1072', '2021-11-3', '支付宝'),
('202110666', 'U004', '60', '2021-11-3', '支付宝');
```

（10）执行“SELECT * FROM order;”指令查看“order”数据表中的数据，如图 12-25 所示。

O_ID	O_customer	O_total	O_date	O_paymode
202104368	U007	80.00	2021-11-02	微信支付
202105187	U006	45.00	2021-11-01	支付宝
202107325	U007	65.00	2021-11-02	微信支付
202108589	U005	268.00	2021-11-03	银行卡
202109101	U006	30.00	2021-11-01	支付宝
202109278	U005	25.00	2021-11-01	银行卡
202109456	U006	240.00	2021-11-02	支付宝
202109487	U004	390.00	2021-11-03	支付宝
202109563	U004	1072.00	2021-11-03	支付宝
202110125	U005	21.00	2021-11-01	银行卡
202110666	U004	60.00	2021-11-03	支付宝
202112000	U007	15.00	2021-11-02	微信支付
NULL	NULL	NULL	NULL	NULL

图 12-25 “order”数据表中的数据

（11）在 MySQL Workbench 软件的【Query1】窗格中执行以下 SQL 指令，给订单详情表（orderdetail）添加测试数据：

```
INSERT INTO 'orderdetail'VALUES
('2021001', '202105187', '11456', '9', '5'),
('2021002', '202109101', '11123', '3', '10'),
('2021003', '202109278', '22147', '5', '5'),
('2021004', '202110125', '11123', '3', '7'),
('2021005', '202104368', '33369', '80', '1'),
('2021006', '202107325', '33789', '65', '1'),
('2021007', '202109456', '44874', '120', '2'),
('2021008', '202112222', '22147', '5', '3'),
('2021009', '202108589', '55357', '268', '1'),
('2021010', '202109487', '44985', '130', '3'),
('2021011', '202109563', '55357', '268', '4'),
('2021012', '202110666', '22258', '6', '10');
```

（12）执行“SELECT * FROM orderdetail;”指令查看“orderdetail”数据表中的数据，如图 12-26 所示。

OD_ID	O_ID	G_ID	G_price	G_count
2021001	202105187	11456	9.00	5
2021002	202109101	11123	3.00	10
2021003	202109278	22147	5.00	5
2021004	202110125	11123	3.00	7
2021005	202104368	33369	80.00	1
2021006	202107325	33789	65.00	1
2021007	202109456	44874	120.00	2
2021008	202112222	22147	5.00	3
2021009	202108589	55357	268.00	1
2021010	202109487	44985	130.00	3
2021011	202109563	55357	268.00	4
2021012	202110666	22258	6.00	10

图 12-26 “orderdetail”数据表中的数据

（13）在 MySQL Workbench 软件的【Query1】窗格中执行以下 SQL 指令，给物流信息表（logistics）添加测试数据：

```
INSERT INTO 'logistics' VALUES
('1234011', '中通快递', '202104368', '10'),
('6789031', '申通快递', '202105187', '12'),
('4567021', '圆通快递', '202107325', '13'),
('1234012', '中通快递', '202108589', '10'),
('1234013', '中通快递', '202109101', '12'),
('4567022', '圆通快递', '202109278', '13'),
('6789032', '申通快递', '202109456', '12'),
('4567023', '圆通快递', '202109487', '10'),
('6789033', '申通快递', '202109563', '12'),
('1234014', '中通快递', '202110125', '10'),
('6789034', '申通快递', '202110666', '13'),
('1234015', '中通快递', '202112222', '12');
```

（14）执行“SELECT * FROM logistics;”指令查看“logistics”数据表中的数据，如图 12-27 所示。

L_ID	L_company	O_ID	L_fee
1234011	中通快递	202104368	10.00
1234012	中通快递	202108589	10.00
1234013	中通快递	202109101	12.00
1234014	中通快递	202110125	10.00
1234015	中通快递	202112222	12.00
4567021	圆通快递	202107325	13.00
4567022	圆通快递	202109278	13.00
4567023	圆通快递	202109487	10.00
6789031	申通快递	202105187	12.00
6789032	申通快递	202109456	12.00
6789033	申通快递	202109563	12.00
6789034	申通快递	202110666	13.00

图 12-27　“logistics”数据表中的记录

（15）在 MySQL Workbench 软件的【Query1】窗格中执行以下 SQL 指令，给评论信息表（comment）添加测试数据：

```
INSERT INTO 'comment' VALUES
('1', 'U004', '44985', '2021-11-13 12:05:30' , '不错，会回购！'),
('2', 'U004', '55357', '2021-11-13 12:07:06' , '很好的商品'),
('3', 'U005', '55357', '2021-11-10 00:00:05' , '好评'),
('4', 'U005', '22147','2021-11-10 00:01:00' , '好评'),
('5', 'U006', '11456', '2021-11-09 09:00:26' , '小圆饼很好吃,吃完回购'),
('6', 'U006', '44874', '2021-11-09 09:05:00' , '质量很好'),
('7', 'U007', '33369', '2021-11-10 11:10:20' , '性价比还行'),
('8', 'U007', '33789', '2021-11-10 11:11:11', '质量一般');
```

（16）执行“SELECT * FROM comment;”指令查看“comment”数据表中的数据，如图 12-28 所示。

C_ID	C_custmor	G_ID	C_time	C_content
1	U004	44985	2021-11-13 12:05:30	不错，会回购！
2	U004	55357	2021-11-13 12:07:06	很好的商品
3	U005	55357	2021-11-10 00:00:05	好评
4	U005	22147	2021-11-10 00:01:00	好评
5	U006	11456	2021-11-09 09:00:26	小圆饼很好吃,吃完回购
6	U006	44874	2021-11-09 09:05:00	质量很好
7	U007	33369	2021-11-10 11:10:20	性价比还行
8	U007	33789	2021-11-10 11:11:11	质量一般
NULL	NULL	NULL	NULL	NULL

图 12-28 “comment”数据表中的数据

2. 数据更新测试

（1）在 MySQL Workbench 软件的【Query1】窗格中输入、执行以下 SQL 指令，将“用户信息表”（user）中“U_ID”（用户账号）为“U007”的“用户密码”更新为“yuxi888”：

```
UPDATE 'user' SET U_Ping='yuxi888' WHERE U_ID='U007';
```

（2）在 MySQL Workbench 软件【Query1】窗格中输入并执行“SELECT*FROM user;”指令以查看在“user”数据表中数据的更新情况，可见“U007”的用户密码已被成功更新，如图 12-29 所示。

U_ID	U_Ping	U_nickName	U_realName	U_Indentity	U_Phone	U_Address
U001	admin888	admin	administrator	0	131****6789	广东省惠州城市职业学院
U002	lin888	linshixin	linshixin	1	188****2222	广东省惠州城市职业学院
U003	lee666	liyuan	liyuan	1	188****3333	广东省惠州城市职业学院
U004	092684	yolo	bobolee	2	157****1113	四川省成都市成华区春熙路
U005	092294	Jessica	杰西卡	2	136****1236	广东省珠海市金湾区
U006	123666	JECK666	张民	2	188****2145	河南省郑州市中牟县
U007	yuxi888	sandy	刘曦	2	134****9874	湖南省衡阳市祁东县
NULL	NULL	NULL	NULL	NULL	NULL	NULL

图 12-29 在“user”数据表中的更新情况

（3）在 MySQL Workbench 软件的【Query1】窗格中输入并执行以下更新数据的 SQL 指令，将“商品信息表”（goods）中 G_ID（商品编号）为“33369”的“商品名称”更新为“仿真芭比”。

```
UPDATE goods SET G_NAME='仿真芭比' WHERE G_ID='33369';
```

（4）在 MySQL Workbench 软件【Query1】窗格中输入并执行“SELECT*FROM goods;”指令以查看在“user”数据表中数据的更新情况，可见该商品名称已被成功更新，如图 12-30 所示。

G_ID	G_NAME	G_class	S_ID	G_stock	G_price	G_ptate	G_edate
11123	KK薯片	101	S0101	100	3.00	2021-09-09	365
11456	日式小圆饼	101	S0101	200	9.00	2021-10-10	180
22147	果粒葡萄汁	202	S0102	230	5.00	2021-10-09	90
22258	橙味苏打水	202	S0102	160	6.00	2021-11-09	150
33369	仿真芭比	303	S0103	80	30.00	2021-08-15	3600
33789	沙滩水枪	303	S0103	65	40.00	2021-10-15	3600
44874	时尚连衣裙	404	S0104	10	120.00	2021-08-22	3600
44985	男童潮裤	606	S0104	15	130.00	2021-09-22	3600
55357	登山鞋	505	S0105	20	268.00	2021-07-22	3600
NULL	NULL	NULL	NULL	NULL	NULL	NULL	NULL

图 12-30 在“goods”数据表中的更新情况

3. 数据删除测试

（1）在 MySQL Workbench 软件【Query1】窗格中输入并执行以下删除数据记录的 SQL 指令，以删除“供应商信息表”（supplier）表中“供应商编号”（S_ID）为“S0106”的记录。

```
DELETE FROM supplier WHERE S_ID='S0106';
```

（2）在 MySQL Workbench 软件【Query1】窗格中输入并执行“SELECT *FROM supplier;”指令，查看“supplier”数据表的全部记录，与图 12-22 中的“supplier”数据表原数据做对比可见，“S_ID”为“S0106”的记录已被成功删除，如图 12-31 所示。

	S_ID	S_name	S_regis	S_address	S_phone
	S0101	宏发食品有限公司	441987654321	广东省惠州市惠城区	133****9998
	S0102	源东饮品制造厂	444098765789	广东省河源市源城区	187****9028
▶	S0103	莎莎玩具直营	467823321845	广东省潮州市潮安区	183****3686
	S0104	木子服饰	466666184577	浙江省金华市义乌	135****3666
	S0105	锆方制鞋	467828699845	广东省惠州市惠东县	180****7581
*	NULL	NULL	NULL	NULL	NULL

图 12-31　删除“supplier”数据表中“S_ID”为“S0106”的记录

（3）在 MySQL Workbench 软件【Query1】窗格中输入并执行以下删除数据记录的 SQL 指令，删除评论信息表（comment）中“评论编号”（C_ID）为“1”的记录。

```
DELETE FROM 'comment' WHERE C_ID='1';
```

（4）在 MySQL Workbench 软件【Query1】窗格中输入并执行“SELECT*FROM comment;”指令，查看“comment”数据表的全部记录，与图 12-28 中“comment”数据表原数据做对比可见，“C_ID”为“1”的记录已被成功删除，如图 12-32 所示。

	C_ID	C_custmor	G_ID	C_time	C_content
▶	2	U004	55357	2021-11-13 12:07:06	很好的商品
	3	U005	55357	2021-11-10 00:00:05	好评
	4	U005	22147	2021-11-10 00:01:00	好评
	5	U006	11456	2021-11-09 09:00:26	小圆饼很好吃,吃完回购
	6	U006	44874	2021-11-09 09:05:00	质量很好
	7	U007	33369	2021-11-10 11:10:20	性价比还行
	8	U007	33789	2021-11-10 11:11:11	质量一般
*	NULL	NULL	NULL	NULL	NULL

图 12-32　删除“comment”数据表中“C_ID”为“1”的记录

12.5.2　视图测试

扫一扫，看微课

12-6　视图与触发器测试

（1）在 MySQL Workbench 软件【Query1】窗格中输入并执行“SELECT*FROM v_Goods_ info”指令，查看 12.4.4 节中创建的视图“v_goods_info”中的全部记录。执行结果如图 12-33 所示。

（2）在 MySQL Workbench 软件【Query1】窗格中输入并执行“SELECT*FROM v_Order_ info”指令，查看 12.4.4 节中创建的视图“v_order_info”中的全部记录。执行结果如图 12-34 所示。

商品名称	分类名称	供应商名称	供应商电话
KK薯片	零食类	宏发食品有限公司	133****9998
日式小圆饼	零食类	宏发食品有限公司	133****9998
果粒葡萄汁	饮品类	源东饮品制造厂	187****9028
橙味苏打水	饮品类	源东饮品制造厂	187****9028
仿真芭比	玩具类	莎莎玩具直营	183****3686
沙滩水枪	玩具类	莎莎玩具直营	183****3686
时尚连衣裙	服饰类	木子服饰	135****3666
男童潮裤	童装	木子服饰	135****3666
登山鞋	鞋类	锆方制鞋	180****7581

图 12-33 “v_goods_info”视图中的全部记录

订单号	用户昵称	商品名称	商品单价	购买数量	邮费	物流公司
202109101	JECK666	KK薯片	3.00	10	12.00	中通快递
202110125	Jessica	KK薯片	3.00	7	10.00	中通快递
202105187	JECK666	日式小圆饼	9.00	5	12.00	申通快递
202109278	Jessica	果粒葡萄汁	5.00	5	13.00	圆通快递
202112222	sandy	果粒葡萄汁	5.00	3	12.00	中通快递
202110666	yolo	橙味苏打水	6.00	10	13.00	申通快递
202104368	sandy	仿真芭比	30.00	1	10.00	中通快递
202107325	sandy	沙滩水枪	40.00	1	13.00	圆通快递
202109456	JECK666	时尚连衣裙	120.00	2	12.00	申通快递
202109487	yolo	男童潮裤	130.00	3	10.00	圆通快递
202108589	Jessica	登山鞋	268.00	1	10.00	中通快递
202109563	yolo	登山鞋	268.00	4	12.00	申通快递

图 12-34 “v_order_info”视图中的全部记录

12.5.3 触发器测试

1. 测试删除触发器

本项目的删除触发器是“order_trg_B_D”，测试其是否有效的方法是：删除“订单信息表”（order）中“O_ID”（订单号）字段为“202112222”的记录，然后查看“订单详情表”（orderdetail）中对应的订单记录与物流信息表（logistics）中对应订单的物流记录是否同步删除。

（1）在 MySQL Workbench 软件【Query1】窗格中输入并执行以下 SQL 指令，将“order”数据表中“O_ID”字段为“202112222”的记录删除：

```
DELETE FROM order WHERE O_ID='202112222';
```

（2）在 MySQL Workbench 软件【Query1】窗格中输入并执行“SELECT * FROM orderdetail;”指令，查看“orderdetail”数据表的现有记录；输入并执行“SELECT * FROM logistics;”指令，查看“logistics”数据表的现有记录。由图 12-35 与图 12-36 可见，“orderdetail”数据表与“logistics”数据表中“O_ID”为“202112222”的记录都被同步删除，说明触发器“order_trg_B_D”是有效的。

2. 测试更新触发器

本项目的更新触发器是“goods_trg_A_U”，测试其是否有效性的方法是：将“商品信息表”（goods）中“G_ID”（商品编号）字段为“44874”的“G_price”（商品单价）字段值更新为“100”，查看“订单详情表”（orderdetail）中对应的该商品的“G_price”（商品单价）字段是否同步更新。

OD_ID	O_ID	G_ID	G_price	G_count
2021001	202105187	11456	9.00	5
2021002	202109101	11123	3.00	10
2021003	202109278	22147	5.00	5
2021004	202110125	11123	3.00	7
2021005	202104368	33369	30.00	1
2021006	202107325	33789	65.00	1
2021007	202109456	44874	100.00	2
2021009	202108589	55357	268.00	1
2021010	202109487	44985	130.00	3
2021011	202109563	55357	268.00	4
2021012	202110666	22258	6.00	10
NULL	NULL	NULL	NULL	NULL

图 12-35　“orderdetail”数据表相关记录同步删除

L_ID	L_company	O_ID	L_fee
1234011	中通快递	202104368	10.00
1234012	中通快递	202108589	10.00
1234013	中通快递	202109101	12.00
1234014	中通快递	202110125	10.00
4567021	圆通快递	202107325	13.00
4567022	圆通快递	202109278	13.00
4567023	圆通快递	202109487	10.00
6789031	申通快递	202105187	12.00
6789032	申通快递	202109456	12.00
6789033	申通快递	202109563	12.00
6789034	申通快递	202110666	13.00
NULL	NULL	NULL	NULL

图 12-36　“logistics”数据表相关记录同步删除

（1）在 MySQL Workbench 软件【Query1】窗格中输入并执行以下 SQL 指令，将“goods”数据表中“G_ID”字段值为“44874”的“G_price”字段值更新为“100”：

```
UPDATE goods SET G_price='100'WHERE G_ID='44874';
```

（2）在 MySQL Workbench 软件【Query1】窗格中输入并执行“SELECT * FROM orderdetail;”指令，查看“orderdetail”数据表的现有记录，由图 12-37 可见，“orderdetail”数据表中“订单编号”（G_ID）为“44874”的“G_price”字段同步更新为“100”，说明触发器“goods_trg_A_U”是有效的。

OD_ID	O_ID	G_ID	G_price	G_count
2021001	202105187	11456	9.00	5
2021002	202109101	11123	3.00	10
2021003	202109278	22147	5.00	5
2021004	202110125	11123	3.00	7
2021005	202104368	33369	30.00	1
2021006	202107325	33789	65.00	1
2021007	202109456	44874	100.00	2
2021008	202112222	22147	5.00	3
2021009	202108589	55357	268.00	1
2021010	202109487	44985	130.00	3
2021011	202109563	55357	268.00	4
2021012	202110666	22258	6.00	10
NULL	NULL	NULL	NULL	NULL

图 12-37　“orderdetail”数据表数据相关记录同步更新

12.6 项目小结

本项目以“网上商城购物系统”为需求背景，详细分析该系统的功能模块及数据需求，并在此基础上，完成了该系统数据库的设计工作。设计工作包括了概念模型设计与逻辑模型设计，设计结果产生了两份设计文档，分别是表现概念模型的“系统 E-R 图”与表现逻辑模型的“数据表关系架构图”。

根据需求分析与设计文档，本项目在 MySQL 数据库管理系统中创建了“eshop”数据库，该数据库中一共包含 8 张数据表、2 张视图、2 个触发器。

为确保系统数据库的正确性，本项目还根据系统需求，对相关数据表中的数据进行了增加、查询、删除、更新等测试操作，检测了视图与触发器的有效性与正确性。